EDWARD SLINGERLAND

［加］森舸澜——著 陶 然——译

我们为什么
爱喝酒

浙江人民出版社

DRUNK:
HOW WE SIPPED, DANCED,
AND STUMBLED OUR WAY TO CIVILIZATION

图书在版编目（CIP）数据

我们为什么爱喝酒 / （加）森舸澜（Edward Slingerland）
著；陶然译 . — 杭州 ：浙江人民出版社，2023.4

ISBN 978-7-213-10855-6

Ⅰ . ①我… Ⅱ . ①森… ②陶… Ⅲ . ①酒文化–世
界–通俗读物 Ⅳ . ①TS971.22-49

中国版本图书馆 CIP 数据核字（2022）第 224953 号

浙 江 省 版 权 局
著 作 权 合 同 登 记 章
图字：11-2022-118号

我们为什么爱喝酒

WOMEN WEISHENME AI HEJIU

[加]森舸澜 著　陶然 译

出版发行：浙江人民出版社（杭州市体育场路347号　邮编　310006）
　　　　　市场部电话：(0571)85061682　85176516

责任编辑：鲍夏挺

营销编辑：张紫懿

责任校对：何培玉　王欢燕

责任印务：刘彭年

封面设计：甘信宇

美术编辑：厉　琳

电脑制版：杭州兴邦电子印务有限公司

印　　刷：浙江海虹彩色印务有限公司

开　　本：880毫米×1230毫米　1/32　印　　张：12

字　　数：246千字

版　　次：2023年4月第1版　　　印　　次：2023年4月第1次印刷

书　　号：ISBN 978-7-213-10855-6

定　　价：68.00元

如发现印装质量问题，影响阅读，请与市场部联系调换。

T&T

BD, MD

AMFT

这种对包裹在大自然面纱之下的神秘液体的渴望，这种作用于每一个人种——无论他们生活在何种气候条件、何种文化传统之下——的非同寻常的需要，非常值得哲学头脑的关注。

　　　　——让·安泰尔姆·布里亚-萨瓦兰
　　　　（法国律师、政治家、美食家）

单位换算表

1 加仑≈3.8 升
1 品脱=1/8 加仑≈473.2 毫升
1 盎司（体积）≈29.6 毫升

目 录

中文版序

    身为中国古代史和中国哲学的研究者，揣摩酒精在人类社会中的作用时，中国的因素自然而然凸显在我的思考中。中国的古代史提供了一系列精彩的案例，呈现文化如何有策略地利用酒精来克服怀疑，缔造群体联结，释放创意；酒精这方面的作用也一直延续至今日的中国。

    希望本书提供的论证与观察，能让中国读者在阅读之后有所获益。希望它能提供更多洞见，关乎中国历史，更宽泛地也包括酒精和人类文明的历史，以及关乎一个逻辑在先的、基础性的科学问题：我们人类为什么会追求酒精以及其他化学麻醉品？

    在此向我的译者陶然、我的编辑鲍夏挺致以最诚挚的谢意，两位分别为本书贡献了精彩的译笔，提供了细致的编辑与制作工作。感谢浙江人民出版社向本书倾注的兴趣与热情。

森舸澜

2022 年 12 月 13 日

于加拿大温哥华

引　言

　　人们喜欢自慰，他们也喜欢喝醉，喜欢吃奶油夹心蛋糕。此类活动通常不是同时进行，但也看个人喜好。

　　从科学的角度来看，我们早就被告知，这些看似不同的快乐其实有一个共同点：它们是演化上的错误，是人类为了不劳而获而摸索出的旁门左道。演化为我们提供的一丝丝快乐，是为了让我们做一些推进其计划的事情，比如滋养我们的身体或传递我们的基因。然而，精明的灵长类动物已经钻这个系统的空子很久了——发明了色情作品、节育手段和垃圾食品，寻找或者创造出让大脑充满多巴胺的物质，冷酷地无视演化最初的设计目标。我们是根深蒂固的享乐者，无论何时何地，我们胡子眉毛一把抓，不放过一丝一毫出神的机会。当有人囫囵吞掉一块奶油夹心蛋糕，喝下一口野格圣鹿酒①，再观摩一番《浪荡公子逍遥游之四》，而后感到内啡肽飙升的愉悦时，他们得到了不应得的奖励。演化对此一定怒不可遏。

　　有一类演化错误，可以被理解为演化的"残留"，它发生

---

① 一种德国产助消化酒，号称加入了60种草药和香辛料。（如无特别标注，本书脚注为编者注）

在这样的情境中：某些行为和驱力曾经具有演化适应性但现已过时，成了我们的困扰。我们对奶油夹心蛋糕的渴望，就是演化残留的一个典型例子。垃圾食品之所以吸引人，是因为演化让我们喜欢糖和脂肪。对于我们的祖先来说，这是一个明智的策略，因为狩猎-采集者时刻生活在饥饿的阴影之下。然而，在现代社会大多数人都可以轻松获得廉价的糖果、碳水化合物和加工过的肉类，有时还是组合成可诱发心脏病的套餐端上来，真帮了大忙！另一种类型的演化错误，可以说发生在演化被"劫持"的时候。在这些情况下，我们已经找到了一种非法的方式，来利用一种最初旨在奖励其他更具演化适应性行为的快乐系统。自慰是一种典型的演化劫持。性高潮是为了奖励我们进行交配，从而帮助基因进入下一代。然而我们可以欺骗自己的身体，以无数种与生殖毫不相干的方式，获得同样的奖励。

关于我们对酒精的错爱是属于劫持还是残留，目前学界还有争议。劫持理论的支持者声称，酒精饮料让我们感觉良好，因为它们的活性成分——乙醇——恰好触发大脑释放了让我们感到获得奖励的化学物质。这是一个设计中的小故障：这些化学物质实际上是演化用来奖励真正的适应性行为的，比如吃有营养的东西或把敌人推入焦油坑。但大脑会被欺骗，摄入乙醇是欺骗大脑的最简单的方法之一。

残留理论的支持者认为，对醉酒的渴望，可能曾经让我们的祖先具备了各种各样的演化适应性，但时至今日，这种渴望变得极度不具适应性。

无论属于劫持还是残留，演化错误之所以继续存在，是因为自然选择还没有费心清除它们。这通常是因为它们要么成本小，要么只是最近才成为问题。演化可以对自慰视而不见，只要我们对性高潮的追求仍然足够把基因传递给下一代。垃圾食品是一个现代问题，主要发生在发达国家。酒精也是演化可以忽略的东西，起码直到最近都是如此。这是因为酒精和糖一样，在自然界中只少量存在。从自然发酵的水果中搞点让人上头的东西出来，还需要一些严肃的工作。只有当农业和有组织的、大规模的发酵出现——大约是在9000年前，从演化的角度看不过是一眨眼之间——大量人群才获得了醉酒的机会，从此许多易感的人被推上滑道，滑道尽头是普遍的醉酒、虚掷的周末和受损的肝脏。

认为酒精或其他化学麻醉品是演化上的错误，这种观点里有一个至关重要却常被忽视的特征：它认为醉酒、爽一把，像自慰或者狂吃垃圾食品一样，是一种绝对的恶习。恶习是一种习惯行为，它虽然给人带来短暂的快感，但最终却对自己和他人有害，或者至少是浪费时间。事实上，即使是最狂热的自慰爱好者也不得不承认，在同等条件下，很可能还有其他更有成效的方式来度过一个周末的午后。沉溺于这些恶习可能让人感觉很好，但它不会给你我（或者任何其他人）带来任何好处。

然而，恶习与恶习之间毕竟有差别。上文谈到《浪荡公子逍遥游之四》的场景里，真正会让演化夜不能寐的，其实是喝下的那口野格圣鹿酒。浪费了一点本可以工作的时间去自慰，没什么大不了。相比之下，酒精可能真的有害处。酒精中毒是一种异常的精神状态，典型特征是自控能力下降以及出现不同程度的欣快或抑郁，这是因为很大一部分大脑暂时受损了。正如"酒精中毒"这个术语所暗示的，它涉及一种毒素的吸收，这种物质对人体非常有害，以至于我们拥有精心设计的多层生理机制，致力于分解它，并尽快从我们的身体排出。至少，我们的身体明确把酒精视为一种严重的威胁。

酒精饮料通常会提供一点卡路里，但几乎没有营养价值，并且是由本就珍贵的、历史上稀缺的谷物或水果制成。摄入酒精会损害认知和运动技能，破坏肝脏，杀死脑细胞，并助长不明智的跳舞、调情、打架，甚至更多的放荡行为。低剂量的酒精可以让我们快乐，更善于交际。一旦开始喝多，我们很快就会遇上口齿不清、激烈的争吵、哭哭啼啼的示爱、不恰当的身体接触，甚至是突然唱起的卡拉OK。虽然酩酊大醉会引发出神体验，像是无私忘我以及团队联结，但它也经常导致呕吐、受伤、断片、不明智的文身和严重的财产损失，姑且不提宿醉。

从演化的角度看，使用某些药物是有道理的。咖啡、尼古丁和其他多数兴奋剂基本上是性能增强剂，使我们能够追求正常的演化目标，让我们如虎添翼；我们的运动功能没受损害，对现实的控制依旧牢固。[1]真正令人费解的是使用麻醉品（主要是酒精）。这是因为，麻醉品从进入我们血液的那一刻起，就开始伤害我们，减缓我们的反应速度，使我们的感官迟钝，并模糊我们的意识。他们通过作用于大脑中的前额叶皮层（PFC）——这是我们认知控制和目标导向行为的中心——来实现这一点。因此，在本书中，"醉酒"（intoxication）这一术语不仅包括更富戏剧性的醉酒状态——法律意义上的"醉酒"

（drunk），还包括最初抿的几口葡萄酒带来的柔和、快乐的兴奋感。醉酒看似无害，像是温和的社交兴奋，但它已经破坏了那些可以说是使人之为人的能力：有意识地管理自己的行为，专注于任务，并保持清晰的自我意识的能力。

鉴于PFC是我们这个物种成功的关键之一，摄入任何剂量的酒精或其他麻醉品似乎都很愚蠢。PFC是大脑生理构造中的昂贵部件，它的完全发育需要20多年的时间，也是最晚成熟的部分。因此，一个略显奇怪的事实是，一些社会里庆祝21岁生日的惯例，竟然是用化学麻醉品来煞一煞PFC的威风。既然损害我们的认知控制会让我们付出巨大的代价，而且缺乏明显的好处，那为什么人类仍然喜欢喝醉？为什么世界各地的人，无论来自哪种文化背景，都会不辞辛劳地把有益健康的谷物和美味的水果转化为苦涩的、低剂量的神经毒素，或者在当地的生物群落里寻找令人陶醉的植物？

虽然鲜有人提及，但这的确是一个令人困惑的现象：在过去的几千年里，人类集中聪明才智、齐心协力试图解决的一大问题，就是如何把自己灌醉。即使是处于饥饿边缘的小型社会，也会留出很大一部分珍贵的谷物或水果用于生产酒精。在前殖民时期的墨西哥，有一些部落，虽然还没形成有组织的农业，依然长途跋涉，趁着仙人掌结果子的短暂间隙将果子采摘下来酿酒。酒精短缺的移民，会拿制鞋皮革、草、当地的昆虫等一切能拿到手的东西进行发酵。中亚的游牧民族，由于难以获得淀粉或糖分，只好用发酵过的马奶制酒。在当代社会，人们花费了惊人比例的家庭预算，购买酒精和其他麻醉品。即使在立法禁酒的国家，也有许多人试图使用清洁产品或香水把自己灌醉，然后不幸痛苦身亡。

极少数不生产酒精的文明，则无一例外地用其他一些致人兴奋的物质代替，例如卡瓦酒、含致幻剂的烟草，或者是大麻。在传统社会中，如果生物群落中存在某种可以刺激神经的东西，你可以确定当地人已经使用了数千年。通常情况下，它的味道很糟糕，并且有剧烈的副作用。例如，死藤水（ayahuasca）是一种由亚马孙藤蔓制成的致幻酒，味道极苦涩，很快就会引起剧烈的腹泻和呕吐。在一些南美文化中，人们甚至会舔毒蟾蜍。无论在世界上哪个地方，只要有人群，你都会发现他们做着令人作呕的事情，付出了难以置信的代价，并花费了大量的资源和精力，唯一的目的就是爽一把。[2]鉴于醉酒驱力对人类的存在如此重要，考古学家帕特里克·麦戈文（Patrick McGovern）曾半开玩笑地建议我们称呼自己这个物种为"酒人"（Homo imbibens）[3]。

这种改变心智状态的欲望有着古老的渊源，可以追溯到文明之初。[4]在今天的土耳其东部的一处距今约12000年的遗址里，人们发现了一些大桶的残骸，它们似乎用于酿酒；结合遗址里关于节日和舞蹈的图像来分析，这暗示着人们曾聚集于此，发酵谷物或葡萄，演奏音乐，在人类开启农业之前就开始酩酊大醉。事实上，考古学家已经提出，各式各样的酒精不仅仅是农业发明的副产品，更是发明农业的动机——驱动最初的农民的，是对啤酒而不是对面包的渴望。[5]来自世界各地的关于早期人类的考古发现，总是包含大量专门用于生产和消费啤酒和葡萄酒的精致器皿，这绝非偶然。

　　苏美尔神话甚至将人类文明的起源与饮酒（以及良好的性行为）联系起来。在史诗《吉尔伽美什》（成书于约公元前2000年，可能是我们现存最古老的文学作品）中，野人恩基杜（Enkidu）本来与动物自由自在地生活在一起，被寺庙里的一个妓女驯服后才变成了人。在给他整整一周心神荡漾的性爱之前，她首先用文明的两大支柱——面包和啤酒——喂饱了他。他特别爱酒，连喝了七壶，"（他）情绪高涨，引吭高歌"。直到那之后他们才进入云雨正题。[6]在公元前1600年至公元前1200年之间的某个时候，古代雅利安人从中亚大草原迁移到印度次大陆，他们围绕一种叫作"苏摩"（soma）的神秘麻醉品，建立起了他们的宗教体系。不过，关于苏摩究竟是什么，学者们还在激烈争论，目前的主流理论认为它是一种由毒蝇伞致幻蘑菇制成的液体[7]；但无论如何，它显然药效甚强。《梨俱吠陀》（作于约公元前1200年）里有一首赞美诗记录了因陀罗的几句话，因为苏摩神酒的药效显现，他的思绪开始飞速运转，他疯狂得失去了理智，但也充满了震撼宇宙的力量：

　　　　五部落尚不及一目之斑。吾不饮苏摩乎？

　　　　举世合一尚不及吾一翼。吾不饮苏摩乎？

　　　　伟哉，吾超乎天地之上。吾不饮苏摩乎？

　　　　信矣，吾将辟地，或此或彼。吾不饮苏摩乎？

　　　　吾将击地轰轰然，或此或彼。吾不饮苏摩乎？

　　　　一翼升天，一翼伏地。吾不饮苏摩乎？

大哉，大哉！翱翔云霄间。吾不饮苏摩乎？[8]

为什么最重要的吠陀之一被想象为不仅极度亢奋，而且要从迷幻蘑菇的混合物中汲取力量？尤其令人费解的是，所讨论的药物实际上更有可能让人匍匐在地、备感无助、瞳孔扩张、运动协调能力急剧下降，显然无力"击地轰轰然"。既然如此，如果在前往维持宇宙秩序或杀死仇敌之前，因陀罗选择饱餐一顿美食或痛饮营养丰富的牛奶，这样描写岂不是更合情理？

采用科学方法来研究人类行为，我们有望澄清关于人类存在的深刻困惑，否则它们仍然会在众目睽睽之下遁形。一旦我们开始深入、系统地思考我们对麻醉品的嗜好，其由来之久、波及之广以及影响之深，我们就无法再轻信目前的标准叙事，即这只是某种演化的意外事件。考虑到人类过去几千年来为使用麻醉品而付出的高昂成本，我们预期遗传演化的方向是：尽快从我们的动机系统中清除掉任何对酒精的意外偏好。如果乙醇碰巧破解了我们神经系统里的快乐密码，演化应该马上重设一套密码。如果我们爱好喝酒是演化的残留，那么演化应该早就准备好了解酒的阿司匹林。但演化并没有这么做，我们要理解为什么会这样，这可不单单是出于学术兴趣。如果不理解使用麻醉品在演化意义上的来龙去脉，我们就无法开始清晰有效地思考麻醉品在我们今天的生活中可以发挥什么作用、应当发挥什么作用。

虽然市面上已经有了许多关于酒精和其他麻醉品历史的消遣书籍，但迄今为止，还没有哪本书来就这一基本问题——我们一开始为什么想爽一把——提供一个全面、有说服力的回答。[9]综观人类历史，麻醉品的受欢迎程度、持久性和重要性都需要解释，这也是我在接下来的篇章里试图完成的任务。本书打破了围绕我们种种醉酒观念的都市传说和坊间印象的纠葛，综合利用来自考古学、历史、认知神经科学、精神药理学、社会心理学、文学、诗歌和遗传学的证据，为我们的醉酒驱力提供了一套严格的、有科学依据的解释。我的核心论点是，在漫长的演化进程中，追求喝醉、兴奋，或者认知上改变的状态，有助于个体的生存和繁荣，有助于文化的赓续和发扬。说到醉酒，那种认为它是"演化错误"的观点不可能是对的。我们之所以喝醉，其实有很充分的演化原因。[10]这意味着，目前我们关于醉酒的认识，很大程度上有错误、不连贯、不完整，或者三者兼而有之。

让我们从第一个观点开始。演化并不愚蠢，而且它的进展速度比大多数人以为的要快得多。牧民在基因水平上已经适应了成年后喝牛奶，西藏人已经适应了高海拔地区的生活，而居住在船屋里的东南亚人，在几代人的时间内就适应了潜水和在水下屏住呼吸。[11]如果酒精或毒品只是劫持了大脑中的快乐中枢，或者几千年前曾经具有演化适应性，但现在纯粹是恶习，那么演化本应该很快就弄清楚这一点，并坚定地制止这种胡闹。这是因为，与色情作品或垃圾食品不同，酒精和其他麻醉品在生理和社交方面都非常昂贵。当基因允许我们浪费一点时间自慰，或吃过多奶油夹心蛋糕长胖了几斤，我们的基因付出的只是很低的成本。酒后驾车撞上电线杆，因肝损伤而死亡，或因酗酒而失去生计和家庭，这些对我们的基因健康造成了更为严重和直接的威胁。同样，文化也可以对无害的恶习睁一只眼闭一只眼，尤其是那些可能让人们更加温驯和顺从的恶习。马克思从未将色情作品称为人民的鸦片，但如果他曾经浏览过因特网，他可能会这么说。真正的鸦片，就像任何化学麻醉品一样，潜在地对文化有严重破坏性。

基因或文化演变，并没有根除我们所谓的意外偏好——即使存在完美的"解决方案"（下文将会提到）——这个事实意味着肯定还有其他因素在起作用。放纵的成本必须与特定的、有针对性的收益相平衡。本书认为，化学物质诱发的醉酒绝不是演化上的错误，它其实有助于解决许多人类特有的挑战：增强创造力、缓解压力、建立信任，以及让部落思维根深蒂固的灵长类动物与陌生人奇迹般地实现合作。把自己灌醉的欲望，以及醉酒对个人和社会带来的效益，对促进大规模社会的诞生发挥了至关重要的作用。没有醉酒，就没有文明。

这就引出了第二个观点。饮酒促进社会凝聚力这一事实，听起来不像是什么惊天动地的新发现。然而，如果不了解人类在文明中面临的具体合作问题，我们就无法解释为什么在整个历史和世界范围内，酒精和类似的物质几乎一直是普遍的首选解决方案。如果一盘激动人心的十字戏①就足够，为什么还要靠一种有毒的、破坏器官的、令人麻木的化学物质来维系社交？不回答这个问题，我们就无法明智地讨论，是否可以用密室逃脱或激光枪战游戏取代下班后的喝酒闲聊。我们中间有许

---

① 一种棋类游戏，是飞行棋的前身。

多人，在结束一天的辛苦工作之后，特地喝一两杯酒来放松一下。问题是，下午的骑行可以代替它吗？15分钟的冥想怎么样？如果不了解相关的生物化学、遗传学和神经科学，我们就无法回答这些问题。

类似地，一个古老的观念认为，诗意的灵感来自瓶底。为什么瓶子里装的得是酒，茶不行吗？饮酒的具体影响是什么，它怎么就能提高创造力，以及多少剂量才能达到最佳效果？（提示：在你看到瓶底之前。）作为缪斯，酒精与迷幻蘑菇或LSD相比如何？跟在公园里简单的散步相比呢？围绕麻醉品消费有无数的谜题需要解开，但目前还没有一个真正全面的回答。有些人确实可以千杯不醉，有些人喝了几口淡啤酒就会脸红、恶心。大多数人成功地将麻醉品融入他们的日常生活，而另一些人却因酗酒而无法正常生活。是哪些基因决定了这些不同的反应，我们如何解释它们在世界范围内的分布？综合考虑各个因素，禁止饮酒似乎是一个不错的主意。为什么这种文化禁令相对罕见，被人们在实践中广泛回避？这些问题的答案对时下的各种议题——例如酒精在工作场合的作用是什么，合法的饮酒年龄是多大——有何影响？应该让人感到不安的是，我们对这些问题的思考，通常是在完全不了解相关科学的情况下发生的。充其量，我们的思考是基于某些相互脱节的事实或知识碎片，而没有得益于更为开阔的演化视角。

尽管其他形式的麻醉品在这个故事中也发挥了作用，但我们有充分的理由主要聚焦于酒精。酒精是无可置疑的麻醉品之王。你在任何地方都可以找到它。如果你让一个文化工程团队设计一种物质，旨在最大限度地提高个人创造力和团队合作水平，他们会想出非常像酒精的东西：一个简单的分子；几乎可以用任何碳水化合物轻松制成；易于食用；可储存；可精确定量；对认知的影响复杂但可预测、适度；能迅速从体内排出；容易融入社会习俗；可以打包进美味配送系统；与食物很好搭配。无论大麻、苏摩或舞蹈触发的出神有怎样的好处和功能，都没有表现出如此齐全的特征，而且它们还有更加明显的缺点。吃完迷幻蘑菇极度兴奋的那会儿，恐怕很难商讨合同条款；关于大麻，不同人吸食之后的反应差别很大；整夜跳舞、废寝忘食，第二天上班会变得格外困难。相比之下，两杯鸡尾酒带来的宿醉是一个相对较小的负担。这就是酒精在进入新的文化环境后，往往会取代其他麻醉品，逐渐成为"世界上最受欢迎的毒品"的原因。[12]

化学中毒显然是危险的。酒精已经毁掉了许多生命，并将继续蹂躏世界各地的个体和社群。为酒精的好处而辩护，除了声称"为快乐而快乐"时让我们有隐隐的心理不安，也可能引起强烈的反弹，因为许多人对于使用麻醉品的沉重代价抱有合理的忧虑。但是，理解我们追求快感背后的演化原因，有助于为相关讨论提供洞察——由于不了解这些科学与人类学知识，我们一直在盲目行事。

我们的分析将为日常生活提供一些清晰且易于实施的建议，但也会提出更复杂或有争议的政策问题，例如酒精在工作场所或大学中的最佳角色。在我们这个越来越留心避免助长不当行为的时代，我们很可能会认为这些场合最好不要沾酒，但这并非定论。鉴于各式各样的麻醉品给现代世界带来了前所未有的威胁，我们必须重新评估醉酒的历史益处，无论是在个体层面还是在群体层面。现代出现的蒸馏技术和社会孤立，彻底改变了酒精在秩序和混乱之间维系的脆弱平衡，制造出了崭新的危险，虽然我们目前才刚刚朦胧地意识到。

醉酒的行为之所以经久不衰，而且对人类的社会生活如此重要，说明醉酒的收益在人类历史上肯定超过那些更明显的代价。在我们这个极度复杂，且仍以前所未有的速度变化着的现代世界中，我们只有从广泛的历史、心理和演化视角着眼，才能正确评估醉酒的益处。

显然，奶油夹心蛋糕对你有害；自慰很可能不会让你失明，但社会效益有限。为酒精辩护却更为复杂。正如早期现代法国美食家布里亚-萨瓦兰（Brillat-Savarin）所说，解释人类对醉酒的渴望确实"非常值得哲学头脑的关注"。然而，探讨我们为什么喝醉这个问题——或者说酒精为哪些问题或挑战提供了解决方案——不仅仅是为了满足我们哲学或科学方面的兴趣。考察我们醉酒驱力的功能，将使我们更好地评估酒精和其他麻醉品在当今生活中真正的作用。考虑到误解这种作用的潜在成本之高，兹事体大，我们无法像现在这样跌跌撞撞地前进，任凭流俗观念、一知半解的政策或清教徒的偏见牵着鼻子走。关于醉酒，历史可以告诉我们什么时候喝过酒，喝过什么酒。但是，我们只有把历史与科学结合起来，才能最终开始理解我们一开始为什么想要喝醉，理解让我们不时浑然忘我如何可能有某些好处。

第一章　我们为什么会喝醉？

人们喜欢喝酒。正如人类学家迈克尔·迪特勒（Michael Dietler）所指出的："酒精是迄今为止世界上消费最广泛和最丰富的精神活性药物。目前的估计表明，全球活跃的酒精消费者的数量超过24亿（约占地球人口的1/3）。"[1]这并不是最新发展，人类喝醉的历史已经很久了。[2]饮酒和聚会的图像在早期的考古记录中占主导地位，这种状况与21世纪的即时电报（Instagram）如出一辙。例如，一幅来自法国西南部的2万年前的岩刻（图1.1）展示了一个女人，可能是生育女神，举着一只角靠近嘴巴。有人也许会说，她是把它当成一种乐器，对着它吹气来发出声音，只是靠近嘴的部分是宽端。显然，她正在喝东西，而且很难想象那只是水。[3]

人类生产酒精饮料最早的直接证据，可以追溯到公元前7000年左右的中国黄河流域，在那里发现的新石器时代早期村落的陶片，含有一种葡萄酒的化学痕迹，这种酒由野生葡萄和其他水果、大米及蜂蜜制成，按照现代标准，口感可能不是很好。[4]有证据表明公元前7000—公元前6000年，在现今格鲁吉亚的位置，葡萄开始被人工培育。来自同一地区的陶片上描绘着把手臂抛向空中以示庆祝的人像，这表明这些葡萄是酿酒原料，而不是桌子上的水果。[5]在现今伊朗的位置，人们发现了可追溯到公元前5500—公元前5000年的陶器，其中含有用松脂保存的葡萄酒（希腊葡萄酒和其他一些地区的葡萄酒至今依然用松脂保存）①的化学证据；到了公元前4000年，酿制葡萄酒已经成为一项重大的集体事业。亚美尼亚的一个巨大的洞穴遗址，已然是一个古老、配置齐全的酿酒厂，有用于葡萄踩踏和压榨的盆、发酵缸、储藏罐和饮用容器。[6]

图1.1　劳赛尔的维纳斯举着一只角

（Collection Musée d'Aquitaine；VCG Wilson / Corbis via Getty Images）

新石器时代的人们在酒中投入的原料也很有创意：在英国北部的奥克尼群岛，考古学家发现了可以追溯到新石器时代的巨大陶罐，这些陶罐似乎含有由燕麦和大麦制成的酒精，以及各种调味剂和温和的致幻剂。[7]人类对生产酒精表现出了巨大的

---

① 古希腊的松脂酒（Ρετσίνα）利用松脂来密封瓶口，酒中自然带上了松脂风味，向酒中添加松脂的习惯保留至今，成就了希腊特殊风味的葡萄酒。

热情，酿酒行为源远流长、花样迭出，令人叹为观止。塔斯马尼亚的居民会挖掘一种胶树，在其底部挖一个洞，让积聚的树液发酵成酒精饮料；现今澳大利亚东南部维多利亚的位置原来生活着库里人，他们会把鲜花、蜂蜜和树胶的混合物发酵成令人陶醉的酒。[8]

正如古代致幻啤酒的存在所表明的那样，尽管酒精是大多数世界文化的首选药物，但在选择毒药，用其他令人陶醉的物质补充酒精，或在没有酒精的地方寻找替代品时，人类一直心猿意马。[9]致幻剂是人们的最爱，通常来自藤蔓、蘑菇或仙人掌，有时甚至比酒精的地位更特殊。例如，古印度的吠陀人也有酒精，但对它心存怀疑，认为它会产生一种道德上可疑的醉酒形式。就文化和宗教声望而言，处于首要位置的是由致幻药物苏摩产生的心理状态"脉达"（mada）。脉达与英语单词"疯狂"（madness）的词根相同，但在梵语中的意思更像是狂喜或极乐，一种宗教出神的优越状态。

在今天的墨西哥东北部，人们从原始人居住的洞穴中发现了佩奥特掌和含有麦司卡林的豆类，利用碳定年法推算，这些物品可追溯到公元前3700年。[10]在巨大的石头雕刻上，人脸或动物的形象与迷幻蘑菇的图像融为一体；在制作于公元前3000年的陶瓷制品上，萨满教动物（如美洲虎）形象上方则有麦司卡林仙人掌。这表明，致幻剂长期以来在整个中美洲和南美洲的宗教仪式中发挥了核心作用。[11]在新大陆发现的100多种致幻剂，几千年来都被人类大量使用。最奇怪的致幻剂，一定要数在中美洲发现的某些有毒蟾蜍的皮肤分泌物。将这种蟾蜍的皮晾干，晾干后就可以通过吸食或添加到液体混合物中来享用。[12]或者，如果你赶时间，也可以抓住一只蟾蜍，径直舔舐。

在太平洋地区，那些从未使用酒精的文明——可能是因为酒精与当地海鲜中含有的毒素结合，会产生负面作用——最终使得卡瓦成了他们首选的麻醉品。[13]卡瓦取自一种人工集中培育的作物的根部，这种作物可能首先在瓦努阿图岛①被人类驯化。人类培植了这种作物很长时间，长到它不能再自行繁殖。[14]卡瓦具有麻醉和催眠作用，是一种强效的肌肉松弛剂。传统的食用方式，是将其咀嚼后吐入碗中，然后按照仪式的严格规定，分享使用。卡瓦会诱发满足和乐群的精神状态，带来的兴奋感比酒精更柔和。

说到柔和，我们就不能不提到原产于中亚的大麻。欧亚大陆的人类吸食大麻已经至少8000年了。到了公元前2000年，大麻已经成为一种被广泛交易和消费的药物，用于特定的仪式或一般消遣。[15]要了解人类对大麻的喜爱程度，只需要看看欧亚大陆中部的一个墓地，其历史可追溯到公元前1000年。人们在那里发掘出一个古墓，男主人身披着由十几种大麻制成的裹尸布。[16]公元前5世纪，希腊历史学家希罗多德描述了可怕的斯基泰战士——来自中亚的骑马游牧民族——的放松方式：他们搭起木框帐篷，在中心设置一个巨大的青铜炉子，扔进一大把大麻，然后开始变得飘飘欲仙。最近的考古证据证实了这种做法，人们认为中亚地区使用大麻的传统可以追溯到五六千年

---

① 位于西南太平洋、澳大利亚东北。

前。[17]最初的那家伙肯定很"自豪"。

欧亚大陆以外的人无法获得大麻，只能靠其他烟草和咀嚼物勉强度日。几千年来，澳大利亚土著生产了一种由麻醉剂、兴奋剂和木灰组成的混合物，称为皮图里，并像咀嚼烟草一样使用它，鼓鼓地塞一大口。它的活性成分是各种本地烟草菌株和当地麻醉灌木（常常也被称为皮图里）。值得注意的是，北美是地球上为数不多的土著居民不生产或不使用酒精的地方之一，不过，那里却存在一个高度复杂的烟草种植和区域贸易系统，考古发现的烟斗可以追溯到公元前3000—公元前1000年之间。[18]虽然我们往往不认为烟草是一种麻醉品，但美洲原住民种植的品种比现在街角商店卖的要厉害得多，更令人兴奋。与致幻成分混合时，它真的很有冲击力。[19]另一种不得不提的药物是鸦片，自从人类远古的祖先第一次发现鸦片能对他们的大脑造成什么影响，他们就喜欢上它了。不列颠和欧洲的遗迹表明，早在3万年前人们就开始食用罂粟[20]，而考古证据表明，早在公元前2000年地中海居民就开始崇拜罂粟女神。[21]

所以，世界各地的人们使用麻醉品——无论是酒精、大麻还是迷幻药——很长时间了。不少消遣的书籍记录了我们对麻醉品的嗜好，以及我们追求改变了的状态的无数种方式。[22]正如替代医学①大师安德鲁·威尔（Andrew Weil）所观察到的那样，"无处不在的药物使用是如此惊人，以至于它必然代表了一种基本的人类食欲"。[23]考古学家安德鲁·谢拉特（Andrew

---

① 替代医学指的是这样一类医疗实践：它能够产生医疗效果，但缺少科学方法和循证医学收集的证据（循证医学强调完善的设计、执行和充分的经验证据）。

Sherrat）概述了世界各地使用的令人印象深刻的麻醉技术，他同样认为，"对精神活性药物使用经验的蓄意寻求，可能至少与解剖学（和行为）意义上的现代人一样古老：它是智人的特征之一"。[24]

然而，在这些关于我们对酒的口味的历史学和人类学调查中，有一个根本性的难题通常没有得到检验，这就是：人类一开始为什么想要喝醉。[25]实际上，喝醉看起来是一个非常糟糕的主意。在个人层面，酒精是一种神经毒素，会损害我们的认知和运动功能，并伤害我们的身体。在社会层面，醉酒会引起的社会混乱可不是当代的足球流氓或大学生的发明。狂野、危险、混乱的酒神节（bacchanalia）——这个词源于一位希腊神，常被称为狄奥尼索斯或巴库斯（Bacchus）——是古希腊生活的标准特征。从古埃及到古代中国，我们都能看到大量的文字和图像，记录了酒精参与的仪式和宴会。它们清楚地表明，混乱、打斗、疾病、不合时宜的昏迷、大量呕吐和非法性行为，长时间以来一直是饮酒的常见结果。

世界各地的人们使用的各种致幻剂，则更加危险和具有破坏性。除了让你与现实完全脱节，它们的化学成分很容易让你丧命。一种生长在索诺兰沙漠①中的小灌木叫作得克萨斯山月桂（Sophora secundiflora），它产的豆子有剧毒，一颗豆子就可以立刻杀死一个孩子。你可能会认为附近的人们很快就会学会和它保持距离。他们没有。这是因为它别号"梅斯卡尔豆"，

---

① 位于美国和墨西哥交界地区的一片沙漠，面积约31万平方千米。

可以让人飘飘欲仙。虽然它没有任何烹饪价值，但在可追溯到公元前数千年的考古遗迹中，我们发现了这种豆子的痕迹，当时的沙漠文化显然利用的是它那致人兴奋的力量。半颗豆子对成年人来说是合适的剂量，但你不想搞错。因为吃多了会"恶心、呕吐、头痛、出汗、流涎、腹泻、抽搐和呼吸肌麻痹，甚至死于窒息"。[26]毫无疑问，在人们最终解决这个问题之前，它已经造成了相当多的伤亡。

为什么要冒险？无论我们谈论的是可怕、危险的致幻豆，还是令人麻木的麻醉剂，或令人迷惑的酒精，为什么人们不直接拒绝呢？考虑到麻醉品的成本和潜在危害，我们有理由不相信软弱的、事后编织的借口，比如喝酒有助消化或可以暖暖身子之类的都市传说。19世纪早期的一位禁酒斗士，对那种没有证据的合理化嗤之以鼻，在他看来，一些人就是为了给喝酒找个堂皇的理由，所以才常常满嘴跑火车：

> 某些烈酒可治百病、解万忧；给婚礼锦上添花，让葬礼哀而不伤；为朋友的交往助兴，为辛苦劳作解乏。得意时须开怀畅饮，失意时要借酒浇愁。忙碌者饮酒，因为他们很忙碌；闲暇者饮酒，因为他们无事可忙。农民要饮酒，因为工作劳苦；技工要饮酒，因为整天坐着忒无聊。天热时，饮酒可以清凉；天冷时，饮酒可以取暖。[27]

我们可以做得比这更好。让我们先来看看关于人类醉酒驱力的常见科学解释。乍一看，它们看起来比禁酒主义者嘲笑的合理化要好，但最终我们会发现，这些科学解释同样缺乏说服力。

劫持大脑：色情作品和性饥渴的果蝇

人们渴望性高潮。从科学的角度看，这不足为奇。性高潮令人愉悦，因为这是演化在告诉我们："干得漂亮。请继续进行你正在做的事。"演化之所以这么做，是因为在我们繁衍生息的环境中，性高潮标志着我们正在为着演化的核心目标——把基因传给下一代——而努力奋斗。

当然，这套系统并不完美。自从性高潮被发明以来，所有的动物就在钻系统的空子，从猴子自慰到狗狗爬跨人腿。不过，人类才是钻空子的集大成者。比如，智人几乎是从一登上历史舞台就开始制作色情作品了。所有的新技术——石刻、绘画、平版印刷、摄影、互联网——起初似乎主要就是为了满足色情需求。从史前时代的考古遗址中发现的那些身材丰满的女性形象，比如本书正文第4页展示的维纳斯浮雕，常常被学者当作生育女神或地母神而搪塞过去。这不是没有可能。当然，同样可能，这些形象其实是《花花公子》里中间插页裸体模特的鼻祖，而且跟后来者发挥的是同样的功能。无论如何，从古代的色情作品到现代的性爱玩偶，在糊弄演化这件事上，人类一如既往地独领风骚。

不过，对于这些小伎俩，演化却一直睁一只眼闭一只眼。

它才不在乎什么完美，只要足够好就成。在可靠的避孕手段出现之前，这项把性高潮与传播基因的大业关联起来的基本策略，一直都颇为奏效。不过，现代的技术发展却严重扰乱了这种关联。避孕套和避孕药，使得性行为与怀孕能被有效地剥离开。印刷机、光面杂志、家庭录影带、DVD 光盘，以及最终出现的互联网，让每一位痴男怨女足不出户就可以观摩色情作品，而且作品的数量和种类都超乎之前的想象。我们的奖赏系统就这样被合伙劫持，而且有点过火了，这的确可能会在一定程度上损害演化的安排。

　　一种最常见的观点认为，我们之所以有醉酒的嗜好，是因为这背后牵涉的正是这类机制：它们都劫持了某种本来具有演化适应性的驱力。依"劫持"理论来看，大脑内有各式各样的奖赏系统，它们被演化用来激励特定的行为，比如性行为；而酒精和其他致人兴奋的药物就像色情作品，碰巧激活了这类奖赏系统。在人类演化史的大多数时间里，药物都是稀缺资源，而且效力较弱，所以没有什么问题。于是，对于一丁点自慰或无助于生育的性行为，演化能够不闻不问；类似地，即便灵长类动物和其他哺乳动物在丛林里捡到一些发酵的水果，偶尔体验到酒精带来的欣快感，演化也可以听之任之。但是，演化却无法预见到，有一种灵长类动物——凭着大脑瓜子，掌握了工具，并且具备了积攒文化创新的能力——在演化史意义上才一眨眼的工夫，竟摸索出了酿酒术，制造了啤酒、葡萄酒以及各式各样令人头晕目眩的烈性蒸馏酒。劫持理论宣称，这些毒药之所以能够成为演化防御系统的漏网之鱼，是因为演化实在懒散，远远跟不上人类创新的速度。

这种观点的一个典型倡导者是伦道夫·尼斯（Randolph Nesse），他是演化医学的奠基人。他曾写道：

> 高度纯化的精神活性药物和直接注射的摄入手段，是演化意义上的新生事物。它们具有天然的致病性，因为它们能够绕过我们的演化适应性信息处理系统，直接作用于控制情绪和行为的原始脑机制。那些能够诱发愉悦感的药物，似乎有益于人的生存繁衍，但它们提供的信号却是虚假的。这种信号劫持了大脑里负责"偏好"与"渴望"的激励机制，会导致人持续使用药物，即使药物不再带来快感……药物滥用给大脑制造了一个信号，让大脑错误地以为，生存繁衍的良机来了。[28]

类似地，演化心理学家史蒂芬·平克（Steven Pinker）也认为，现代人对各种麻醉品的使用源于人类心智的两个特征的共同作用：我们喜欢得到化学奖赏，以及我们能够解决问题。任何一种能够开启大脑快感中枢的东西，无论其激发过程是多么偶然，都会吸引我们去追求它；而且我们会使出浑身解数，想出各种花样，即使追求它的后果（从纯粹演化适应的角度看）并无益处，甚至有害。[29]我们曾观察到，我们对性的渴望正是这种互动的一个范例。演化给了我们一套强大的激励系统，表现为性快感和性高潮，然后它就满意地搓搓手走开了，傻乎乎地以为人类从此只会追求异性之间的性交，从而把基因传递给下一代。它显然不了解人类有多少花花肠子。关于奖赏系统被劫持而引起的适应不良，平克提供了一个观察可作例证，"人在本可以寻求配偶的时候去看色情作品"。当然，与人类习于进行的各种不以生育为宗旨的性行为相比，这不过是九牛一毛，但它也提示我们，为什么演化应当警惕这类违逆其本意的行为。

一项关于性饥渴的果蝇的研究，强化了这种担忧。别看果蝇个头小，似乎跟我们八竿子打不着，但其实在很多方面，包括代谢酒精的方式上，果蝇与人类类似。[30]果蝇好酒，它们也会喝醉，就连酒精激活其脑内奖赏系统的方式也跟我们的类似。果蝇也会成为酒鬼：相比于普通食物，它们更喜欢富含酒精的食物，而且酒瘾会越喝越大。一旦停酒多日，下次再碰到酒的时候它们会喝个不停，直到烂醉。[31]显然，所有这些都是适应不良的表现——要知道，实验室提供的食物的酒精浓度，大约相当于澳大利亚西拉葡萄酒（酒精含量15%—16%）。饮用了"西拉葡萄酒"的果蝇，难以维持直线飞行，在定位食物和配偶时也容易出错。一项针对性剥夺的果蝇的研究进一步发现，说白了，欲求不满的果蝇会变成酒鬼。[32]摄入酒精和完成交配一样，会激活同样的奖赏信号，这意味着，醉酒的果蝇在别处找到了乐子，对求偶的兴趣降低了。对果蝇而言，这也许没什么大不了，但对它们的基因而言，恐怕就不是好消息了。[33]

演化的残留：醉猴、液态韩国泡菜和污水

劫持理论与引言里描述的残留理论有些重叠，那就是，它们都认为我们对麻醉品的嗜好是一种新出现的演化问题。然而，残留理论认为，人类心理学的某些特征不完全是我们的奖赏系统偶然被劫持，它们起初的确具有某种演化适应性，但这种功能现在已经过时了。垃圾食品是一个典型例子。演化把我们塑造成了这个样子：当食用高热量的包装食物时，特别是如果它们含有脂肪和糖，我们会感到一阵愉悦。由于它的盲目和迟缓，演化没有预料到会出现便利店，而且其中会出售大量廉价的加工过的甜食、薯片和肉类。

在解释我们对酒精的喜好时，最突出的残留理论也许要数生物学家罗伯特·达德利（Robert Dudley）提出的"醉猴"假说。[34]在人类最初生活的错综复杂的热带雨林中，酵母在成熟的水果中产生酒精，作为它们对抗细菌的化学战的一部分。因为细菌会与酵母竞争水果中的营养，但前者对酒精的耐受性更差。因此，酒精的存在要归功于酵母与细菌之间漫长残酷的生存竞争。达德利认为，我们称之为酒精（专业的说法是乙醇）的分子有一个次要特征，它是灵长类动物能品味酒精的关键。乙醇极易挥发，它是一种小而轻的分子，可以在空气中传播很长的距离。因此，它非常适合向各种物种传递一个嗅觉信号：晚餐有了。毫无疑问，这些物种也包括果蝇，它们之所以喜欢

酒精，可能与后者能引导它们找到水果有关。

　　达德利认为，早期人类以及我们的灵长类祖先和表亲，尾随飘荡的酒精分子来寻找和鉴定难得一见的成熟水果——从而开始把酒精与优质营养联系起来。特别迷恋它的味道或药理作用的人更有可能寻找它，比他们的同胞获得更多的卡路里。这种适应性优势有利于品尝酒精以及代谢酒精能力的演化。因此达德利的论点是，酒精让我们感觉良好，是因为在我们的生存环境中它带来了大量的热量和营养回报。现代都市人仍然从酒精中获得快乐，但这只是一种演化上的残留，因为现在它只会导致肝损伤、肥胖和过早死亡。正如达德利所说，"当我们在丛林中寻找只含有少量酒精的水果时，这没有问题；当我们在超市里寻觅啤酒、葡萄酒和蒸馏酒时，情况就变得危险了"。[35]

　　其他的残留理论认为，谷物和水果经过发酵，其含有的卡路里可以转化为更耐用、更便携的形式，否则在没有冰箱的时代这些资源很快就会丢失。[36]按照这种观点，酒精的传统功能就类似于韩国泡菜或腌黄瓜。发酵的这种好处不容小觑：即使在今天，为保存水果，坦桑尼亚北部的企业家依然把香蕉和菠萝发酵成酒，否则它们收获之后会迅速腐烂。当然，这个过程也为生产佳酿。[37]发酵的另一个优点（至少在我们谈论谷物转化为啤酒时）是英国营养学家普拉特（B. S. Platt）观察到的：玉米发酵成啤酒之后，其含有的微量营养素和维生素含量翻了一番，这个过程也被称为"生物提升"（biological ennoblement）。[38]这种营养转变由酵母对谷物的发酵作用引起，它在前现代农业社会中可能特别重要。考古学家阿德尔海德·奥托

(Adelheid Otto）认为，至少在美索不达米亚平原，啤酒的营养成分在完善人们"令人沮丧的糟糕饮食"方面发挥了至关重要的作用，否则他们的食谱里几乎只有淀粉和一丁点珍贵的新鲜蔬菜、水果或肉类。[39]即使在维多利亚时代之前的英国，人们也认为啤酒为普通人的卡路里摄入作了很大贡献。[40]

这指出了酒精对前现代人的另一个优势：它单纯提供的热量。1克纯酒精含有7卡路里热量，而1克脂肪含有9卡路里热量，1克蛋白质含有4卡路里热量。令人不安的是，一小杯红酒（约150毫升）所含的热量，与一块5厘米见方的布朗尼蛋糕或一小勺冰激凌含有的热量几乎一样多（约130卡路里）。研究估计，在某些古代甚至当代文化中，啤酒可占当地热量摄入的1/3以上。[41]每一位尝试节食的人都知道，酒精饮料的热量如此之高，以至于古老的黑啤酒健力士的广告语"一杯等于一餐"有一点道理。与我们生物学的许多方面一样，对现代饮酒者来说成问题的东西，对我们长期饥饿、营养不良的祖先而言可以是大有裨益的。

另一类残留理论，关注的不是酒精的挥发性，也不是保存卡路里或富集维生素的能力，而是其杀菌特性。正如我们已经注意到的，酒精是酵母和细菌在分解水果和谷物时进行的生物战的产物。这就是为什么纯酒精是一种极好的消毒剂。即使是人类通常食用的低度酒精，它似乎也保留了一些抗菌和抗寄生虫特性。这也是为什么边吃寿司边喝酒是个不错的主意：用清酒冲洗生鱼片，可能有助于杀死趁机入口的致病菌。

甚至果蝇也以这种方式利用酒精。我们注意到，果蝇可以成为令人印象深刻的酒鬼，而且以水果为主的饮食使得它们像酵母一样，相当耐受酒精。当果蝇感觉到寄生黄蜂的存在时，它们会执行一个让人叹为观止的演化技巧。这些黄蜂是令人讨厌的捕食者，它们颇为险恶地将自己的卵存放在果蝇的卵中。在正常情况下，这种卵发育成一个黄蜂幼虫，然后从果蝇幼虫中取食，从内部完全吞噬它们后孵出，再寻找新的受害者。在这种黄蜂构成威胁的环境中，雌性果蝇会寻找酒精含量高的水果来产卵。对它们自己的幼虫来说，酒精不是很好，因为它会减缓幼虫的生长，但小果蝇对乙醇的耐受性比敏感的黄蜂幼虫要好得多，后者通常会被乙醇杀死。如果至少有一些果蝇后代能够幸存下来，那么牺牲一定比例的果蝇来承受酒精中毒是一个很小的代价。果蝇之所以对酒精的耐受性较高，最初是因为它依赖水果作为食物来源，但演化使得酒精可以成为武器，用来对抗一个可恨的对手。[42]

最后，发酵酒精饮料的过程还能对制造它们的水进行消毒。在人类历史的大部分时间里，特别是在农业和拥挤的城市生活出现之后，群居地的水源往往非常不安全，无法饮用。因此，酒精发酵可能会帮助受污染的水转化为饮用水。在一些南美社区，玉米啤酒奇洽（chicha）仍然是缺乏水处理的地区饮用水的重要来源。[43]同样，我们之所以喜欢一些植物性麻醉品，也可能是因为它们的药用特性，其中许多——除了那些导致我们看到奇形怪状、五颜六色、各种神灵或会说话的动物的部分——是相当有效的抗寄生虫药物。[44]

不只是甜点和色情作品：超越残留和劫持理论

虽然人们试图严肃地探讨我们嗜酒的起源问题，但很少有人能超越这些"甜点和色情作品"的说法。从表面上看它们并非不可信。尤其是残留理论，直觉上很有说服力，因为它们可能说出了部分真相：酒精确实具有所有这些超级有用的功能。它的气味可以是高回报水果奖励的信号。它有营养价值，可以用来消毒，而且味道确实不错。

然而，说到底它们都让人感到不满意，就像在炎炎夏日的下午喝了一杯不冷不热的仿制啤酒。使用酒精和其他麻醉品会带来纯粹、残酷的后果，这都与劫持理论直接抵触。像醉猴假说这样的残留理论，灵长类动物学家和人类生态学家并不买账。他们指出，野生灵长类动物似乎避免摄入那种产生乙醇的过熟水果。对人类的研究表明，我们更喜欢简单的成熟（无乙醇）水果，而不是过熟的水果。[45]（我肯定是这样。）其他残留理论也无法解释这样一个不幸的事实：酒精或其他药物在我们祖先环境中扮演的功能，也可以通过一些不会麻痹大部分大脑或在第二天早上让你头痛欲裂的东西来实现。

例如，要对种植小麦、小米或燕麦等谷物进行"生物提升"，还可以简单地将其发酵成粥，这仍然是世界各地小规模农业社区的常见做法。发酵粥也解决了储存问题。例如，爱尔兰的传统做法是将燕麦做成粥，发酵数周后它逐渐凝固成面包状的一团，可以在需要时切片然后油炸。这种食物味道很好，特别适合与咸肉混合食用。从单纯营养利用的角度看，将谷物变成粥，是比酿造成啤酒更好的选择。可以肯定的是，燕麦粥不会让你体会到那种愉快的晕眩感，但这提出了一个问题，即为什么我们容易受到这类劫持大脑作用的侵害。如果食物保存是驱动因素，为什么演化没有选择那些疯狂地吃粥（而不是喝啤酒）的人呢？他们可能比喝啤酒的表亲更健康、更有效率，而且只吃粥的文化会避免很多鲁莽的行为、意外伤害、糟糕的歌声和宿醉。然而据我们所知，温和的早餐粥在爱尔兰历来是醉酒之后的安慰早点，并没有取代前一晚喝掉的酒。

或者考虑一下污水假说。如果你饮用的水含有大量细菌，只需要将其煮沸即可。当然，关于疾病的细菌学说是新近才出现的，甚至目前世界上仍然有一些人并不知道这件事情。但正如人类对大多数适应性问题的解决方案所表明的那样，有时我们通过反复试错就足以解决问题，并不需要理解其中涉及的因果机制。从个人层面来看，我们一直都在这样做。从文化层面来看，我们甚至更擅长于此，因为各种文化可以"记住"特别好的、偶然的解决方案，并将其传递下去，使文化中的个人受益，从而帮助群体的繁衍。[46]

我们不妨来设想一个场景，在一个到处是河流和湖泊的栖息地，生活着好几个原始人类部落，不过，那里的水充满了致病菌。我们不必担心那些不喝酒的部落，因为他们在很久之前就灭绝了——（对于一个外在的观察者而言）毫不奇怪，因为那也正是水质开始变坏的时候。活下来的部落发现了酒精，从而发展出只饮用啤酒的习惯，它经过发酵净化了其中的水。然而，一个部落发现，他们晚餐喝了煮开的水（他们用水来煮鱼），第二天早上感觉更精神振奋，也更少出现腹泻、胃痉挛或其他喝了污水后常出现的症状。少数人开始只喝这种神奇的"鱼水"，避开啤酒和未经处理的水。与不喝"鱼水"的人相比，他们变得更活跃、更健康、更成功，因此这群人逐渐相信，只有鱼神祝福的水才适合人类饮用，其他饮料都是禁忌。鱼神族开始在竞争中胜过其他喝啤酒的部落。喝啤酒的人同样没有水传播疾病，但深夜饮酒造成的宿醉和疲劳意味着他们早上去渔场的速度要慢一些。于是，喝"鱼水"的人逐渐开始淘汰或同化喝啤酒的人；或者，喝啤酒的人看到了光明，决定皈依鱼神，放弃其他饮料。在发现"鱼水"的几代人之后，酒精完全消失了。

　　酒精的出现并不是为了满足净化水的需要——支持该论点最显著的文化历史证据来自中国。中华文化圈里的人们一直都在喝茶（嗯，至少几千年了），而且在很长一段时间内，人们也有强大的文化规范，反对饮用未经处理的水。当然，他们可不是这么表达的：根据中医的传统观念，喝凉水会伤胃气（气也就是能量）。如果你必须喝水，应该喝"开水"，煮开后趁热喝或至少在室温下饮用。该理论侧重于温度及其对"气"的影响，而不是水传播病原体的危险，但效果是一样的：除非水被煮沸，并且其中的病菌已被杀死，否则不要喝水。看来，中国和中华文化圈——这涵盖了曾经生活在地球上的相当多的人——通过只喝茶或开水的简单权宜之计，就解决了水中含有病原体的问题。

然而中国依然有酒，而且多得不得了。从商代（公元前1600—公元前1046年）到现在，酒精在中华文化圈的仪式和社交聚会中占主导地位，受重视程度不亚于世界上其他任何地方。如果喝酒的主要目的是杀死水中或胃中的病原体，这种情况是说不通的。一旦中国人发现了茶叶，并逐渐养成习惯不喝未经处理的水，那么酒精的使用应该减少，然后消失，其主要功能被一些危险性更小、成本更低和生理上更无害的东西取代。不幸的是，白酒（酒精度较高的高粱酒）依然存在，提醒我们事实并非如此。同样值得注意的是，事实上，污水假说也不符合世界其他地方的文化规范。喝啤酒或葡萄酒的族群，通常仍然喝未经处理的水，或者将未经处理的水混合到他们的酒中。[47]如果酒精的主要适应性功能是帮助我们避免胃部不适，那么这一切都说不通。

因此，鉴于饮酒的代价如此明显，文化演化进程表明，解决污水、缺乏微量营养或食物变质问题的替代方案很快会被发现并广为使用，从而驱使人们不再饮酒。然而，正如我们所见，这一切并没有发生。

一个演化难题：嘴里的仇敌如何偷走了你的头脑

无论是劫持大脑还是演化残留，现有的理论都认为我们爱喝酒是一个错误，并且酒精和其他麻醉品在当代人类社会中几乎没有任何功能。需要在你的环境中定位卡路里密集区域？去超市吧。需要保存食物？把它放在冰箱里。粪便中有寄生虫吗？大多数医生会推荐处方抗寄生虫药而不是一盒香烟。污水？煮一下就行了。然而事实是，人们仍然很喜欢喝酒，迷恋兴奋感，这需要他们抵制看似强大的选择压力。不同文明群体一致对酒精和其他药物保持着顽强的热情。

以演化视角来研究问题的美妙之处在于，它不仅能够帮助我们解释人类行为中令人费解的方面，而且让我们一开始就承认这些谜题存在。以宗教为例。我的职业训练是宗教历史学，在这个领域，我们总是理所当然地认为——作为一个基本的、不加反思的逻辑预设——在世界各地和全部的时间里，人类都相信无形的超自然存在者，为此牺牲了巨额财富，并为服务诸神付出了巨大代价。在世界各地，因为宗教而衍生出的一系列痛苦、代价高昂或超级不便的行为，一旦你开始思考，就会感到吃惊。割掉包皮，放弃美味营养的贝类和肉类，禁食，跪下，自我鞭打，念诵咒语，在你唯一的休息日穿着不舒服的指定着装正襟危坐几个小时听无聊的布道，在脸颊上刺穿金属桩等。所有这一切似乎没有任何生物学意义。当我们从演化的视角来审视这一切时，这些初看起来令人费解的行为，才变得容易理解。

事关崇拜，不同的人类群体同样挥霍无度。在古代中国，很大一部分国民生产总值是和死人一起埋在地下。秦始皇陵的参观者惊叹于各个兵马俑的细节、完好无损的战车，以及为保护死去的皇帝全军排成一列的令人敬畏的景象。很少有人会问，为什么一开始有人想建造如此浪费的工程。请记住，所有这些都是花费巨资建造的，然后就那么埋在地下了，还有数量惊人的牺牲的马匹和人。中国不是孤例。想想古埃及或阿兹特克的金字塔、希腊神庙和基督教大教堂。可以肯定，任何前现代文化中最宏大、最昂贵和最奢华的建筑都服务于宗教目的。

从演化的角度来看，这一切都非常愚蠢。就像科学家所做的那样，我们假设这些付出服务的超自然存在者实际上并不存在，那么宗教行为是极度浪费的、违背演化适应性的。既然没有超自然的惩罚等候着我们，个人如果放弃将金属桩刺穿脸颊的痛苦和危险，把时间用于追求实用的目标，而不是向不存在的神祈祷，并尽情享受蛋白质和卡路里，应该比一个虔诚的人更成功、更健康，因此留下更多的后代。由于不存在的祖先灵魂没有惩罚活人的力量，那些投入劳动来改善城墙、建造灌溉运河、训练军队——而不是花时间去竖立无用的纪念碑或把整支仿制军队埋在地下的文明，应该比那些宗教意识更浓厚的群体更胜一筹。然而，这并不是我们在历史记载中看到的。那些幸存下来、扩张并吞噬其他文化的文化，其铺张浪费和草菅人命的程度和规模往往令人咋舌。作为科学家，我们只能得出结论，肯定还有其他一些具有演化适应性的动力在起作用，例如群体身份认同或社会凝聚力。[48]

麻醉品的使用像宗教一样让我们感到困惑，同样，对它进行科学反思的时机也已经成熟。然而，就像宗教信仰和实践一样，人类对麻醉品的使用是如此普遍，以至于人们对其存在的奥秘熟视无睹。只有当我们通过演化的视角来看待麻醉品的使用时，这种现象的真正奇怪本质才变得清晰起来。鉴于酒精和其他化学麻醉品的社会成本——家庭虐待、醉酒斗殴、浪费资源、宿醉，以及无法正常行使功能的士兵和工人——为什么酒精和类似物质的生产和消费仍然是人类社会生活的核心？众所周知，乔治·华盛顿战胜了黑森雇佣兵的强大力量，因为后者在饮酒狂欢之后丧失了行动能力。然而他继续坚持认为，烈性酒对军事组织的好处是公认的、没有讨论余地；他建议国会建立公共酿酒厂，以确保向初出茅庐的美国陆军继续稳定供应朗姆酒。[49] 尽管对酒精做出了这种奇怪的承诺，但美国和美国陆军最终都经营得相当不错。

　　同样令人惊讶的是，从古至今麻醉品的生产和消费在文化生活中占据了核心地位。无论在世界上哪个地方，只要你能找到人，你都会发现人们花了大量的时间、财富和精力，所求的无非就是爽一把。在古代苏美尔，据估计，生产用于特定仪式或日常生活的啤酒，消耗了近一半的粮食。[50] 在印加帝国有组织的劳动力中，很大一部分用来生产和销售以玉米为原料的麻醉品，奇洽。[51] 即使是墓葬也离不开酒精。很难找到一种文化不使用大量的酒精、大麻或其他麻醉品送走死者。商朝的中国坟墓里，摆满了各种形状和大小的精美酒器，包括陶器和青铜器。[52] 用今天的话来说，这相当于将几辆全新的奔驰SUV埋在地下，后备厢里装满了复古的勃艮第酒。古埃及的精英是世界上第一批葡萄酒"鉴赏家"，他们的坟墓中也装满了酒罐子，这些罐子仔细记录了酒的生产年份、品质以及它出自哪位酿酒师。[53] 由于麻醉品在人类生活中的中心地位，经济和政治权力往往建立在生产或供应麻醉品的能力之上。印加皇帝对奇洽生产的垄断，象征并强化了他的政治统治地位。在澳大利亚作为殖民地的早期，权力完全依赖于对朗姆酒的控制和分配，以至于新南威尔士州的第一座建筑是"一个安全酒窖"，它保护着珍贵的进口液体，这些酒精也是新南威尔士州的硬通货。[54]

因此，文明与发酵的这种结合一直是人类历史上不变的主题。我们最早的神话将饮酒等同于成为真正的人类。正如我们所看到的，苏美尔神话将啤酒带来的快乐描绘成将动物性的恩基杜转变为人类的关键。在古埃及神话中，至高无上的神拉被人们所做的事情激怒了，命令凶猛的狮头女神哈索尔彻底毁灭人类。在哈索尔愉快地开始横冲直撞之后，拉怜悯人类并决定叫她离开，但哈索尔不听。为了制止哈索尔，拉最后诱骗她喝了一湖泊的啤酒，啤酒还被染成了红色以伪装成人血。哈索尔喝得酩酊大醉，一睡不起。"因此，"马克·福赛斯（Mark Forsyth）说，"人类被啤酒拯救了。"[55]

文化的扩张也可以追随着酒精的步伐。在评论美国的拓荒史时，马克·吐温将威士忌描述为"最早的文明先驱"，领先于铁路、报纸和传教士。[56]到目前为止，在美洲早期的欧洲人定居点中发现的技术最先进、最有价值的文物是铜制蒸馏器，它的进口成本高昂，价值超过同等重量的黄金。[57]正如作家迈克尔·波伦（Michael Pollan）所说，苹果佬约翰尼（Johnny Appleseed）——现在被美国神话描绘成意图把健康、富含维生素的苹果作为礼物传播给饥饿的定居者——实际上是"美国的酒神"，把急需的酒精带到西部拓荒前线。美国农场主拼命地寻找约翰尼的苹果，并不是为了在餐桌上吃，而是用来制作苹果烈酒。[58][①]

醉酒在文化里的中心地位延续至今。例如，在南美洲安第斯山脉的传统家庭里，仍然有大大小小的许多罐子，用来把玉米酿制成奇洽，这一过程需要很多天，但生产出的饮料很容易变质。[59]（用酒精保持食物的理论可以休矣……[60]）安第斯妇女工作日的很大一部分仅用于维持奇洽的供应；非洲的小米啤酒也是如此，其生产定义了男女的性别角色，并主导着农业和家庭的节奏。[61]在大洋洲的卡瓦文化中，生产这种致人兴奋的块茎，垄断了大片耕地和农业劳动力，其消费主导了社会和仪式活动。[62]在市场经济方面，据世界各地的官方报告，酒精和香烟的支出至少是当代家庭食品支出的1/3；在一些国家（爱尔兰、捷克共和国），这一数字上升到一半或更多。[63]鉴于黑市的盛行和关于这一话题情况的瞒报，实际支出肯定还要更高。我们应该感到震惊，这是一笔巨资。

此外，就这个演化错误而言，它让个人和社会付出的代价是惊人的。在大洋洲，消费卡瓦会导致广泛的负面健康后果，从宿醉到皮炎再到严重的肝损伤。酒精造成的后果更严重。2014年，一家加拿大研究机构估计，酒精消费的年度经济成本为146亿加元，包括对健康、执法和经济生产力的影响。对于加拿大这样规模的国家来说，这个数字是相当巨大的。这包括14800人死亡、88000人住院和139000年的生产寿命损失

---

① 苹果佬约翰尼，美国西进运动时期的保育先驱，将苹果树引入美国多个州；苹果烈酒（applejack）流行于美国殖民地时期。

（productive life lost）。[64]美国疾病控制中心估计，2006—2010年，过度饮酒导致每年8000人死亡，250万年的潜在寿命损失，以及2490亿美元的经济损失。2018年，英国医学杂志《柳叶刀》上一篇广为人知的文章得出结论，饮酒是威胁全球人类健康最严重的因素之一，与全球15—49岁人群中近10%的死亡有关。"关于酒精对健康益处的一般看法需要修正，"它总结道，"使用最新的调查和分析方法，（我们）再次确认了饮酒对全球死亡和残疾的影响。我们的研究结果表明，最安全的饮酒水平是滴酒不沾。"[65]

鉴于醉酒的危险，我们应该同情莎士比亚笔下的卡西奥的痛苦和困惑，在被鬼鬼祟祟的伊阿古欺骗后，愤怒的奥赛罗因醉酒而解雇了他：

> 啊，你空虚缥缈的旨酒的精灵，
> 要是你还没有一个名字，
> 让我们叫你魔鬼吧！……
> 上帝啊！人们居然会把一个仇敌
> 放进自己的嘴里，让它偷去他们的头脑！
> 我们居然会在欢天喜地之中，
> 把自己变成了畜生！[66]
> （莎士比亚，《奥赛罗》，第二幕，第三场，朱生豪译）

为什么我们会自愿毒化我们的思想？尽管付出了可怕的代价，我们仍然如此积极和热情把自己变成野兽，这真是一个谜。考虑到我们的生物属性，这个谜题更是难以捉摸。我们大脑的其他颠覆者，比如色情和垃圾食品，还没受到约束，是因为人类一时还没有现成的防御措施。麻醉品的情况就不同了。与其他物种不同，人类对这个窃取大脑的仇敌具有遗传和文化防御能力。这不能不让我们深长思之。

一个遗传之谜：我们是为了爽一把而生的猿类

许多动物会不小心喝醉。从果蝇到鸟类，从猴子到蝙蝠，许多动物都被酒精吸引，而且酒精往往会对它们造成极大的伤害。[67] 例如，家族传闻我在意大利博洛尼亚的几位亲戚偷偷养了一只宠物狐猴，由于其中一位亲戚是助产士，房子周围屯了许多外用酒精。有一天，一只不幸的狐猴打开了一袋浸润了酒精的棉签，喝得烂醉如泥，从顶层公寓的阳台上掉下来摔死了。类似的故事还有醉酒的鸟儿试图飞入窗户，结果折断了脖子，或者醉酒的鸟儿在猫出没的草坪上打盹。也许最戏剧化的故事是，醉酒的大象一路狂奔，结果践踏、摧毁了一切。

博洛尼亚宠物狐猴的经历悲剧，在人类中间也不是没有发生过，因醉酒而死的智人，肯定不止一个。然而，我们也要注意到，其他动物可能是偶尔才有机会接触到酒精棉签，我们却不缺少机会。事实上，高纯度酒精的存在，也多亏了我们。[68]但据我所知，博洛尼亚的助产士却从未对酒精棉签动过品尝的心思，更没有因此醉过。他们和周围的其他人一样，不断被不限量的、形形色色、风味不同的酒精所环绕。鉴于酒精如此唾手可得，我们应该感到惊讶的是，很少有醉酒的人从博洛尼亚公寓楼的阳台上掉下来摔死。仅凭当地红葡萄酒的美味和效力，我们就应当预期尸体一个接一个地在该省各处的公寓的庭院中堆积，更不用说有优质的格拉巴酒在吸引着人们。但据我所知，这只不幸的狐猴是唯一有记录的与博洛尼亚酒精有关的坠亡，至少在那栋公寓大楼里是这样。想象一下，一个居住着数十亿狐猴或大象的世界，它们有易于抓握的手指、硕大的头脑、先进的技术和无穷无尽的强效酒精饮料供应：这将是一场不寒而栗的混乱和大屠杀。然而，我们生活的世界并非如此。

这部分是因为，我们所属的猿类支系似乎在基因水平上适应了酒精，能够迅速将其从体内消除。许多动物，尤其是那些以水果为主食的动物，都会产生乙醇脱氢酶（ADH），这是一类参与乙醇（酒精分子）代谢的酶。包括人类在内的一小部分灵长类动物，携带的是 ADH 的超强变体，称为 ADH4。对于携带它的动物而言，这种酶是抵御酒精的第一道防线，可迅速把乙醇分解成易于被身体使用或消除的化学物质。一种理论认为，这种变异的酶为现代猿类（大猩猩、黑猩猩和人类）的非洲祖先提供了至关重要的演化优势。这种祖先的猿类，可能是为了应对来自猴子的竞争，已经开始从树上来到地面觅食。ADH4 允许它利用一种新的、有价值的食物来源：掉落的过熟的水果。[69]这对任何关于麻醉品使用的过度简化的劫持理论都提出了质疑。

演化人类学家爱德华·哈根（Edward Hagen）及其同事表

明，[70]当涉及大麻或致幻剂等植物来源的消遣性药物时，人类已经在生物学上适应了它们。如果是这样，劫持理论就说不通了。以大麻为例。大麻中让人兴奋的成分，四氢大麻酚（THC），实际上是植物产生的一种苦味神经毒素，用来避免自己被动物吃掉。从植物中提取的所有药物，包括咖啡因、尼古丁和可卡因，其中的苦味是有原因的。对食草动物来说，涩味是一个信息：退后，如果你吃这个，它会伤害你的胃或弄乱你的大脑，或者两种情况一起发生。大多数食草动物，如果明智的，就会对这样的植物退避三尺。然而一些特别顽固的人——或者那些对可卡因有强烈嗜好的人——会制定对策，演化出解毒酶。重要的是，人类似乎继承了哺乳动物身上这种古老的防御植物毒素的能力；这表明植物性药物，如酒精，不是演化上的一种新祸害，而是长期的伙伴。[71]

　　另一种说法是，我们是为了爽一把而生的动物。这一事实使劫持理论变得不那么可信，这表明酒精和其他麻醉品长期以来一直是演化去适应的环境的一个组成部分，而不是最近出现的、未曾预料到的威胁。不过，这并没有排除掉残留理论。我们可能在生物学上已经习惯于处理腐烂水果中相对较低的酒精含量，或者处理古柯叶中的毒素，但是随着农业和大规模社会的出现，以及技术和贸易的发展，我们生产出了强大的啤酒、葡萄酒和蒸馏酒，提纯出了精制的可卡因，培育出了THC含量更高的大麻植株。古老的斯基泰人，尽管他们是可怕的战士，但如果他们能够用上我可以在当地的大麻药房买到的毛伊瓦伊

（Maui Wowie）或者巴巴库什（Bubba Kush）[1]，他们也会沦为嘴角始终挂着哈喇子的蠢货。残留理论认为，使用麻醉品在历史上是有益的，在这一点上我们与其他动物不分伯仲；不过，这个理论进一步假定，智人在过去9000年左右经历的独特变化——我们从小规模的狩猎-采集部落过渡到全球化的都市居民——发生得太快了，遗传演化没有跟上。

这个假定是有问题的。人们普遍认为，遗传演化需要很长时间才能发挥作用，要在数十万或数百万年的时间尺度上产生适应。鉴于人类仅在大规模群居社会中生活了大约8000—10000年，这意味着，自从更新世我们成为在非洲平原上漫游的狩猎-采集者，人类的基因基本保持不变。另一个普遍的看法是，自从大规模社会的出现和农业的发明，人类就甩掉了日常生存挑战的枷锁，从而摆脱了遗传演化的压力。

这两种观念都不准确。例如，在过去8000年里的某个时间点，来自养牛文化的成年人在基因上适应了消化牛奶。青藏高原的平均海拔4500米，是一个极为恶劣的环境，但在12000—8000年前的某个时刻，那里的居民开始发展出遗传适应性，以此来缓解低水平的氧气带来的有害影响。同样，在过去的几千年里，依靠在海洋中潜水获取食物的东南亚渔民，已经演化出了在水下长时间憋气的能力。[72]因此，自从农业出现以来，人类已经有足够的时间来适应酒精。如果人类使用麻醉品的残留理论是正确的，那么演化就会加班加点地工作，消除我们爽一

---

[1] 毛伊瓦伊（Maui Wowie）和巴巴库什（Bubba Kush）两者皆为大麻品种名，产自美国。

把的渴望。我们推测，任何演化出防御这种"嘴里的仇敌"的人类群体都会非常成功，于是相关基因会迅速传播，直至覆盖到世界上任何有麻醉品的地方。

　　当然，遗传演化有时可能非常愚蠢，自慰和垃圾食品等钻空子行为就是证明。此外，对于许多问题，遗传演化根本无法帮助我们。想想人体脊柱。对于直立的双足生物来说，这是一个糟糕的设计，这就是这么多人的腰背部出现问题的原因。然而演化并没有那种优势，可以把我们身体的设计推倒重来。它必须尽其所能地在它现有的东西之上——一个为攀爬和栖息于树上而设计的身体方案——逐渐修改和完善，直到它可以直立行走。[73]自然选择无法四下张望以寻求最佳线路，或超越适应性谷地①带来的目光局限，因而经常陷入演化路径的车辙，这些路径最初是出于长期的、目前看来是无关紧要的原因被选择的。因此，理论上我们对酒精的嗜好就像我们疼痛的腰背部一样，也是一个不幸的例子，它说明遗传演化如何受到先前决定的限制，以至于被自缚手脚。演化生物学家称这类状况为"路径依赖"（path dependence）。选择也不能作用于不存在的突变。因此另一种可能性是，我们有朝一日治愈我们对醉酒的渴望在生物学上变得可能，但基因突变轮盘赌的轮盘里尚未提供这种可能。目前，这一切还不现实。

　　至少在我们对酒精的口味方面，我们可以明确排除路径依

---

① 在演化生物学中为呈现特定基因型的适应性，研究者将它和相似基因型的适应性进行比较，得到一个适应性地貌，其中的谷地表示该基因型比周围相似基因型的适应性更差（高度更低），也就是说这种基因型的复制率更低，更容易被自然选择淘汰。

赖和现实性问题。这是因为针对这个所谓的演化错误，这个劫持了人类大脑的"寄生虫"，我们已经有了一套极好的解决方案，它已经存在于人类基因库中，并且已经存在很长时间。

我们提到过乙醇脱氢酶，这是人体抵御酒精等毒物的第一道防线。ADH结合乙醇分子，并剥离出几个氢原子——因此它的名字是"乙醇脱氢酶"。由此产生的乙醛分子仍然有毒，绝对不是你想要它在人体内游荡的东西。这时，第二种肝酶，乙醛脱氢酶（ALDH）出现了。通过氧化过程（从经过的水分子中提取氧原子，添加到乙醛上），它将乙醛转化为乙酸，这是一种危险性小得多的化学物质，后者又可以很容易被人体细胞利用，转化为水和二氧化碳并从人体排出（图1.2）。

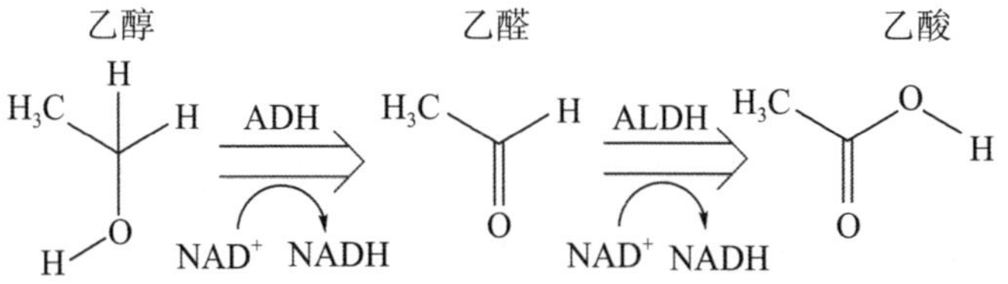

图1.2　乙醇的代谢途径：首先在ADH的作用下转变成乙醛，随后在ALDH的作用下变成乙酸

当第二步被延迟时，事情会变得很糟糕。如果ADH不断地将酒精转化为乙醛，但ALDH工作松懈，乙醛就会开始在体内积聚。这就麻烦了。身体会通过面部潮红、荨麻疹、恶心、心悸和呼吸困难来发出不悦和警报的信号。这给我们的信息是：无论你在做什么，现在就停下来。最坏的情况是ADH非常擅长它的工作，生产出大量的乙醛，但ALDH的工作异常糟糕，结果这种有毒物质越积越多，开始四处蔓延，就像倒霉的卓别林

在装配线上。令人惊讶的是，考虑到编码这两种酶的基因没有直接联系，这种超高效 ADH 和懒惰得可怕的 ALDH 的奇怪组合确实会出现在某些人群中。它在东亚人中最常见，这就是为什么它引起的症状也被称为"亚洲人脸红综合征"（Asian flushing syndrome）。不过，它在中东和欧洲的部分地区似乎也有独立出现。

身体并不笨。过量乙醛产生的症状是如此令人不快，以至于经历过的人会接受教训，很快学会避免大量摄入酒精。事实上，脸红反应使饮酒变得如此令人厌恶，在具备特定遗传特征的典型人群中，我们甚至可以使用一种药物来诱导该反应从而治疗酗酒。[74]特定变异基因的携带者，以及在亚洲之外带有相似功能的突变体的人群，已经有效地摆脱了对酒精的渴望。他们学着适度饮酒，因此可以享受适度饮酒带来的任何好处——抗菌治疗、微量矿物质和维生素以及卡路里，如果他们缺乏这些东西的话。然而，当他们喝得太多、他们的低效 ALDH 无法处理时，身体会出现一系列令人不快的症状，这意味着他们可以避免过度醉酒和酗酒。他们还是会吃蛋糕，但不会不知餍足。真是解决劫持或残留问题的极好方案！就好像有一种基因让人对色情作品不感兴趣，同时让人的繁殖欲望不受影响，或者让奶油夹心蛋糕尝起来像硬纸板，但西兰花却是最可口的美味佳肴。真是基因的绝妙手段。

这种解决酒精问题的基因药方，已经在人类基因库中流传了很长时间，可追溯到 7000—10000 年前的东亚。有趣的是，它在东亚的分布似乎与水稻农业的出现和传播有关。这可能表明它是对突然出现的米酒的反应，[75]但一些理论认为，米酒最初的适应性功能是防止真菌中毒。[76]狩猎-采集者吃野菜、水果和肉类，而且不怎么储存食物。然而，一旦开始种植水稻，你就会拥有大量的谷物，当这些谷物被存放在潮湿的环境里，它们很容易就会被真菌入侵。体内高浓度的乙醛虽然令人不快，但对杀死真菌感染非常有效。因此，脸红反应的收益足以抵销其代价，因为它允许经历过脸红反应的适度饮酒者安全地食用储存的大米。其他人观察到，低效的ALDH似乎可以预防结核病。自从农业出现，人类密集的群居生活成为常态，结核病的风险进一步增加，这可能有助于自然选择把低效的ALDH保留下来。[77]无论是作为杀菌剂还是抗结核药物，更多的乙醛都是有益的，如果同时也让人避免酗酒，那倒也是一个不错的副作用。

但是，这是多么伟大的副作用！如果饮酒只是我们演化史上事与愿违的意外，我们预计"亚洲人脸红"基因会像野火一样传播到所有过度饮酒可能成为潜在问题的地方；换句话说，也就是几乎蔓延到文明世界的各个角落。鉴于其他新的遗传突变（如乳糖耐受基因或让人适应高海拔地区的突变）迅速占领它们能够发挥作用的地区，所有阅读本书的人都应该在喝一两杯酒后出现脸红反应。[78]

事实显然并非如此。产生这种反应的基因仍然局限于东亚一个相对较小的地区，甚至在那里也不够普遍。在中东和欧洲独立发展的版本，在范围上同样受到限制。当遗传演化解决了一个严重的问题时，它并不羞于分享。真正采纳了能够"治愈"嗜酒的基因突变的人，似乎仍是少数，这一事实对任何声称醉酒是演化错误的理论都提出了挑战。

一个文化之谜：禁酒令为何没有征服世界

公元921年，一位名叫艾哈迈德·伊本·法德兰（Ahmad Ibn Fadlan）的伊斯兰学者，受巴格达的最高统治者的委派，前往伏尔加河布尔格家族执行外交/宗教任务。这些是新近皈依伊斯兰教的人，住在今日俄罗斯的沃尔加河岸边。显然，最高统治者觉得他们对新信仰的理解可能有待深化。

大使在途中遇到了一群维京人，他们的身高和体格给伊本·法德兰留下了深刻的印象，但他们令人作呕的个人习惯、狂欢的葬礼和失控的饮酒令他感到震惊。"他们不分昼夜地喝蜂蜜酒，"他写道，"经常发生的情况是，他们中的一个人死了，手里还握着杯子。"[79]

维京人非常喜欢喝酒。他们的主神奥丁的名字的意思是"出神的人"或"醉酒的人"，据说他只靠酒维生。马克·福赛斯指出了这一点的重要性：为了让酒在社会中具有某种公认的作用，许多文化都有酒神或醉酒之神。但是，对于维京人来说，主神和酒神完全是一回事。"那是因为酒精和醉酒不需要在维京社会内部找到它们的位置，它们本身就是维京社会。酒是权威，是家庭，是智慧，是诗，是兵役，是命运。"[80]

作为一种文化策略，这有其不利之处。中世纪的维京人会让今天的兄弟会看起来像喝凉茶的奶奶。正如伊恩·盖特利（Iain Gately）所指出的，酗酒在他们的文化中发挥了如此重要的作用，以至于"他们的许多英雄和国王都死于酒精相关性事故"，[81]从淹死在巨大的啤酒桶中，到醉酒昏迷、东倒西歪时被仇敌屠杀。永远醉醺醺的全副武装的战士也对周围的人构成了威胁。对传奇的维京人/盎格鲁-撒克逊英雄贝奥武夫的最高赞美，是"他从不在醉酒时杀死他的朋友"。正如福赛斯所说："这显然是一项功绩——一件非凡的、值得你在一首诗中提到它的事。"[82]除了这些更具戏剧性、暴力性的缺点，维京社会还不得不承受生产酒精所消耗的巨大物质成本，以及大量饮酒的长期健康后果，如癌症和肝损伤。

综观历史，在物质开支、健康后果和社会混乱方面，酒精的惊人成本一直是各路反饮酒活动家最关心的问题。禁酒主义文学至少可以追溯到公元前2000年的中国。《诗经》中的一首诗，名为《宾之初筵》，其中表达的哀叹，任何举办过一场持续时间过长的晚宴的人都觉得熟悉：

宾之初筵，温温其恭。
……
彼醉不臧，不醉反耻。

后面还有一首诗歌，警告了臭名昭著的嗜酒成性的商纣王，"天不湎尔以酒，不义从式"。[83，①]中国传统史学家争辩

①大意为：上天没有让你沉浸于酒中，也没有让你走上违背美德之路。（编者按：本书所引中国古诗文正文均保留原文，除较为通俗的诗句，白话文大意在脚注中给出，后文不再作说明。）

说，正是酗酒和淫荡导致了商朝的垮台。取代商朝的是西周（公元前1046—公元前771年），其中有一位成员反思前朝的行为，（据说）受到启发，发表了题为《酒诰》的演讲，他在演讲中抱怨他们酗酒、淫乱、非礼。商代末年，"弗惟德馨香祀，登闻于天；诞惟民怨，庶群自酒，腥闻在上"。[84.][①]天不悦，故召周人灭商。

从那时起，中国人就一直担心酒精问题。[85]在他们的神话中，他们将禁酒政策归因于最早的圣王——传说中的禹，是夏朝（约公元前2070—公元前1600）的创始人。据说他尝了一些酒，品了品它的味道，然后立即把为他酿酒的女人流放边疆。[②]据记载，他曾说过人们应该禁酒，因为"后世必有以酒亡其国者"。[86]中国还可能是最早有记录试图推行禁酒法令的国家。《酒诰》的演讲对饮酒者提出的惩罚比流放更为严厉，宣布任何被抓到饮酒的人都应该被处死。这份文件的来源尚不清楚，但我们从其他的可追溯至西周的青铜器中发现了类似的声明。[87]后来的中国统治者，还会不断发布禁止饮酒的政治法令。[88]

古希腊人既能理解适度饮酒对社交的作用，同时也对酗酒者报以蔑视，并对纵酒的危险提出了强烈的警告。一位早期剧作家借着酒神狄奥尼索斯之口，提出了关于适度饮酒和保持清醒的建议：

---

① 上天听闻的不再是美好的德行和祭祀的芳香，而是百姓的抱怨和醉醺醺的官员身上的酒臭味。
② 引自《说文解字》："古者仪狄作酒醪，禹尝之而美，遂疏仪狄。"——译者注

> 我为明智的人只推荐三杯，一杯为健康，二杯为爱和快乐，三杯为睡眠；酒足饭饱后，聪明的客人就回家了。第四杯不再是我的，而是属于狂妄自大者；第五杯属于大喊大叫者；第六杯属于狂欢者；第七杯属于打架斗殴者；第八杯让人惹官司；第九杯让人怒气冲冲；第十杯惹人发疯和乱扔家具。[89]

后来在西方，各个宗派的基督教与饮酒展开了一场长期的战争，有时甚至用"饕餮"这个笼统的说法来描述，这是七宗罪之一。今天，我们倾向于将饕餮理解为暴饮暴食，而罪过当然包括吃了太多猪排。但是，过度饮酒不仅传统上被道德主义认定为一种恶习，而且往往是他们的主要关注点。一位研究15世纪忏悔手册的学者指出："饕餮罪的可能影响包括健谈、不体面的快乐、失去理智、赌博、不贞的思想和邪恶的言辞。"她不无讽刺地指出，这些恶习"似乎不会因暴饮暴食而产生"。[90]最近的反饮酒斗士，如威廉·布斯（William Booth），宣称"饮酒是万恶之源。我们9/10的贫穷、肮脏、罪恶和犯罪都源于这个有毒的根源。我们社会的许多罪恶，就像许多乌巴斯树一样笼罩着这片土地，如果不经常用烈酒浇灌它们，它们就会逐渐殆尽、死亡"。[91]今天，我们过着幸福的生活，对原产于东南亚的乌巴斯树所带来的危险一无所知，据说其毒性强到闻一下它们的味道就会丧命；其中的信息是明确的：喝酒不好。

鉴于醉酒的明显代价，许多政治领导人将禁欲视为文化成功的秘诀也就不足为奇了。例如，20世纪捷克早期的思想家、独立领袖和捷克斯洛伐克第一任总统托马斯·马萨里克（Tomáš Masaryk）将禁欲视为捷克人民解放的关键。在一份针对他臭名昭著的酗酒同胞的声明中，他宣称"一个饮酒更多的国家无疑会屈服于一个更清醒的国家。每个国家，尤其是一个小国的未来取决于……它是否停止饮酒"。[92]

任何去过捷克的人都可以证明捷克人并没有停止饮酒。事实上，他们保持着人均啤酒饮用量世界第一的头衔，并且在人均总酒精消费方面一直位居世界前列。[93]然而，捷克共和国尽管短暂地屈服于同样酗酒的苏联，但并没有从地图上消失。禁酒令在中国也从未奏效——周朝有些墓葬的青铜鼎上刻的文字宣称，凡饮酒者必灭亡，墓葬里却同时堆满了精心制作的昂贵的酒器，限制饮酒的尝试从未成功。然而，中华文化已经持续了很长时间。酗酒的维京人被禁欲的伊本·法德兰斥为肮脏的酒鬼，他们作为一个文化群体却取得了巨大的成功。他们统治并威慑了欧洲的大片地区，发现并殖民了冰岛和格陵兰岛，成为第一批到达新大陆的欧洲人，并最终孕育了相当一部分现代北欧人。对饮酒的宽松态度似乎并没有让这个文化群体放慢脚步。

这比亚洲人脸红基因未能席卷全球更令人费解。正如托马斯·马萨里克清楚看到的，与完全避免使用麻醉品的文化群体相比，一种整晚都在消耗液体神经毒素（人们花费了巨大的代价创造这些毒素，它同时还损害营养食品的生产）的文化应该处于极大的劣势。

这样的群体已经存在了很长一段时间。也许最突出的例子是伊本·法德兰所在的伊斯兰世界。早期的伊斯兰教并不禁酒，但根据一个圣训或传统记载，它是一次特定晚餐的结果——穆罕默德的同伴在晚宴上大醉，甚至无法正确地说出他们的祈祷。无论如何，到公元632年，先知时代结束时，伊斯兰法律已经完全禁止饮酒。不可否认，在文化演化游戏中，伊斯兰教取得了极大的成功。起源于阿拉伯半岛的游牧部落，今天已成为世界性的宗教之一，统治着欧亚大陆以及南亚和东南亚的大片地区。尽管如此，伊斯兰教仍然不得不与基督教和儒教（更不用说维京人）等对酒精宽容的信仰友好相处，而劫持和残留理论都认为它在文化演化游戏中具有决定性优势。

对于任何认为使用麻醉品没有演化适应性的理论来说，更具破坏性的是，伊斯兰教的实际情况比神学所认为的要更为复杂。首先，对酒类或麻醉品的禁令通常被解释为仅适用于酒精饮料，甚至仅适用于由葡萄或枣发酵而成的酒精，而不涉及其他麻醉品。这些替代麻醉品中最突出的是大麻，通常以哈希什（hashish）的形式出现。这尤其受到有点异端的苏菲派（Sufis）的喜爱，但在普通民众中也被广泛容忍。[94]此外，尽管有神学禁令，但伊斯兰文化在执行酒精禁令的严格程度方面历来参差不齐。在大多数伊斯兰文化中，饮酒在私人住宅中是被允许的，尤其是在精英阶层；在某些地方和时代，饮酒甚至在公共生活中发挥了重要作用。正如一位历史学家所说，"综观历史，穆斯林统治者和他们的朝臣饮酒，往往大量饮酒，有时甚至在公众视野中饮酒；而穆斯林民众违反宗教禁酒令的例子则数不胜数……伊斯兰教对酒精的禁止是一个渐进的、几乎是勉强的过程，尽管表面上是绝对禁止，但其实是相对的。它不乏漏洞，允许钻空子，并留下了罪责被赦免的机会"。[95]值得注意的是，伊斯兰世界为我们提供了"酒精"一词（来自阿拉伯语*al-kohl*）和酒精蒸馏的最初记录，以及一些最伟大的葡萄酒诗歌。设拉子著名的哈菲兹（Hafez）在14世纪甚至宣称，饮酒是人类的本质："葡萄酒像血液一样在我的血管中流动，学会放荡；要善良——这比做一个不喝酒、不能成为人的野兽要好得多。"[96]如果禁酒令是文化演化中的一个杀手级应用，那么它应该会被更一贯地执行。

另一个值得一提的禁酒文化是后期圣徒教会，俗称摩门教。与穆罕默德一样，摩门教的创始人约瑟夫·史密斯（Joseph Smith）在禁酒主义游戏中来得有点晚。《摩门经》与通常的基督教一样，认为葡萄酒是圣物，并把微醺描绘为神认可的一种快乐。早期的摩门教教会在宗教聚会中大量使用葡萄酒，甚至在寺庙里开怀畅饮、载歌载舞。直到约瑟夫·史密斯在1833年留下启示，被称为"智慧之言"，摩门教徒才被告知上帝不希望他们摄入酒精、含咖啡因的饮料或烟草。随后，酒精的使用开始受到限制，但过程比较缓慢；直到1951年，禁酒才成为正式的教会教义。[97]然而平心而论，现代的摩门教已经以极大的热情接受了禁酒令。

摩门教徒这个群体，似乎是认真地试图从生活中清除掉酒精，这反过来又会给他们带来比其他群体更大的优势。事实上，摩门教的传播相当成功。尽管近年来它的增长速度有所放缓，但它继续超过全球人口的增长速度，而大多数宗教信仰都做不到这一点。

摩门教对精神活性药物发起的全面的、热情高涨的战争，为我们提供了一个探明其真实功能的线索。摩门教不只禁酒，也禁可口可乐和咖啡；如果禁令的主要目的是使用麻醉品需要付出的代价，那么它不太说得通。与酒精和其他致人兴奋的药物不同，咖啡因似乎对个人信仰和团体成功都有益处。传说，为了帮助他们保持长时间的冥想，在亚洲的佛教僧侣戒酒时就开始喝茶，而且如果没有咖啡和尼古丁，很难说有多少匿名戒酒协会的成员能够撑过互助会议。事实上，如果没有香烟、咖啡和茶，现代生活可能会突然停止。

正如美国宗教历史学家罗伯特·富勒（Robert Fuller）所言，摩门教对精神活性化学药物的禁令似乎不是针对酒精的具体问题，而更多是"一种策略，意在强调自身与其他宗教团体有所不同"。[98] 关于伊斯兰教的禁酒也有人提出了类似的论点，这可能最初是为了将早期的伊斯兰世界与围绕它的地中海和近东的饮酒文化区分开来。[99] 禁酒令是一种激动人心的文化宣言，一种强大的群体符号，一种意在激发忠诚的代价高昂的展示。在摩门教的例子里，他们通过禁欲把自己与他人区分开的能力，还配合了其他一些别出心裁、令人印象深刻的做法，例如要求所有男性信徒进行2年的传教，并允许对死去已久的祖先进行代理洗礼。很可能是这一系列文化演化的创新，而不是禁酒令本身，才是摩门教较为成功的原因。

总而言之，如果醉酒对文化群体总体上产生了负面影响，禁酒令应该会变得更为普遍，特别是因为文化演化比遗传演化快得多。然而，如果禁酒令正在逐渐占领世界，它显得不慌不忙。我们如何解释古代中国或现代美国禁酒令的失败，或者一些国家，比如法国，并没有从地图上消失？官方推行禁酒令的群体，经常对私人饮酒睁一只眼闭一只眼，或者对精英们在公共场合会饮视而不见。许多更认真禁止醉酒的人，例如五旬节派或苏菲派，不借助化学物质而用其他手段达到出神来代替喝醉带来的欢乐，例如念念有词或引人出神的舞蹈。这一切都表明，醉酒在社会中发挥着至关重要的作用。这使它不会被禁酒令所淘汰，并且在极少数情况下，一旦被排除在外，就会产生一个有待填补的真空。

拿泡菜来祭奠祖先？

中国最早的文字记录，即商代的甲骨文，让我们得以了解中国早期的宗教仪式与生活。在汉语里，"酒"是一个广义的术语，不仅可以指谷物酿制的白酒，也可能包括利用野葡萄和其他水果酿制的饮料。酒，在神圣的祭祀仪式中占据了突出地位。事实上，宗教史学家蒲慕州（Poo Mu-chou）观察到，虽然古人也会焚烧各种食物来祭祀神灵和祖先，但酒是如此重要，以至于酒成了仪式本身的代名词，而"奠"这个汉字描绘的似乎正是一个放在架子上的酒瓶。[100]中国最古老的文献之一，《诗经》，其中有一首诗描述了周代为庆祝丰收而举行的仪式：

为酒为醴，烝畀祖妣。

以洽百礼，降福孔皆。[101，①]

　　仪式的重点是"酒和醴"，祖先之灵似乎对它们情有独钟。被献祭的还有其他东西，大概是各种食物，但很难知道：文献记载的只有酒，然后还有其他杂七杂八的东西。这是古代中国的典型，仪式和祭祀完全集中在酒精饮料的消费和供应上。[102]

　　在这方面，中华文化并不例外。综观历史和世界各地，酒精和其他麻醉品——卡瓦酒、大麻、迷幻蘑菇、含致幻剂的烟草——往往是祭祀祖先和神灵的主要祭品，也是日常仪式和正式公共活动的焦点。在铁器时代的欧洲，精英坟墓中最引人注目的文物是巨大的酒器，[103]埃及祖先要求他们的后代拿葡萄酒来献祭。在逾越节晚餐上，有人留了一杯酒给以利亚；[②]等他到达，在他的座位上发现只有一块干的无酵饼，也不免有点失望。正如《酒精：世界上最受欢迎的药物》（*Alcohol: The World's Favorite Drug*）一书的作者格里菲斯·爱德华兹（Griffith Edwards）指出的，敬酒敬的总是酒精饮料，这种社交仪式的部分力量似乎取自酒精致人兴奋的性质。"一句'为健康干杯!'，是我们带有一丝魔力的饮酒仪式中最日常、最普遍的例子。"他进一步观察到，"酒之于这种仪式的必要性，是一个广泛而古老的假设"。维多利亚时代的记者和作家，爱德华·斯

---

① 我们酿造各种美酒，作为给祖先的祭品。配合各种祭典，希望洪福普降。
② 逾越节是犹太教纪念离开埃及、脱离奴役的节日。以利亚是《圣经》中记载的先知。

宾塞·莫特（Edward Spencer Mott）有言："我们是否能用一杯平淡的苏打水，来表达我们真诚的喜悦和感恩，因为统治我们的是一位伟大而善良的女王？想都不要想！"[104]

　　这一切都应该让我们感到更加困惑。以泡菜和酸奶为中心的宴会和宗教仪式，能提供酒精可能有的诸多好处，而且没有任何代价。祖先之灵应该更中意美味、营养丰富的泡菜，而不是有毒、苦涩的饮料。然而，地球上没有任何文化为祖先献祭泡菜，世界还没有看到一个以泡菜为基础的、滴酒不沾的超级文明的兴起。这有力地表明，酒精有一些特别之处，我们可能还没有充分理解醉酒的功能。

　　这个功能可能是什么？如果不理解醉酒为何种挑战提供了解决方案，我们就无法回答这个问题。人类是唯一会有意且有条不紊地追求爽一把的动物。我们在其他很多方面也不太寻常。正如我们将在下一章中看到的，我们这些生活在以农业为基础的文明中的人更加奇怪。为了解开我们嗜酒的演化之谜，我们需要了解人类面临的独特挑战——虽然我们表面上看起来像无私的群居昆虫，但其实是一群自私的猿类。

第二章 给狄奥尼索斯斯留门

如果允许黑猩猩参加真人秀节目《幸存者》，它也许会把竞争对手击垮。不仅从字面上看——成年黑猩猩有巨大的牙齿，并且足够强壮，可以撕裂一个人——而且在生存技能方面也是如此。黑猩猩聪明、坚强，而且善于解决问题。假设有多种动物和人一起被一个巨大的降落伞丢到一个陌生的荒岛里，我们来竞猜谁是最后的幸存者，我会押注黑猩猩。人类甚至不会进入前五名。被扔进新环境的孤零零的个人活不了很久。[1]然而，如果真有黑猩猩参加《幸存者》节目，它恐怕会第一个被扔出岛，起码是在"合并"（即两个相互竞争的部落合二为一）之后。

　　这是因为人类有一个巨大的优势：我们大部分时间都花在大规模版本的"合并"上，生存依靠的主要不是力量或个人的聪明才智，而是社交技能。如果你很强壮，或擅长生火，或捕捉猎物，这当然没有什么坏处，但最终出现在幸存者顶端的人，往往是团队建设者、联盟谈判者和明智的操纵者。[2]很长一段时间以来，人类的主要适应性挑战一直是其他人，而不是物理环境。知道如何在沙漠中寻找水很重要，但远不如学习如何与其他人分享水、协商将水运回营地的分工，以及找出谁可能在你不注意的时候试图偷走你的那份水那么重要。

这一观察对于解开我们为什么要喝醉的谜题至关重要。人类是唯一会有意、有系统、有规律地喝醉的物种。考虑到喝醉的成本，这种行为之罕见并不奇怪。令人惊讶的是为什么人类仍然坚持这样做。正如我们看到的，我们对酒精的偏好似乎并不是演化的意外，虽然面对着诸多不利因素，还有遗传和文化上所谓的"解决方案"，但它仍然存在。劫持和残留理论似乎都不足以作为解释，不过，这仍然留下了醉酒有何益处的问题。

要回答这个问题，我们首先需要理解人类成为人类的过程都遇到了哪些挑战。对任何物种而言，它的出现和繁衍都要适应特定的生态位（ecological niche）。这个术语的部分含义是一个物种在当地生态系统中的位置，比如是捕食者或被捕食者，是食草动物或食肉动物。不过从更根本的意义上看，它指的是一整套生存策略，物种通过它成功占领其位置，获得食物和栖息地，隐藏或狩猎，与同种成员和其他物种打交道。随着种群适应新的生态位而逐渐变化，是新物种出现的途径之一。随着生态位的环境驱动特化（specialization），事情会变得很奇怪。[3]

以墨西哥四鳃鳗（Mexican tetra）为例，这是一种在水族馆中很受欢迎的小型淡水鱼。这个物种已经分化出两种截然不同的形态，因为某些亚种已经完全生活在地下洞穴，而不是地表河流中。洞穴四鳃鳗逐渐适应了这种无光的环境，身体变得苍白，更夸张的是它们失去了眼睛。色素在阳光照射的水域中很有用，它可以帮助鱼类融入它们的视觉背景。同样，在地表世界中，眼睛和运行它们所需的神经机制不仅仅是为自身而存在的，它们对于定位猎物和识别捕食者至关重要。然而在洞穴的黑暗世界中，色素和视觉是无用的，因此适应性压力助长的个体是那些放弃了生理上昂贵但已经无用的特征的个体。盲目的、苍白的洞穴四鳃鳗，虽然看起来有些怪异，但已经很好地适应了新的、黑暗的生态位，在那里它有效地通过嗅觉和触觉来追逐猎物。然而它现在没有回头路了：一旦被扔进充满光线和色彩的地表河流世界，洞穴四鳃鳗会立刻成为其他动物的点心。适应了洞穴后，它必须留在那里。

在灵长类动物中，人类所处的情况与洞穴四鳃鳗的情况没有什么不同。智人通过适应极端或不寻常的生态位，取得了令人印象深刻的成功。这个生态位与我们的灵长类祖先和今天最亲近的灵长类亲戚居住的生态位截然不同。就像洞穴四鳃鳗再也无法在明亮、可怕的地表河流世界中生存一样，人类已经变得如此依赖文化，以至于我们再也离不开它。[4]

例如，我们作为一个物种所适应的最早、最基本的技术之一就是火。正如灵长类动物学家理查德·兰厄姆（Richard Wrangham）观察到的，火在很多方面都很有用，其中最重要的是它可以让我们烹饪蔬菜和肉类。[5]煮熟的食物更容易食用和消化，这意味着第一批掌握火的原始人类，不再需要黑猩猩咀嚼粗糙的纤维水果和生肉所需的巨大的下巴、坚固的牙齿和复杂的消化系统。这使得早期人类能够把生理资源重新定向，以增强其解剖结构的其他部分，例如需要能量的大脑。就像没有眼睛的洞穴四鳃鳗一样，这种损失使我们在新的环境中更有效率；经过烹饪，食物就相当于提前消化了，但它也使我们对火愈发依赖。在适应包括用火在内的生态位时，我们的原始人祖先削弱了他们单靠生食生存的能力。（当代的生食主义者还没有得到这方面的消息。）

因此人类已经适应的"洞穴"的一个特征是，它提供了火，以及其他基本的文明技术。它还提供了语言以及令人难以置信的有价值的文化信息，这解释了人类在掌握语言和向他人学习方面发展出的多种适应。与我们的灵长类祖先最初适应的环境相比，现代的洞穴拥挤不堪，到处都是陌生人，与我们非亲非故，但我们需要以某种方式与他们合作。生活在现代对认知要求很高，人们不仅需要掌握一系列人工文化技术和规范，还需要不断创造新的技术和规范。

因此，生活在这个生态位需要个人和集体的创造力，密切的合作，对陌生人群的容忍，以及前所未见的开放和彼此信任。与奉行顽固的个人主义、进行无情竞争的黑猩猩相比，我们就像是傻乎乎的、摇尾乞怜的小狗。我们极其温顺，迫切需要感情和社会接触，极易受到剥削。正如人类学家和灵长类动物学家莎拉·布拉弗·赫迪（Sarah Blaffer Hrdy）所指出的，数百人愿意肩并肩地挤进一架小型飞机，乖乖地系好安全带，吃掉一包已经不新鲜的饼干，看电影，读杂志，与邻座礼貌地聊天，然后从另一头平静地排队离开——这是何等了不起的功绩。如果你把同样数量的黑猩猩装上飞机，你最终会在另一端发现一幅惨绝人寰的景象，血溅满舱、肢体横陈。[6]人类在群体中很强大，正是因为我们作为个体很弱小，可怜巴巴地渴望彼此联系，并且完全依赖群体生存。

前面我把人类与没有眼睛的洞穴四鳃鳗和小狗相提并论，但在这方面，另一个类比更为恰当：社会性昆虫，如蚂蚁或蜜蜂。[7]与其他灵长类动物相比，我们非常善于社交和合作；我们不仅乖乖地坐在飞机上，还集体建造房屋，专注于不同的技能，在团队中扮演着特定的角色。

考虑到我们的演化史，对于一种灵长类动物来说这是一个相当不错的把戏。蚁居生活（名副其实）对蚂蚁来说不费吹灰之力：它们的基因相同，所以为了共同利益牺牲其实算不上牺牲——如果我是一只蚂蚁，共同利益就是我的利益。然而人类是一种猿类，演化使得我们只与近亲或部落成员以有限的方式合作，还得时刻提防着他人，以免被操纵、误导或剥削。然而，我们参与游行，在教室里顺从地坐成一排，背诵课文，遵守社会规范，有时为了共同利益牺牲生命，有时表现出的热情之高甚至让兵蚁自愧不如。不过，将灵长类动物与社会性昆虫相提并论，无异于方枘圆凿，困难重重。接下来我们会看到，醉酒能在这方面提供帮助。

人类的生态位：创造力、文化与社群

如果你认为鸡愚蠢的话，请再想一想。它们是原产于东南亚的红原鸡的后裔，从认知上讲，它们在驯化过程中几乎没有受到任何不良影响。普通的养殖鸡多少和她的野生表亲一样聪明，能够处理简单的数字和逻辑关系，推理因果关系，站在他者的角度，并富有同理心。[8]

　　然而，所有这些令人印象深刻的认知能力和行为都是与生俱来的。鸡并不愚蠢，但它们僵硬而迟钝——两周大的鸡所能做的，几乎就是它们所能做的一切。这并不奇怪，因为鸡是生物学家归类为"早熟"的一种鸟类。它们从蛋中孵出来时就是完全成型、羽毛丰满、蓄势待发的模样，它们的小脑袋里，已经装满了为适应相对狭窄的生态位需要知道的一切。这意味着它们可以迅速投身生活，这有明显的好处。

　　其他鸟类，即所谓的"晚熟"鸟类，在出生时往往较为无助。它们从卵中孵出来时是赤裸、盲目的，无法自力更生，飞翔的前景只是一个遥远的梦想。如果没有父母持续不懈的照顾，它们就无法存活。例如，新喀里多尼亚①的乌鸦需要整整2年的照料才能完全自立，而且经常发生的情况是，它们在父母身边逗留4年之久，死乞白赖并学习技能。鉴于乌鸦通常只能活到十几岁，这占据了它们一生中的很大一部分。[9]

　　乍一看，鸡的策略似乎要好得多。作为一个物种，为什么要让自己负担起无助的幼崽和黏人的青少年——他们持续从冰箱里偷牛奶，把脏衣服乱丢乱放？鉴于从卵中蹦出来就万事俱备了的明显优势，很难看出晚熟策略是如何以及为什么演化出来的，或者晚熟的物种为什么没有全部演化成早熟的物种。

　　然而，过早达到顶峰也有不利之处，正如许多高中返校节

---

①法国海外岛屿，位于大洋洲西南部。

的国王和皇后发现的那样，这对他们不利。身材矮小、被欺负、玩《龙与地下城》的极客往往最终成为受过高等教育、见多识广的成年人。同样，虚弱、赤裸、刚孵出的乌鸦——它们会被鸡同伴霸凌，比如被塞进储物柜，午餐钱被偷走——最终会变成极富创意、灵活多端的动物。

例如，乌鸦是一类被称为"鸦科"（corvids）的鸟类的成员，其他成员还包括渡鸦和松鸦。乌鸦能够制造出精巧复杂的工具（例如精心塑造的钩子，或切成特定形状的叶子），在觅食探险时随身携带这些工具（远见和计划的证据），并使用它们来捕捉那些躲藏得很好的昆虫。[10]它们拥有令人印象深刻的记忆，这体现在它们能够在广泛的地理范围内隐藏或"缓存"多余的食物。也许最令人惊讶的是，它们表现出令人印象深刻的社交智慧。在"缓存"食物时被另一只同类观察到的鸦科动物，通常会等到潜在的小偷分心，再回去重新隐藏它的食物。当被另一只鸦科动物观察到时，它还会埋上假冒的食物，例如看起来像坚果的小石头，或者将可能的间谍从它们隐藏食物的真实位置引开，让后者白费力气。（出于显而易见的原因，它们不把鸡当回事。）要是上《幸存者》，乌鸦在"合并"之后会表现得很好。

至关重要的是，鸦科动物灵活、富有创造力，可以根据新情况调整这些复杂的行为。在实验室里，鸦科动物如果被剥夺了制作工具的普通材料，会转而使用金属丝等新型材料来制造钩子。遇到蟋蟀比在野外腐烂得更快的情况，它们很快学会了储存和回收保质期更久的花生。像猴子和猿类一样，鸦科动物能从特定的学习任务中提取一般规则，并把这些规则应用于类似但新颖的情况。例如，如果它们啄食蓝色以匹配蓝色信号就能获得食物奖励，它们会很快学会"匹配刺激物"的一般规则，当颜色发生变化甚至形状也改变时，它们仍然会继续遵循这种规则。[11]

鸦科动物还可以解决需要洞察力和想象力的新问题。例如，在实验室进行的一次实验中，[12]研究人员向渡鸦展示了一块肉，然后把这块肉用绳子拴到了一根横杆上。拿到肉的唯一方法，是用喙将绳子向上拉一点，放在杆子上，用爪子压住拉起来的绳子，然后小心地重复这个过程6—8次。令人惊讶的是，实验中的一只野生渡鸦，在仔细摸清情况后，第一次尝试就完成了这个任务。实验中的其他渡鸦，经过几次尝试也就弄明白了。

面对挂在绳子上的够不到的食物，一只倒霉的鸡会饿死。一般来说，像鸡或鸽子这样早熟的物种，有相对狭窄的行为范围，它们永远无法做出超出该范围的任何其他行为。在实验室里，它们可以死记硬背地学习特定的任务，但无法辨别其背后更普遍的规则。一旦遇到新问题，它们就完全不知所措。受过训练的鸽子在看到蓝色方块时会啄食蓝色方块，当颜色改变或形状替换时，鸽子不知道该怎么做。它无法提炼出抽象的"匹配"概念。早熟物种的鼎盛时期是它们的青年阶段，那时它们在操场上昂首阔步、无所畏惧，自由自在，丝毫不为学业烦恼。这似乎不是一个很好的长期战略，但也看情况。这两种策略——早熟或晚熟——在世界上都存在，因为它们各有优势，在不知道具体环境的情况下，我们无法断定哪个更好。

　　正如发展心理学家艾莉森·高普尼克（Alison Gopnik）和她的同事们所观察到的，一般智力、行为灵活性、解决新问题的能力，以及对学习他人的依赖，关联的往往是一个更久的无助幼年期。[13]这种关联在多种动物中都存在，包括鸟类和哺乳动物，它反映了特化的竞争力和创意灵活性之间的一种基本的演化平衡。换句话说，所有物种似乎都从"晚熟的高中极客/早熟的返校皇后"两种策略择一押注，然后进入生态位，在那里他们选择的策略可以提供最佳回报。或者，在发现自己被抛入需要这种或那种策略的环境后，他们就专攻该策略。

　　我们不必感到惊讶，在这一点上人类是例外情况，就像在许多领域一样。我们是超级极客、被找碴的笨蛋、动物世界的红人。正如任何父母或祖父母都知道的那样，我们无疑是最无助的哺乳动物。我们的后代完全没用，会被同龄的黑猩猩或猴子踩在脚下——不仅是在比喻意义上，实际情况也会如此。任何曾经在前门焦急地等待一个4岁孩子系鞋带的人，假如他希望人类的孩子能更像鸡一样早熟，他可以得到原谅。令人恼火的不仅仅是他们不够灵巧或无法记住相关步骤。小朋友常常心不在焉，鞋带系到一半，然后忘记了他们应该做什么，转而忙着掏鼻屎或脱掉好不容易已经穿上的一只鞋子。你转头看下时间，然后回过头来发现，不仅鞋子没穿，而且不知为何他们现在决定——哇噢！——脱掉裤子。

　　这些不幸的人类幼崽，可能解释了另一个关于我们的不同寻常的事实。雌性个体经历绝经（基本上彻底放弃了生殖游戏）之后还有很多年可以活的物种不多，人类是其中之一。这对生物体来说是一件很奇怪的事情，除非它可以通过放弃个人繁殖来最大限度地提高整体繁殖成功率，比如将时间和资源投入到帮助其孙辈和曾孙辈上。反过来，只有当这些小家伙处理起来非常麻烦，以至于他们需要祖母才能生存时，这才有意义。人类的情况似乎正是如此。[14]我们的确需要一整个村子来养活一个格外娇弱、容易走神且令人恼火的人类幼崽。

人类之所以采用这种极端晚熟的策略，是因为作为一个物种，我们已经生活在一个极端的生态位中。我们所适应的奇怪、拥挤的洞穴对我们提出的主要要求，可以用我总结的"3C"来概括：要有创造性、文化性和社群性（to be Creative, Cultural and Communal）。3C的要求意味着我们更为娇弱，就像无助、盲目、晚熟的乌鸦幼鸟，比不那么复杂却更健壮的动物更容易受到伤害，例如鲨鱼。你永远不会想让一个4岁的人类遭遇一条4岁的鲨鱼。然而事实仍然是，柔弱、啼哭的婴儿以后会成长为宇宙的小主人，把鲨鱼放进水族馆，喝鱼翅羹，直到现在，不幸地在世界许多地区把鲨鱼赶向灭绝。

然而，人类从极度脆弱到极度强大的转变过程中充满了挑战。了解这些挑战的性质，对于我们理解醉酒的潜在适应性优势至关重要。我们会喝醉，因为我们是一个奇怪的物种，是动物世界中尴尬的失败者，我们需要所有可能的帮助。现在让我们看看这3C，以及为什么延长的童年，或其化学等同物，可能对像我们这样的物种特别有用。

创造性动物

　　俄狄浦斯真可谓命途多舛。在索福克勒斯的悲剧《俄狄浦斯王》里，因为神谕说俄狄浦斯注定要弑父娶母，他在婴儿时期就被丢在野外等死，被迫离开家乡科林斯。令人惊讶的是他活了下来，但在前往新的谋生之所的路上，与某个好斗的老人在一个路口发生了冲突，由路怒症引发了打斗，失手杀死了这个人和他的侍从——从而在不知不觉中实现了第一个预言。更糟糕的事情还在后面。他试图进入底比斯，却被可怕的斯芬克斯盯上了，后者正在恐吓这座城市，并威胁说，如果俄狄浦斯不能猜出一个谜语，就要连同底比斯的公民被杀掉："什么动物早上走路用四条腿，下午用两条腿，晚上用三条腿？"

　　答案当然是人，起初像婴儿一样爬行，然后直立行走，最后需要拐杖的帮助。后来，在他成为底比斯国王（而且我们必须注意，他还娶了他的母亲）之后，俄狄浦斯面临着另一场可怕的危机：一次大瘟疫。有些人，比如占卜者特蕾西亚斯，向众神求助，希望从鸟类飞行或其他预兆中找到线索，辨别出正确的前进方向。俄狄浦斯斥责他们，回忆起他与斯芬克斯的相遇：

　　　　告诉我们，你的神秘哑剧有没有接近过真相？
　　　　当那只地狱猫斯芬克斯在这里表演时，

告诉我们：你对这些人有什么帮助？

她的魔法不适合第一个出现的人：

它需要一个真正的驱魔人。你的鸟儿——

它们有什么用？还有众神，能帮什么忙？

但我过来了，

俄狄浦斯，一个简单的人，什么都不知道——

我自己想出来的，没有鸟儿帮助我！[15]

战胜斯芬克斯的不是魔法或神的干预，而是人类的创造力与洞察力。

正如文化历史学家约翰·赫伊津哈（Johan Huizinga）所指出的，世界各地的神话文化有一个共同特征：一个在死亡的痛苦中必须解决的谜题。"在神话或仪式的语境中，"他观察到，"它几乎总是德国语文学家所说的'首要谜题'（Halsrätsel），你要么解决掉它，要么就被它解决掉。这是生死攸关的课题。"[16]这种意义重大的谜题，在人类神话中如此普遍，以象征性的形式凸显了我们在适应生态位时面临的一个主要挑战：人类需要创造力才能生存。

作为一个物种，我们特别依赖于产生文化技术的洞察力和发明，从皮划艇和鱼叉到鱼笼和长屋①。[17]我们缝制衣服，制作多部件工具，建造庇护所，加工和烹饪食物。其他大多数物种只是被自然赋予了它们所需要的东西：狮子的爪子，瞪羚的速

---

① 窄长形、用于共同居住的单间房屋。长屋在很多文化中是最早的永久性建筑。

度。筑巢的昆虫和筑坝的海狸也只是按本能在行动。它们的作品可能表面上看起来类似人类的发明，但实际上只是它们基因组的延伸，与鸟的翅膀或鲨鱼的牙齿没有什么不同。虽然渡鸦能用一根电线制作钩子，但那也或多或少地遵循一个脚本——当有够不着的虫子时，你需要一个钩子——尽管它能够灵活地用任何可用的材料制作这个工具。人类则真正意义上发明新事物：文化创新可不是简单地读取我们的DNA。面对难以接近的虫子，真正像人一样的乌鸦不会只是摆弄钩子，它会饲养虫子，从而一伸手就有虫吃。人类通过创造性技术改变了世界，没有它们我们就无法生存。人类对创造性洞察力的极度依赖，这是俄狄浦斯与斯芬克斯的相遇给我们的真正教训。

在思考斯芬克斯之谜时，1945年去世的赫伊津哈并不了解现代认知科学，但他足够了解心理意义上的挑战。"一个神秘问题的答案不是通过反思或逻辑推理找到的，"他争辩道，"它是一个突然的解决方案——提问者施加于你的束缚被解开了。"[18]再多的算法链推理或蛮力都无法为你解开谜题：你需要做的是放松心情，在灵光乍现中看到答案。心理学家将这一旨在产生"啊哈！"的时刻的过程称为横向思考（lateral thinking）。另一个需要横向思考的任务是远程关联测试（Remote Associates Test，RAT）。给你三个看似不相关的词，例如狐狸、男人和偷看（fox、man和peep），并要求你想出第四个词，将上述三个词联系起来。（答案见尾注。[19]）不寻常用途测试（Unusual Uses Test，UUT）同样需要跳出思维定式：给定一个常见的人工制品，如回形针，参与者要在规定的时间内想出尽可能多的新用途（牙签、耳环、鱼钩等）。

横向思考任务实际上非常有趣，比如猜谜语，可以改编成愉快的派对游戏。但就像俄狄浦斯神话一样，我们之所以拥有猜谜的能力，这背后有着极为严肃的原因。人类就像成熟的鸦科动物，长着无用的喙，而且没有翅膀。乌鸦只偶尔使用工具，比如需要获得特别难以触及的蛤蜊，或获取隐藏得很深的食物时。然而即使在最低科技的社会中，如果没有工具和产生它们的创造性洞察力，人类就是完全无助的。我们需要创造力来发挥作用。

人类漫长的发展期，我们延长的童年，可能是对这一需要的一种回应。如果你在UUT方面需要帮助，只需拉上一个小孩子。4岁的孩子在应该穿鞋时被一只爬过地板的蚂蚁吸引住，或者毫无预兆突然决定脱掉裤子，要解决横向思考任务他却得心应手。孩子们在勤务和计划方面很糟糕，但他们混乱的小脑袋以惊人的速度和不可预测的方式探索可能空间的所有角落和缝隙，这让成年人望尘莫及。看看任何一个小孩，在一天中的任何时候，他们可能正在执行类似于UUT的操作：把硬纸板管变成火箭飞船，或者将一根大木棍当马来骑。

事实上，高普尼克最重要的一个论点是，这种认知灵活性和创造力是年轻群体的设计特征。她和同事回顾了一些证据，这些证据表明当涉及新的学习任务时，许多物种的年轻个体往往比其长辈表现得更好。[20]人类当然也是这样。在高普尼克的一项实验中，受试者开始接触"莫名其妙探测器"，这是一种大小近似鞋盒的设备，当它暴露于"莫名性"时会发光并播放音乐。受试者被要求在设备上放置各种不同形状的物体，以找出其中哪些具有这种难以捉摸的特征。成年人的默认假设是，"莫名性"是单个对象的某种属性，在这种基于"分离"条件情况下，他们的表现几乎和幼儿一样好。在更违反直觉的"组合"条件下，只有当同时出现特定的组合时，盒子才会亮起来——在这些试验中参与者必须理解，"莫名奇妙"并不指任何一个孤立的对象。在这种情况下，成年人完全比不上4岁的孩子。约90%的儿童成功识别出组合的"莫名奇妙"，而成人中该比例为30%，并且成功率随着年龄的增长而下降（图2.1）。

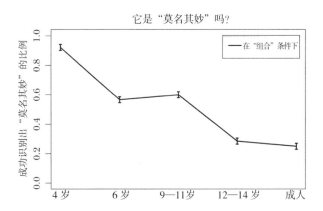

图2.1　在"组合"的条件下，当"莫名其妙"中包含两个独立的对象的时候，不同年龄的受试者中正确识别出"莫名其妙"的人的比例[21]

是什么解释了这种表现差异以及它随时间的变化？不妨看看另一种趋势：根据来自发育神经科学的证据，人类PFC灰质密度逐渐下降（图2.2）。

虽然我们或许会想象大脑的成熟是通过积累来实现的，在特定的区域中生长出越来越多的神经元，但实际上成熟是所谓的"神经修剪"（neural pruning）的结果，即逐渐消除不必要的神经连接。当大脑的某个区域稳定下来，形成一个精简、功能良好的系统时，它就成熟了。衡量大脑中神经修剪的一个良好指标，是给定区域中灰质相对于白质的密度。灰质是大脑中神经元丰富的部分，负责大部分计算工作，随着区域的成熟而减少。随着灰质减少，白质（即有髓轴突，负责传递信息，包括传递灰质完成计算工作后的输出）增多，大脑提高了效率和速度，但灵活性有所降低。设想这一点的一种方法是把一个不成熟的、富含灰质的区域视为一个未开发的开放领域，人们可以在许多方向上不受限制地游荡，但效率不高。为了去那个美妙的黑莓灌木丛中收获一些水果，我必须跋山涉水。白质逐渐取代灰质反映了这一领域的发展：铺路架桥完毕，我可以更轻松快捷地四处走动，但现在我倾向于只沿着这些既定的路径移动。通往黑莓丛的新铺砌的道路使采集黑莓更加方便，但在新道路上奔波时，我会想念那些原本会在灌木丛中偶然发现的美味野草莓。在灵活性和效率之间、在发现和目标实现之间需要权衡取舍。

随着大脑的发育，灰质密度降低，白质呈线性增加，这反映了成熟度和功能效率的提高。PFC 既是抽象推理的所在地，也是心理学家所说的"认知控制"（cognitive control）的所在地，即保持专注于任务、抵制分心和诱惑以及调节情绪的能力。从图2.2中我们可以看出，PFC 需要很长时间才能完成神经修剪的过程。事实上，它是大脑中最后一个成熟的区域，直到20岁出头才达到成年状态。这就是青少年时期如此危险的原因：青少年拥有成人般的激励系统、狂暴的荷尔蒙、有机会接触汽车等危险技术产品，但只有有限的理性自控能力。

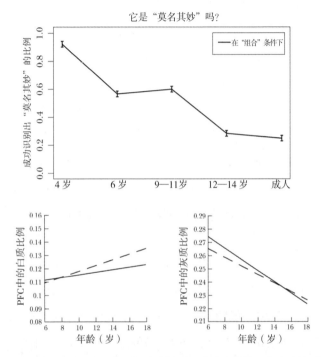

图2.2　不同年龄段在反直觉的"组合"条件下的成功率(上图)，与发育过程中PFC中白质的增多(左下)和灰质的减少(右下)；图中的实线代表男性，虚线代表女性[22]

图2.2中的趋势线相互跟踪的方式很重要。随着人们年龄的增长，我们看到额叶皮层的灰质密度降低而白质密度增加，这反映了横向思考创造力任务的表现相应变差。额叶皮层越成熟，我们的认知就越不灵活。PFC虽然是保持任务完成和延迟满足的关键，却是创造力的致命敌人；它使我们能够始终专注于任务，却使我们对遥远的可能性视而不见。创造力和学习新

的联想都需要放松认知控制。[23]一项针对爵士钢琴家的fMRI（功能磁共振成像）研究表明，随着他们从演奏音阶或现成的曲调切换到自由即兴演奏，PFC发生了下调。[24]这个发现与其他相关证据是一致的。例如，PFC永久受损的成年人在横向思考任务中的表现优于健康对照组。而且，由于奇迹般的现代技术，至少一项研究为PFC在横向思考方面的负面作用提供了一些直接的因果证据。实验者让受试者执行 项创造性任务，测量他们的表现，然后用强大的经颅磁铁刺激他们的PFC，使其暂时掉线。[25]（请勿在家尝试。）受试者在被刺激后表现更好。所有这些数据都表明，小孩子之所以如此有创造力，是因为他们的PFC几乎没有发育。他们的想法没有受到什么监管，这当然有利有弊。花20分钟穿鞋是你跳出思维定式所付出的代价。

这并不意味着拥有精简、高效PFC的成年人在创造力和创新方面一无是处。就像爵士钢琴家在即兴演奏中放松一样，成年人有时能够放松PFC的警惕性，让自己全身心投入演奏。在这方面，成熟的人类仍然是孩子气的——或者至少可能是孩子气的。对谜语如此着迷的文化历史学家赫伊津哈有一句名言，人类的独特之处在于我们对游戏的渴望。从这个意义上说，我们就像被驯化的狗。

狗让我们感到如此可爱的原因之一是，相对于它们的狼祖先狗呈现出"幼态持续"（neoteny），换言之，它们把幼年的特征延伸到成年期。即使是成年狗，它们的外表和行为也像狼崽，具有圆润的像小狗一样的外形、强烈的玩耍欲望和信任的意愿。正如专门研究游戏的学者斯图尔特·布朗（Stuart

Brown）指出的那样，成年人，无论是看我们的外表还是我们爱游戏的劲头，本质上都是"灵长类动物世界的拉布拉多犬"。[26]我们的外表和行为，更像黑猩猩婴儿而不是黑猩猩成年人。表现出幼态持续的物种（如狗）往往更灵活，但效率较低且自给自足；那些表现出成熟特征的人（如狼）非常高效，但失之僵硬。就像较长的童年时期往往意味着认知灵活，在许多物种里，脑的大小和玩耍之间似乎存在正相关。[27]因此，人类儿童就像小狗一样，是双重不成熟的：这个物种本来就保留了许多幼年特征，儿童又是该物种的幼儿版本。

即使是成年人，我们仍然喜欢玩耍——也许不如我们的孩子想要的那么多，但比狼或成年黑猩猩更喜欢玩耍。这有助于应对创造力挑战。正如布朗观察到的，许多重要的发明——蒸汽机、飞机、钟表、枪支——都是从玩具开始的。[28]到处玩耍，想出一些让孩子和我们自己开心的东西，可以帮助我们重新获得孩子般的创造力。甚至把自己想象成孩子似乎也有帮助。一项研究发现，在创造力测试中本科生如果首先被要求回忆7岁的自己是如何应对被取消的上学日时，他们的表现更好。回忆即兴搭建堡垒建筑或无所事事地打水漂，似乎可以解放我们横向思考的能力。[29]游戏对学习也至关重要，这把我们引向第二个C：文化。

文化性动物

　　人类个体的创造力本身固然令人印象深刻，但通过文化，我们可以传承、发扬前人积累的知识，从而极大地放大和增强个体的创造力。这在现代科技文化中体现得很明显。我口袋里随身携带的iPhone代表了数百年来积累的研发成果，涵盖其基本工作原理到制造材料。至关重要的是，没有哪个人可以指望通过纯粹的洞察力或创造力来生产iPhone最基本的组件，或任何复杂的文化技术。创新必然是循序渐进的，建立在过去人类积累的洞察力之上。我们是文化性动物的典范，我们分享个人创造的产品并将其传递给后代的能力，是我们在地球上占主导地位的关键。[30]

　　此外，文化作为一个整体可以找出解决问题的方案，这些问题原则上超出了个人的解决能力所及。正如文化演化理论家迈克尔·穆图克里希纳（Michael Muthukrishna）及其同事所说，思考我们的大脑时，我们不仅需要把它视为头上的单个器官，还要视为一个更大的网络的一部分，一个巨大的"集体大脑"中的一个个节点。[31]在这个网络中，创造性的突破往往是通过一种更大规模、更强有力的过程产生的，任何个体都无法复制。"创新，无论大小，"他们写道，"不需要英雄天才，就像你的思想也不取决于哪一个特定的神经元一样。事实上，正如思想是神经网络中神经元放电的涌现特征一样，创新也是我们这个物种的心理在社会和社交网络中应用的涌现结果。我们的社会和社交网络像集体大脑一样运作。"[32]

关于集体大脑解决的问题超出了单个大脑的计算能力，一个相对低科技的例子是木薯。正如人类学家约瑟夫·亨里奇（Joseph Henrich）所解释的，[33]这种块茎是美洲最早驯化的一种主食，但它不能像土豆一样简单地煮熟食用。大多数品种的木薯含有苦味物质，可以抵御昆虫和食草动物，因为它会导致动物氰化物中毒。因此，历史上依赖木薯的文化，已经发展出繁复的持续多日的程序来处理其根部，包括刮擦、磨碎、浸泡和煮沸，耐心等待几天，之后再烘烤和食用。现代化学分析表明，这一过程大大降低了木薯的毒性。关于为什么未经处理的木薯是危险的，以及处理过程是如何排毒的，我们直到最近才有所理解。然而，古代文化通过一个漫长、盲目的试错过程，再加上文化的传承，在几千年前就解决了木薯作为食物的问题。做对了事情的群体，尽管最初只是碰巧——例如，因为他们的疏忽而让木薯浸泡了几天——比没有犯这个幸运差错的群体做得更好，其他群体于是纷纷效仿之。长此以往，有用的错误或随机的变化就积累成了一套烹饪实践，就这样，木薯可以安全食用了。

重要的是要认识到，没有哪一个人单独就能够弄清楚这一点。食用木薯和体验其负面影响之间的漫长时间差，以及按照适当的顺序将各种必要的排毒步骤组合在一起，种种挑战使得任何人都极不可能——甚至绝不可能——单独摸索出给木薯排毒的操作。此外，在这种情况下，从文化解决方案中受益的人通常不知道每一步操作到底是如何或者为何起作用的，甚至从一开始就不知道它是必要的。正如亨里奇所指出的，对任何个体来说给木薯排毒的过程因果上是不透明的。如果你认为你需要浸泡木薯两天，因为你的妈妈告诉你如果不这样做祖先会生气，那你就误解了因果关系，但谁在乎呢——重要的是木薯现在可以吃了。

正如亨里奇所观察到的，一个特定的历史实验表明，在没有传统文化记忆的情况下，试图即兴发挥往往会有风险。17世纪初，葡萄牙人注意到木薯易于种植，即使在贫瘠的农田也能提供可观的产量，于是把它从南美洲进口到了非洲。木薯很快传播开来，成为该地区重要的主食作物，至今仍然如此。然而葡萄牙人却忽略了同时引进南美土著的文化知识，了解如何正确给木薯排毒。结果在引进木薯数百年后，许多当代非洲人继续遭受低水平氰化物中毒引起的健康问题，这一事实戏剧性地说明了重新发明轮子并非易事。[34]亨里奇总结说，关键在于"文化演化往往比我们聪明得多"。

一项对太平洋岛屿文化的人类学调查表明，人口规模以及它与其他岛屿联系的紧密程度，与该文化拥有的工具数量及其工具复杂程度呈正相关。在现代城市社会中，人口密度的增加会导致创新的增加，这可以通过新专利的数量或人均研发活动等指标来衡量。[35]文化积累不仅使技术和知识逐步积累，而且创造了一个良性循环，现有的文化资源成为新发明的原材料。随着农业和大规模文明的出现，这种良性循环进入了超光速推进状态。跨越庞大帝国的贸易把许多当地种族和生态系统联合起来，所有种族和生态系统都在交易原材料、文化知识和技术。这种文化演进的过程给我们带来了汽车、飞机、高速电梯和互联网。

人类依赖文化，这在动物世界中是非常不寻常的。大多数动物，通过"非社会学习"与世界打交道，即单个个体评估问题并制定解决方案。我们最近的亲戚——黑猩猩——几乎完全依赖于非社会学习。然而，人类在某个时候跨过了演化的卢比孔河①，从此再也没有回头路了。36 积累的文化优势日益明显，我们的大脑开始被重塑，变得越来越依赖"社会学习"，在这个过程中，个人在遇到问题时，会动用文化提供的解决方案。为了利用这些信息，个人需要开放和信任，愿意依赖他人而不是单独行动。

穆图克里希纳和他的同事用计算机模型来模拟现实世界，进行迭代运算，观察哪些学习策略会成为主导策略，他们可以改变模型中许多生物和环境参数的起始条件，包括大脑大小、群体大小、青少年阶段的长度、交配结构、环境的丰富性等。如图2.3所示，在大多数情况下，自然选择有利于非社会学习者，一些模型对社会学习产生了轻微的依赖。只有在非常有限的条件下——群体规模扩大、大脑变大、青少年期长、累积的文化知识扩张并提供适应性优势——我们才会看到另一类模型出现激增，这类模型会产生几乎完全依赖社会学习的个体。

---

① 跨过卢比孔河，意为破釜沉舟。

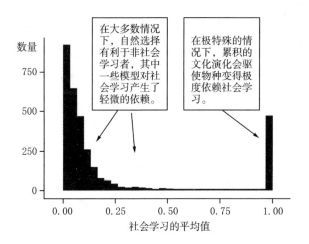

图2.3　社会学习在各种模型中成为主导策略的分布程度；y轴代表了模型的数量[37]

请注意其中非社会学习和社会学习之间的鸿沟，人类已经越过了这个鸿沟而且被推入了适应性空间的狭窄角落。一旦社会学习变得足够有价值，一个能够接触到它的物种将被势不可当地驱离非社会学习，变得完全依赖文化。

我们已经被累积的文化演化的力量彻底重塑，剧烈程度堪比洞穴四鳃鳗。一旦我们把所有的筹码都押在文化学习上，就再也无法回到非社会化的、个体的学习了。人类创新者或先驱者的常见形象是孤立、大胆的个体，通过纯粹的意志力和洞察力，为大自然提出的难题寻求解决方案。这种孤独天才的理想用来描述具备创新精神的黑猩猩或乌鸦可能颇为适当，但对于人类来说却显得荒唐。黑猩猩强壮，独立，聪明；人类软弱，依赖他人，而且作为个体就不会出现火箭科学家。就像洞穴四鳃鳗一样，我们已经适应了在黑暗、受庇护的社会学习洞穴中的生活，一旦被扔进一个没有文化的世界，我们就会变得盲目和无助。

我们对文化的依赖意味着我们的心智需要对他人开放，这样我们才能向他们学习。这是另一个领域，延长的童年在其中显然是对我们生态位的适应。婴儿和儿童是地球上最强大的学习机器。正如高普尼克所观察到的，"演化交给婴儿的当务之急是尽可能多、尽可能快地学习"。[38]正如她所说，这意味着他们欠发达的PFC是一种功能设计特征，而不是缺陷。婴儿和年幼的孩子很容易分心，但也能意识到他们周围发生的更广泛的事情，他们会注意到次要的细节，这些细节可能会逃脱专注的、以目标为导向的成年人的注意。[39]此外，孩子们不断地玩耍和搞坏事物，会顺便让他们学习到新技能，并了解周围世界的因果结构。[40]他们需要了解的因果关系不仅是物理层面的，也包括社会层面的。例如，我女儿在蹒跚学步的时候最喜欢的游戏是过家家。她会让我和一群毛绒玩具围成一圈坐下，并强迫我戴上头饰。（不是我最好的样子。）作为主人，她会（假装）给我们倒茶，（假装）给我们零食，并进行（无意义的）礼貌交谈。如果让她和同学们玩，他们同样会"游玩"各种社交场景——扮演老师和学生、医生和病人、父母和孩子。

所有这些扮演游戏不仅仅是为了好玩，尽管的确让孩子乐在其中。对他们来说，这是学习周围世界因果结构的一个严肃而关键的过程。玩耍的动力，以及从周围人身上吸收信息的开放态度，是童年的特征之一，旨在让孩子获得前人积累的文化，这对他们的生存是必需的。儿童需要掌握的信息何其之多，简直令人头晕目眩：当地的语言，以及和哪些人说哪些话；如何穿衣、吃饭、做饭、打猎、建造、划桨、田径比赛；当地的社会结构和规范、禁忌、仪式、神话。

任何在13岁之后尝试学习外语的人都可以作证，语言学习能力会随着我们进入成年期而萎缩。随着我们成熟，学习起来困难的不仅仅是语言。成年人在学习新的社会实践和规范方面也有困难——事实上，他们通常不愿意这样做。在艾奥瓦州的中餐馆里，大多数当地人要求使用叉子而不是筷子，并期望其甜度接近他们目前的饮食习惯。我不是在英国文化里长大的，我总是觉得马麦酱①挺恶心。成年人在获得新技能方面同样乏善可陈。我成年后学会了打网球，即使经过多年的课程和比赛，正手击球的姿势仍然不对。我女儿小时候就轻松学会了完美挥杆，很快就会在球场上把我打得满地找牙。

再一次，就像创造力的下降一样，我们可以责怪PFC。有大量证据表明，已经获得的复杂、熟练的行为是由默会、自动的系统运行的，如果交给PFC和执行控制，反而会把事情搞砸了。破坏职业网球运动员发球的最好方法，是让他们思考他们是如何发球的。要求一群从事轻松、愉快地开玩笑的人反思他们的社会动力学，②肯定会毁了聚会。这就是为什么拥有完全发达的PFC使成人相对更难学习新知识和技能。这也是为什么PFC需要这么长时间才能成熟，而人类的童年需要这么长时间：我们有一大堆东西需要从周围的人那里学习，所以我们需

---

① 以啤酒酿造过程沉淀的酵母为原料的一款酱料，尝到的人往往对它非爱即恨，英国人常用它搭配面包和黄油食用。
② 社会动力学关注的是群体行为如何由成员个体间的互动产生。

要尽可能长时间地保持灵活性和接受能力。

　　演化把人类塑造得对他人变得异常开放，依赖向他人学习，在这样的情况下人类也需要学习如何与他人一起玩，就像灵长类动物世界的拉布拉多犬一样。与其他灵长类动物相比，我们就像傻乎乎的狗：对陌生人抱有奇怪的宽容，对新的体验持开放态度，随时准备玩耍。这种对他人的开放态度虽然对我们的成功是必要的，但也是我们的弱点。我们需要其他人的程度，在整个灵长类动物界中无可匹敌。这就引出了第三个 C，即我们强烈的社群性。

社群性动物

　　生命源于合作。生物世界向我们展示了一个令人眼花缭乱的万花筒，它由相互交织的协作单元组成，从基因到细胞、生物体，直至社会群体。人体内的染色体代表了一个“基因社会”[41]，这是一组相互依赖、命运与共的 DNA 片段的集合。在一个比喻的意义上，这些染色体构建的细胞“达成了共识”，专攻不同的组织和器官类型，同时又通力协作，使它们所托付的有机个体更成功地将至少一半的基因传给下一代。[42]

　　一旦我们达到个体生物的层次，这些合作单元可能会单打独斗，与外界环境或其他生物作战，或者选择与其他合作单元组队。在后一种情况下，有时合作度高到一群合作的个体开始看起来像超级有机体，它在社会规模上复制让个体成为可能的那种合作协议[43]。例如，在蚂蚁和蜜蜂等社会性昆虫中，个体很快就会分化为不同功能的等级（caste），例如工蚁（工蜂）、兵蚁（雄蜂）或蚁后（蜂后）。工蚁会自发无私地为其他成员获取食物而辛勤劳作，而兵蚁则会时刻准备着牺牲自己，消灭入侵者。重要的是，蚁后能够活下来，以确保该群体的基因能够进入下一代。

灵长类动物更自私。它们通常不会进行自我绝育或轻率自杀。然而正如我们所指出的，人类——灵长类世界的群居动物——是一个例外。我们相互依赖、相互合作，来完成超出个人能力的事情，程度之深，几乎可以与蜜蜂或蚂蚁合作建筑蜂巢或其他令人惊叹的复杂分工相媲美。但是我们的灵长类动物起源也留下了一个演化问题——在更深层次上，我们仍然是自私、不惜背后捅刀子的猿类。蜂后永远不用担心她的臣民会不服从。相反，人类的统治者总是被毒害、被斩首，或者被投票下台，因为我们各种各样的个人欲望，我们的黑猩猩基因，仍然阴魂不散。

我们对大规模合作的需要与我们作为灵长类动物的自私本性之间的张力，清晰地表现在社会合作固有的困境中。每当公共利益和个人利益的关系变得紧张时，就会出现经济学家所谓的"叛变"（defection），在这种情况下，自私的个人从公共利益中受益，却不为公共利益做出贡献。这种紧张关系有很多名称，包括"公地悲剧"或"搭便车困境"。[44]海洋可以捕猎的鱼类数量减少，如果每个人都同意减少捕鱼会更好，但是在公海要如何执行呢？如果你的竞争对手可以捕鱼，捕到一条蓝鳍金枪鱼都不剩，谁愿意选择傻傻地待在家里呢？于是，蓝鳍金枪鱼就濒临灭绝。喜欢在工作场所使用公用厨房热饭或准备午餐？在没有明确定义并制订出可执行的清洁计划的情况下，这些地方很快就会变成令人作呕、无法使用的污水池，而私人空间则不然。那是因为如果其他人不参与，只靠自己的力量进行清洁，这不符合任何个人的利益——如果我屈服了，擦拭越来越黏的水槽甚至清理洗碗机，我就是在允许其他人搭便车。

事关合作的这类挑战在人类社会屡见不鲜，在各种规模的互动中都有出现。它们阻碍了全球应对气候变化的努力，导致政党和经济联盟破裂，[45]并经常迫使个人做出艰难的选择。其中一个例子构成了著名的囚徒困境思想实验的基础，它生动地说明了搭便车困境。想象一下，你被拘留，并被指控犯罪。检察官告诉你，参与犯罪的另一名嫌疑人（你对他没什么了解）也已被拘留。你得到一个机会：如果你把对方供出来，你会得到轻判——只有1个月的刑期，而对方将获得整整3年的刑期；如果拒绝招供，你将被控妨碍司法公正并被判处6个月徒刑。你知道，如果你俩最终都指责对方，你们都将被指控为犯罪的从犯，并被判处2年徒刑。你无法与另一名囚犯交流。

我们不妨从收益矩阵的角度来看看这个困境（表2.1）。

表2.1 囚徒困境收益矩阵

	乙保持沉默（合作）	乙指控甲（叛变）
甲保持沉默（合作）	每人都坐牢6个月	甲坐牢3年，乙坐牢1个月
甲指控乙（叛变）	乙坐牢3年，甲坐牢1个月	每人都坐牢2年

保持沉默并减刑，符合两名囚犯的总体最佳利益。但是，你没有办法保证另一名囚犯会合作。考虑到你合作却被对方背叛的危险，唯一理性的策略是叛变或指控对方。这个结果对两个人来说都是次优的结果，但这是唯一安全的策略——纯粹理性、自私自利的个人无法在囚徒困境中获胜。

幸运的是，人类不是彻底理性的，或者至少主要不是理性的。[16]人多数合作理论的研究者都同意，人们在面对囚徒困境时通常能够合作，因为他们对各自在情感上有承诺。当我们在情感上与另一个人或一个群体联系在一起时，通过爱、忠诚或友谊，我们可以信任他人，摆脱困境，从而为每个人实现最佳结果。面对地方检察官诱导他们出卖自己的伙伴，现实生活中的帮派成员能够咬紧牙关，并以减刑的方式侥幸逃脱。这不仅仅是出于对报复的恐惧（告密者遭报应），更重要的是出于对团队的忠诚以及因叛变带来的内部羞耻感。没有人喜欢告密者，也没有人愿意成为告密者。

至关重要的是，它行得通的唯一原因是我们无法完全有意识地控制自己的情绪。此刻，周日早上，我为不能早起帮朋友搬长沙发找借口，这符合我狭隘的个人利益，但这样做会让我感到内疚，所以我把自己从床上拖起来，也管不上宿醉，去发动我的面包车。健康危机、职业动荡或抚养孩子带来的令人窒息的压力，可能会使一段关系暂时对伴侣中的一方或双方都不利，但非理性的爱情就像胶水一样，把浪漫的情侣紧紧联系在一起，风雨同舟。当真诚地感受到社会情绪时，我们可以克服短期的算计的自私和斤斤计较的心思，但这只是因为我们无法有意识地控制它们。如果可以，我们有意识的、理性的头脑会在符合自身利益的情况下简单地关闭它们，情绪就会失效。可以轻易开启或关闭的爱或荣誉感，已不再是真正的爱或荣誉感。

这里，我们又一次遇上了 PFC——抽象思维、工具理性和认知控制的所在地——它才是敌人。两名囚犯如果完全受 PFC 的影响，总是会被关进监狱 2 年。减刑的唯一方法，是用一种非理性的情绪（如荣誉感或羞耻心）压倒 PFC。一对柯克船长可以在囚徒困境中获胜，一双史波克先生则会把牢底坐穿。①

为了理解情绪如何帮助我们解决合作困境，以及为什么我们目前无法有意识地控制情绪，对于情绪发挥社会功能恰恰是重要的，我们不妨重温一下希腊神话中的另一个故事。（这章多亏了希腊神话。）在他漫长的旅行中，英雄奥德修斯遇到过许多危险，其中之一是靠近海妖岛的通道。所有明智的水手都会避开这些危险的生物，她们会用诱人的歌声引诱船只进入浅滩，然后吃掉遇到海难的水手。然而，奥德修斯绝不会因冒险而退缩。作为一个彻底的享乐主义者，他热衷于聆听海妖之歌，据说这些歌美妙得超乎想象。他也清楚其中的危险。凭借他典型的机智，他想出了一个变通办法，一个防止未来的自己"叛变"、让自己陷入麻烦的技巧。他指示他的水手们用蜡堵住耳朵，这样他们就听不到危险的诱惑，然后再把自己牢牢地绑在桅杆上。通过这种方式，奥德修斯既能够听到海妖之歌，同

---

① 柯克船长和史波克均为科幻作品《星际迷航》中的角色，前者为人类，后者为人类和外星人混血，以冷静和理性为人所知。两人曾共事。

时由于身体上受到的限制，又不会跳入大海而死亡——尽管在听到歌声的那一刻，他非常希望这样做。

把奥德修斯绑在桅杆上的绳索，是我们称为"预先承诺"（pre-commitment）的典型实例。正如康奈尔大学经济学家罗伯特·弗兰克（Robert Frank）所说，社会情绪代表着"理性中的激情"。[47]爱、荣誉感、羞耻心和正义的愤怒，初看似乎不合乎理性：事实上，当情况需要时，任凭无法控制的情绪摆布反而符合长期的理性考量。就像捆绑奥德修斯的绳索一样，情绪能起到承诺的作用，只是因为我们不能简单地让自己摆脱它们。通过坠入爱河或对一个群体诚恳地发誓效忠，我们就相当于把自己绑在了桅杆上，把自己束缚在情感承诺中，这能阻止我们在遇到不可避免的诱惑时背叛他人。这是一个非常有效的策略，它解释了为什么这么多浪漫的情侣仍然忠贞不渝，大学生互相帮助搬家，以及被监禁的帮派成员愤怒地拒绝向地方检察官告密。

说起"囚徒困境"，显然，人际关系离不开信任。在其他由承诺和相互依赖驱动的非交易性关系中也很明显——其中典型的就有亲子关系，以及病人和看护者之间的关系。[48]很少有人意识到，即使是表面上看来纯粹是事务性的互动，也只能在更深层次的隐含信任的背景下发生。当我花4美元从街头小贩那里买热狗时，以金钱换香肠的交易建立在一系列假设之上，以至于无法详尽列出。热狗煮得恰到好处。它没有被故意污染。我用的钞票不是伪造的。热狗含有（至少大部分）牛肉或猪肉，而不是狗肉。这些都没有明确说明，但仍然被认为是理所当然的。这也是为什么偶尔发现违反其中一项默认的假设如此可耻：本地供应商的热狗中含有狗肉！有人在公园里使用假币！小报里耸人听闻的标题恰恰表明我们对这些基本假设的信任是如此深厚，以及它们很少被违反。

在信任和社群关系方面，就像在创新和文化学习中一样，孩子的表现远远超过他们的长辈。孩子们来到这个世界时，有一种原始的、几乎绝望的需要，需要与文化群体里的其他成员建立联系，并信任他们。如果你在拥挤的机场等候区被一个4岁的健谈的孩子拉住并接受过他冗长且快速地介绍他所携带的玩偶，这就是显而易见的。事实上，正是儿童热切地愿意信任他人，包括完全陌生的人，并与之互动，才使违反这种信任的行为变得如此悲惨和可怕。同样，一个人对孩子都缺乏信任是一个迹象，它表明此人所在的社会环境出了大问题。

说到信任，就像创造力和学习一样，游戏很重要。在整个动物世界中，游戏可以锻炼成年所需的技能，例如狩猎或打斗，并让年轻的个体有机会理解社会等级结构。同时，至关重要的是，它还提供了信任实践。正如动物行为专家马克·贝科夫（Marc Bekoff）观察到的，游戏通常涉及故意展示脆弱的一面——想想一只顽皮的狗露出它的腹部或脖子——以及值得信赖的信号。狗狗们在参加摔跤比赛前在公共场合互相打招呼的"鞠躬游戏"，是一种社会信任信号：如果你也鞠躬，我们同意进入一个咬得不深、咆哮不会认真的游戏世界，我们会轮流支配对方。[49]尽管研究人员一直认为游戏的主要功能是技能练习和训练，但这种社交和建立信任的功能似乎更为基本。正如斯图尔特·布朗观察到的："没机会练习打架的猫仍然可以很好地捕猎。它们不能做的——永远也学不会做的——是良好的社交。猫或其他社会性哺乳动物，如老鼠，如果被剥夺了玩耍的机会，将无法清楚区分朋友和敌人，在社交信号上出现错误，要么表现得过度攻击，要么退缩，不能参与正常的社交模式。"[50]

　　与其他孩子般的特征一样，成年的人类仍然顽皮和轻信，看起来更像拉布拉多犬，而不是成年的狼或黑猩猩。当一只成年的狼或黑猩猩露出牙齿时，你最好快跑。人类，甚至是成年人，总的来说更喜欢去捡球而不是建立统治地位。我们似乎时刻准备着与朋友、熟人甚至陌生人一起玩耍，尽管更多的是口头上的玩笑或文字游戏，而不是肢体上的摔跤。当我跟热狗小贩打趣他对大都会棒球队的可怜的忠诚时——我是从他戴的棒球帽看出这一点的——我们仿佛是两只在公园里摔跤的狗：虽然我的口头戏谑是严肃的，并不是真正为了伤害，在繁忙的大都市中，成功的玩笑让我们建立了短暂但重要的信任联系。另一方面，如果你胆敢侮辱黑猩猩最喜欢的棒球队，你很可能会失去一只胳膊。人类在成年后保留了玩耍所需的复杂精密的认知机制，得以继续享受与他人玩耍的乐趣；这一事实反映了信任对人与人相处何其重要。

重获童心

　　因此，延长的不成熟阶段以及把孩子气的特征保留到成年，可以说是人类对3C提出的挑战的部分回应。在童年和青春期，我们经历了一段漫长的发展阶段，在此期间，我们的思想疯狂变化，从一个想法跳到另一个想法。我们对新信息持开放态度，既易于信任又值得信任，尽管随着年龄的增长，这种相互信任会越来越难。然而即使作为成年人，为了在我们为自己开辟的这个极为奇怪的生态位中取得成功，我们需要保持创造力，吸收和传播文化，与他人建立信任，并依靠承诺避免囚徒困境。作为一个物种，我们是灵长类动物世界的拉布拉多犬，在成年后仍然保留着幼年的特征。

然而，正如无数的神话和儿童故事所讲述的那样，像孩子一样玩耍的乐趣——这在其他灵长类动物中颇为罕见，却是我们人类独特的渴望——最终会消失。我们喜欢和热狗小贩开些玩笑，但要保持简短，否则我们上班可能会迟到。成年后，像孩子一样漫无目的地游荡、掘鼻屎和玩耍的冲动，要让位给富有成效的例行公事。起床，穿衣，通勤，工作，吃饭，睡觉，如是循环。这是PFC的领域，即执行控制的中心，它的成熟与专注于任务、延迟满足、让情绪和欲望服从于抽象的理性相对应，以及实现务实的目标，这并非偶然。

也没有其他可能了。说实话，尽管孩子们有趣、可爱，但他们完全没用。如果让他们负责事情，我们就完蛋了。不能指望我13岁的女儿在用完烤箱后关掉它，也不能指望她按时遛狗，或者把湿毛巾挂起来而不是堆在地板上。即便如此，与5岁的时候相比，她已经超级专注并且成就非凡了。PFC是一种生理上很昂贵的器官，演化保留下它是有原因的。保持专注于任务、抑制情绪和延迟满足的能力，是人类的一项重要特征。我们不能一直是孩子。

这就是为什么我们不应该过分夸大一个 4 岁孩子在反直觉版本的莫名其妙测试中胜过成年人的能力。高普尼克在反思他们明显的创造力优势时，借鉴了企业界的一个类比：

> 儿童和成人之间有一种演化的分工。孩子们是人类的研发部门——成天异想天开、头脑风暴。成人负责生产和营销。儿童做出发现，我们推动它们。他们想出来 100 万个新想法，虽然大多无用，我们把其中三四个好的想法变成现实。[51]

这个类比的问题在于，事实上很少有专利会授予 4 岁的孩子。同样，我们也很难找到成年发明家直接从孩子身上借鉴想法的例子。[52]成年人有时可能会利用孩子们捣乱带来的随机变化或从中受到启发，但前提是他们能够识别有用的创新，利用技术创新和创造性突破，将洞察力转化为产品。充其量也只有虚拟的青春——保持一颗童心，同时在其他方面发挥成年人的功能——才是文化创新的关键。

虽然本质上还是猿类，但为了成功地像群居昆虫一样生活，成年人类需要获得儿童的特征，即使他们的PFC已经完全发育。目标是暂时恢复童心，而不是真正成为孩子。我们需要有创造力，并能信任他人，同时也要会系鞋带并按时出门。值得注意的是，在世界各地和整个历史的文化中，一个共同的主题是追求精神或道德完美，以某种方式重获童心。《马太福音》说："我实在告诉你们，你们若不回转，变成像小孩子一样，绝不能进天国。"中国早期的道教文本《道德经》将完美的圣人比作婴儿或小孩，他对世界完全开放和接受。[53]

为了满足这一需求，人类发明了各种文化技术，以暂时但有效的方式，让其他方面都正常工作的成人，重获儿童般的创造力和接受能力。各种灵修实践，如冥想和祈祷，都可以做到这一点。然而，更快捷、更简单、更受欢迎的方法是借助化学物质，来逆转发育和认知成熟。

醉酒的心智

正如我们在上文描述的创造力实验中看到的那样，如果我们想重造儿童的认知灵活性，经颅磁铁可以做到这一点：我们只需让PFC屈服即可。然而，这样的设备是新发明出的东西。它们很昂贵，不是很方便携带，通常也不适合在聚会上使用。我们需要的是一些非常容易获得的东西，能有效地使PFC掉线，使我们快乐和放松，但只持续几个小时。任何人可以在任何地方用几乎任何东西制造这种东西，而且生产成本相当低廉。如果味道再好一点，容易与食物搭配，还助长跳舞或其他形式的社交行为，那就更棒了。

酒精当然完全符合这些设计规范。它天然存在于熟透的水果中，这意味着它的精神活性很容易被多个物种发现。多么美妙的特性啊！除了易于发现、生产和消费，另一个促成酒精成为无可争议的麻醉品之王的原因，是它对身体和心灵的广泛而复杂的影响。正如斯蒂芬·布劳恩（Stephen Braun）观察到的，酒精模仿了许多其他药物的作用，代表了一种"瓶装的药房：一种刺激/抑制/改变情绪的药物，几乎没有任何回路或大脑系统不受它影响"。在这方面，它在改变心智的药物中是独一无二的。布劳恩指出："可卡因和LSD等物质就像药理学手术刀，只改变一个或少数几个大脑回路的功能。与此相反，酒精更像是药理学意义上的一种手榴弹，几乎影响了它周围的一切。"[54]

部分原因可能在于，酒精很容易通过我们的身体-大脑系统传播。乙醇是酒精饮料的活性成分，可溶于水和脂肪。它的水溶性意味着它很容易随着水迅速被吸收到血液中，而它的脂溶性使它很容易穿过脂肪细胞膜。[55]虽然人们通常把酒精视为一种镇静剂，但正如人们对药理学手榴弹期望的那样，真实情况要复杂得多。[56]

首先，酒精中毒包含了两个阶段。在上升阶段，随着血液中酒精水平的升高，人开始感到刺激和轻度欣快，因为酒精会增强多巴胺和血清素的释放。这是酒精模仿纯兴奋剂的作用，类似可卡因或MDMA。在这个阶段，酒精也会触发内啡肽的释放。在这方面，你可以把它想象成一种温和的吗啡，能够止痛、增强整体情绪、减少焦虑。[57]

在下降阶段，随着血液中的酒精含量达到峰值，开始回落，酒精开始发挥镇定作用。在抑制大脑功能方面，酒精发挥了双重镇定作用。它增强、放大了GABA$_A$受体的活动，它的作用是抑制神经活动；同时，酒精抑制谷氨酸受体的活性，谷氨酸受体通常会激发神经活动。因此，关于大脑活动，酒精会猛踩刹车，同时松开油门。在血液酒精水平较高的情况下，这种神经活动的急剧停止会引发镇静感。[58]

酒精的镇定作用似乎集中在大脑的三个区域：PFC、海马体和小脑。[59]海马体与记忆有关，而小脑与基本运动技能有关，两者都是酒精作用的对象；这一事实解释了为什么醉酒的人可能会在狂欢一夜后跌倒，打碎回家的花瓶，第二天早上却不记得花瓶是怎么被打碎的。

然而，我们最感兴趣的是PFC和相关区域的下调。在认知控制方面，PFC的一个重要盟友是前扣带皮层（ACC）。ACC就像是游乐场里的监视器，观察你在世界上的表现，寻找错误或提供其他负面反馈，表明你当前正在做的事情应该停止。[60]当你在一个冬天的早晨出门上班却在冰上滑了一跤，ACC会注意到这种摆动，并指示PFC接管你的运动系统，该系统通常是自动运行的。有了PFC的控制，你的行走会变得笨拙和僵硬，因为运动系统在由它们自己的设备控制时运行得最好。这样，你去上班要花更长的时间，但至少不会摔个四脚朝天。

在实验室中，观察ACC与PFC组合如何运作的一种方式，是通过一种被称为威斯康星卡片分类测试的实验范式。在这项任务中，受试者会得到一组卡片，卡片上有多种形状和符号，数字和颜色各不相同。然后他们要选择与提供的引导卡相"匹配"的卡。如果做对了，他们会得到积极的反馈，但此外就没有进一步的指示了。这是给鸦科动物或鸽子的颜色或形状匹配任务的升级版，一开始真的很烦人，因为你在成功时才收到反馈，但不知道成功的规则到底是什么。尽管如此，受试者很快就开始掌握它的窍门，因为匹配原则不是随机的。可能是你需要匹配对象的数量、颜色或类型，但无论如何，人们会以惊人的速度把注意力集中到正确的规则上。一旦他们适应了他们凭直觉感知的规则（例如，匹配形状而忽略数字和颜色），并开始本能地给出正确回答。然后，邪恶的实验者，在不告诉他们的情况下，又改变了规则：突然颜色很重要，形状不重要了，因此之前匹配的卡现在被拒绝了。这相当于一段冻上了的人行道，突然走起来就不像是人行道了。在神经学实验典型的受试者中，由规则改变引起的新错误向 ACC 发出信号：有什么事情不对劲。然后 ACC 调用 PFC，以停止先前的行为（按形状匹配），减慢响应速度，并等待新规则出现。一旦新规则确定下来，ACC 很高兴，PFC 可以放松下来，玩家可以回到"自动驾驶"状态，愉快地匹配颜色。

这种转变不会立即发生。在规则改变后的一段时间内，面对负面反馈，人们坚持并继续追求已不正确的策略。人们改变策略所需的时间长度，是认知控制和 PFC 健康的一个很好的衡量标准：对于有前额叶损伤或缺陷的人来说，环境出现变化之后很久他们才会改变行为。[61]换句话说，面对着新的冰冷的条件，他们仍然继续正常行走。

值得注意的是，醉酒的人在执行这项任务时就好像他们 PFC 受伤了一样。面对负面反馈，他们继续顽固地向前冲，那些目睹过深夜从酒吧回家的人顽固地试图把房门钥匙插入邻居家门的人，对此并不会感到奇怪。[62]一个例子很好地说明了酒精的多重效应混合后如何相互增强：酒精在大脑中引发的各种其他爆炸性影响，使得本来已经受到损害的识别负反馈能力进一步恶化。杏仁核中对恐惧和其他负面情绪的处理遭到压抑，所以醉酒的人对任何负面刺激变得相对不敏感。[63]注意力被限制在眼前——所谓的酗酒"近视"[64]——使得人们难以被抽象或外部的考虑左右，也难以预测未来的后果。工作记忆和认知处理速度降低。[65]抑制冲动的能力（PFC的主要工作之一）受到损害。[66]最后，一个在醉酒上升阶段经历血清素和多巴胺激增的人感觉非常好，即使他们迟钝的PFC和ACC组合能够勉强传递出警告信号，他们也不再关心把事情搞砸了。[67]于是，沮丧的醉汉扔掉失灵的钥匙，打破窗户进入"他们的"房子，结果让熟睡的邻居无比震惊。

没有其他化学麻醉品能像酒精一样有如此广泛的冲击力，但最流行的一种——大麻——对人的心智有近似的影响。大麻中的活性成分——四氢大麻酚，与大脑中的受体（"大麻素"受体）结合的方式类似于酒精，可以提高多巴胺水平，干扰记忆形成，并损害运动技能。卡瓦似乎同样能刺激多巴胺并减少焦虑，但大多数较高级的认知能力相对没有受到影响。经典致幻剂，如LSD和裸盖菇素，与血清素和可能的多巴胺受体结合，给我们带来积极的情绪提升，同时严重破坏了大脑的"默认模式网络"（default-mode network，DMN）。DMN似乎为我们提供了基本的自我意识。在致幻剂的刺激之下，DMN会引起认知发生剧烈的流动，模糊了自我与他人之间的界限，并失去了感觉过滤，神智仿佛进入做梦状态，又像孩子的心灵。[68]

　　同样值得注意的是，各种与化学物质无关的活动也可以产生类似酒精中毒的认知效应。例如，剧烈运动可以通过刺激多巴胺，并下调PFC来产生"跑步快感"，因为过度紧张的身体会将资源从能量饥渴的新皮层①转移到耗能更为迫切的运动和循环系统。神经科学家阿恩·迪特里希（Arne Dietrich）认为，这种组合似乎是导致人们在运动"巅峰体验"中丧失自我意识，并伴随着强烈兴奋感的原因。[69]各种宗教传统都利用了这个技巧。苏菲派的舞蹈、②集体唱诗和诵经、以痛苦的姿势进行长时间的冥想（盘腿、跪下祈祷）、苦修（自我鞭笞、穿刺），或极端的呼吸练习都可以提供类似的快感，促进多巴胺和内啡肽的释放，同时把能量从PFC转移走。

　　不过，这太麻烦了。鉴于这些极端体验耗时耗力，人们往往会求助于药物。在各类药物中，酒精首屈一指。大麻需要吸食或摄入，难以定量，而且对身心有不可预测的影响。[70]它使一些人更为外向、精力充沛，而另一些人更为内向、偏执和昏昏欲睡。裸盖菇素蘑菇会引起强烈的肠胃不适、迷失方向和错觉，并让你在很长一段时间内完全脱离现实。这就是为什么没有文化鼓励人在晚餐前或社交招待会上啃几口迷幻蘑菇。与剧毒的沙漠种子或巨大的有毒蟾蜍相比，裸盖菇素可能是自然环境中产生的最普通和最安全的致幻剂，但它也不管用。

---

① 新皮层是感知、决策和语言等大脑高级功能的中心，包括额叶（PFC在此）、顶叶、枕叶和颞叶。
② 指苏菲派的旋转舞，对信徒来说这是一种冥想形式。

另一方面，作为药物，酒精在许多方面都堪称完美。它易于定量，并且它对个体的认知影响是稳定的。最重要的是，这些影响的起伏也是可以预测的，而且持续时间较短。即使我们愉快地喝了第二杯鸡尾酒，我们的肝脏已经在疯狂地努力把第一杯中的乙醇分解成无毒的成分，以便排出体外。因此，考虑到酒精之外的大多数化学麻醉品的缺点，以及不靠化学物质的手段所需的时间、精力和痛苦，我们大多数人，在大多数情况下，宁愿选择喝几瓶啤酒也不愿意穿刺脸颊。如果我们想提振情绪，暂时让PFC掉线，那么美酒似乎是最迅速、最愉快的选择。

给狄奥尼索斯留门

PFC是大脑最新演化出来的部分，也是最后一个成熟的部分。可以说，这也是人类之所以成为人类的原因。很难想象，如果没有控制冲动、专注于长期任务、抽象推理、延迟满足、自我反省并改正的能力，我们的生活会是什么样子。

然而我们也看到，在应对3C的要求和迎接人类生态位的特殊挑战时，PFC是我们的敌人。醉酒是认知控制的解毒剂，是暂时放松那些阻碍创造力、文化开放和社群纽带的方法之一。

为了进一步说明我们大脑中拥有这种令人扫兴的清醒（PFC）的相对好处和成本，让我们再次借鉴希腊神话吧。希腊万神殿里有两位神，阿波罗和狄奥尼索斯，他们分别代表了自我控制和自我放纵。[71]日神阿波罗代表着理性、秩序和自我控制。在艺术上，阿波罗模式的特点是克制、优雅和精心设计的平衡。阿波罗在指定的寺庙中通过严谨、庄重的祭品被供奉。狄奥尼索斯是酒神，也掌管醉酒、生育、情绪化和混乱。酒神的艺术沉迷于过度、出神的情绪提升和改变了的心智状态。他的崇拜者包括酒神的女祭司、狂野的女人，她们在夜间秘密聚集在树林里，举行原始的酒神节，这是酒精和毒品驱动的派对，更像是当代的狂欢节，只是氛围更暗黑，更赤裸裸，偶尔还会人吃人。

狄奥尼索斯吸引了我们大脑中更古老、更原始的区域，那些掌管着性、情感、运动、触摸的区域。阿波罗在PFC找到了他的家园。PFC通常使成年人类更像冷酷的狼，而不是顽皮的拉布拉多犬。在它的控制下，我们在专业任务上变得高效，并且能够坚持不懈地追求它们，撇开无聊、分心和疲劳。这也正是一个无所事事地玩弄鞋带的4岁孩子所缺乏的——至少，从一个把孩子送到日托并试图按时上班的成年人的角度来看。咖啡因和尼古丁是狼的朋友，帮助集中注意力，消除疲劳。这些物质是PFC的朋友和天然的盟友，它们是阿波罗的工具。

然而，如果想要提升我们的酒神天性，我们需要一些能够舒缓或者抑制PFC的东西，这会使我们更有趣、更有创造力、更情绪化、更易信任。我们需要变得更闲适——狄奥尼索斯在拉丁语中的另一个名字是Liber，"自由者"。我们需要一些东西，能让我们在成年后享受儿童心智的所有美妙品质，让我们的日神秩序和纪律带有一点酒神的混乱和放松。

　　当然，这就是为什么狄奥尼索斯也是酒神。酒精，最好搭配一点美妙的音乐、舞蹈或其他形式的游戏，非常适合让 PFC 瘫痪几个小时。小酌一两杯后，你的注意力就会缩小到周边环境。你的意识会以不可预知的方式蜿蜒曲折，更自由地跟随谈话带你去的任何地方。你感到快乐，不再关心未来。你的运动技能变得一塌糊涂。另一方面，如果你说第二语言，你可能会发现自己突然变得更加自信和流利。换句话说，你又变回了孩子，拥有发育迟缓 PFC 带来的所有好处和代价。如果你打算在一个拥有成年人的身体、能力和资源的人身上，在短时间里创造一种易于接受、灵活、孩子气的心智，酒精是一个优雅且方便的解决方案。

　　让孩子气的狄奥尼索斯接手，起码维持一小段时间，是我们应对人类固有挑战的方式。醉酒有助于我们满足生态位的需求，使我们更容易发挥创造力，与他人更亲密，在集体事业中保持精神高昂，更愿意与他人建立联系和学习。柏拉图，几乎是阿波罗的狂热信徒，他也认识到利用酒精振奋精神的必要性："饮者的灵魂变得炽热，如灼热的铁一般，变得更柔软、更年轻，任何有能力和技巧的老师都可以像对待年轻人一样轻松地塑造和教育他们。"[72]喝醉也有助于我们满足人类的共同需求，同时让我们更容易信任他人，也更容易被信赖。

　　这就是为什么尽管喝酒有代价，以及这样那样的问题，却没有被遗传演化或文化法令消除。无论是事实上还是精神上，我们都需要偶尔喝醉。阿波罗必须服从狄奥尼索斯，狼需要让位给拉布拉多犬，大人需要把她的位置让给孩子。奥尔德斯·

赫胥黎（Aldous Huxley）在他关于化学麻醉的开创性著作《知觉之门》（*The Doors of Perception*）中明智地指出："无论是作为一个物种还是一个个体，我们都不能没有系统推理。但是，如果我们要保持理智，我们必须直接感知我们生活在其中的心灵和外在世界——而且这种感知越混乱越好。"[73]

　　换句话说，作为人类，我们需要在阿波罗和狄奥尼索斯之间进行审慎的平衡。我们需要系鞋带，但偶尔也需要因为美丽、有趣或新奇的事物分神。作为一个物种，我们面临着独特的适应性挑战，所以我们需要一种方法来为生活引入一定程度的混乱。[74]阿波罗，清醒的成年人，不能一直负责。狄奥尼索斯就像一个笨拙的蹒跚学步的孩子，可能很难穿上鞋子，但他有时会发现阿波罗永远不会看到的新颖解决方案。让人沉醉的技术——其中最重要的是酒精——在历史上一直迫使我们为狄奥尼索斯留了一道门。喝酒、跳舞、疯狂出神的狄奥尼索斯把我们从自私的猿类自我里解放了出来，而且已经足够久了。就这样，我们被他拖着，跌跌撞撞、嬉皮笑脸地来到了文明世界。

第三章　沉醉、出神与文明的起源

公元前8000年左右，在新月沃地（中东的一条半圆形地带，大致横跨今天的埃及、叙利亚，一直到伊拉克和伊朗）一些聪明的狩猎-采集者开始保存异常多产或美味的野生谷物和豆类的种子，并把它们重新种植在一片片干净的土地上。他们会在下个季节回来，再种一次；他们也可能会定期回来，挑一些地方除草或浇水。最终，这种选择过程的结果是我们熟知的现代作物的早期版本，这些作物生产的粮食足以养活久坐不动的人，后者可以专心清理土地，播种和维护田地，然后四处闲逛以获得回报。瞧，农业出现了。后来，类似的过程相互独立地导致了世界其他地区的农业革命，例如在中国黄河和长江流域，小麦、小米和水稻被驯化，在美洲则是玉米被驯化。

一旦早期的农民开始系统地生产农作物，他们最终往往会获得盈余。这些谷物可以储存起来，以备非收获季使用，或者作为未来歉收的保险。然而在某些时候，人们注意到如果他们将谷物在水中捣碎（例如，由于放弃了制作面包的努力），混合物会变成完全不同的东西。气味并不难闻。它尝起来有点滑稽，但你慢慢会习惯这种味道，甚至开始喜欢它。最重要的是，它会让你兴奋。所以，故事是这样讲的：在掌握了农业之后，人类开始享受啤酒的好处。在世界各地也出现了类似的过程，产生了以葡萄、小米、大米和玉米为基础的酒精饮料。人们终于有了与面包和奶酪搭配的美味佳肴。这是对酒精起源的标准叙事——它是一个意外，是农业发明的意外。

不过，在20世纪50年代左右，这套叙事开始受到质疑，有人开始提出"啤酒先于面包"的理论。[1]他们指出，以酒精为饮料的大规模的宴席，通常让来自偏远地区的人们聚集在一起，进行数日的音乐演奏与欣赏、舞蹈、仪式、饮酒和献祭，早在定居农业之前就已经开始了。在哥贝克力石阵（Göbekli Tepe）——今天土耳其境内的一个遗址，我们将在下面详细讨论——狩猎-采集者在公元前10000至8000年间定期聚集于此，吃瞪羚肉，建造圆形的建筑物，并竖立巨大的T形石灰岩柱子，在上面雕刻神秘的象形文字和动物轮廓——所有这些可能都是喝着啤酒完成的，虽然建造纪念性建筑时喝酒似乎不是一个好主意。哥贝克力石阵竖立的石柱重达10—20吨，必须从采石场运送近500米，大约需要500人的艰苦劳动。或许有人认为，一旦喝了酒，无论是微醺还是大醉，所有这些切割、拖动和提升的劳动都会变得更困难，更不用说醉酒之后容易引起夹手指头或砸脚的问题了。

然而在整个古代世界，我们看到类似的证据表明，以宴会、仪式和酒为中心的早期大型集会，早在种植和收割庄稼的观念出现之前就已经在进行了。在新月沃地工作的考古学家注意到，在已知的最古老的遗址，某些工具和种植的谷物品种更适合制作啤酒而不是面包。最近，人们在约旦东北部的一个遗

址发现了制作面包和（或）啤酒的证据，其历史可追溯至
14400年前，比农业至少早出现4000年。[2]鉴于距离面包成为主
食还有几千年的时间，这些狩猎-采集者如此致力于酿酒的最
可能的动机，是用于聚众宴会和出神的宗教仪式。[3]同样值得注
意的是，世界上现存最古老的配方是酿制啤酒的——早期的苏
美尔神话，以及我们关于聚众宴会的最早期的描述，都明显包
括了饮酒。[4]人类掌握酒精发酵的历史如此悠久，有证据表明与
葡萄酒和清酒有关的某些酵母菌株早在12000年前，甚至更早
之前，就已经被驯化。[5]

　　在世界其他地区，我们也看到了同样的"酒精早于农业出
现"的模式。大约9000年前，在中美洲和南美洲的人们种植了
一种叫作类蜀黍（teosinte）的植物，它是原始玉米的祖先，远
远早于农民摸索出办法来种植玉米。类蜀黍产的玉米粉很糟
糕，但酿酒却是极好的。奇洽就脱胎于此，这种类似啤酒的饮
料在今天的中美洲和南美洲仍然流行。有证据表明早在公元前
9世纪，奇洽就在仪式性的宴会中出现了，它的控制和分配是
公元前3世纪印加帝国国家仪式和权力的重要组成部分。[6]在缺
乏酒精的地区，其他药物就扮演了类似的角色。为了呼应啤酒
先于面包的争论，一些学者指出有证据表明人们种植麻醉品皮
图里（pituri）的渴望，推动了澳大利亚一些地区农业的发展。[7]
同样，在北美和南美，烟草种植业的铺开，特别是在其原生范
围以外的地区，可能激发了对其他植物的改造，从而引发了农
业的滥觞。[8]

　　所有这些都表明，喝醉或爽一把的欲望很可能导致了农业

的产生，而非相反。当然，农业是文明的基础。这意味着，我们对酒精或可抽吸的神经毒素的追求——这种使PFC掉线的最方便的手段——可能是让我们定居并从事农业生产的催化剂。此外，醉酒不仅将我们引向文明，而且正如我们在本章中探讨的，它还帮助我们变得文明。通过使人类至少暂时变得更具创造性、有文化和社群性——像群居昆虫一样生活，尽管我们有猿的木性——麻醉品提供了火花，使我们能够形成真正的大规模群体，驯化越来越多的植物和动物，积累新技术，创造出庞大的文明，使我们成为地球上占主导地位的大型动物群。换句话说，狄奥尼索斯靠着让人醉倒的酒和诱人的排箫，缔造了文明；阿波罗于是顺道而来。

希腊人认为，狄奥尼索斯的众多天赋之一就是转化的力量。他可以把自己变成一只动物，他也是那个让不幸的迈达斯国王有了点石成金的力量的神。作为醉神，他可以让理智的人发疯。或者，更令人印象深刻的是，他可以将专注于任务、不容易信任、好斗又极其独立的灵长类动物转变为放松的、有创造力和轻信的社会生物。成为创造性、有文化和社群性猿类有一些内在挑战，现在让我们看看，在世界各地和整个历史上，在面对这种挑战时人类是如何求助于狄奥尼索斯的。

缪斯降临：麻醉与创造力

> 恒河两岸都听到
>
> 欢乐之神的凯旋，
>
> 因为他征服了全印度，年轻的巴库斯，
>
> 用神圣的，
>
> 美酒唤醒睡梦中的人。
>
> ——弗里德里希·荷尔德林，《诗人的天职》[9]

综观世界各地的文化史，有一个熟悉的比喻，那就是酒精是灵感的来源。正如潘大安所说，"在中国传统文化中……酒扮演着醉人者和艺术想象促进者的矛盾角色，'唤醒'饮酒者的创作灵感……醉酒就是受到启发"。[10]对于中国古代诗人而言，一系列以《醉中作》为题的诗歌并不少见，其中包括来自张说的这首诗：

> 醉后乐无极，
>
> 弥胜未醉时。
>
> 动容皆是舞，
>
> 出语总是诗。[11]

这让人联想起古希腊谚语：

如果你用水装满杯子，

你永远写不出明智的东西；

但酒是帕尔纳索斯的马，

把吟游诗人送上天。[12]

　　克瓦西尔（Kvasir），是盎格鲁-撒克逊的吟游诗人之神，也是艺术灵感之神，他的名字源于"浓烈的麦芽啤酒"一词。在北欧神话中，克瓦西尔被杀，他的血液与酒精混合，创造了"灵感之酒"。"任何喝过这种神奇药水的人，"伊恩·盖特利说，"从此可以写诗，说出睿智的话。"[13]尽管名义上有禁酒的宗教承诺，但最伟大的波斯诗歌众所周知是在葡萄酒的启示之下产生的。

　　正如英国文学评论家马蒂·罗斯（Marty Roth）所指出的，虽然从尤金·奥尼尔（Eugene O'Neill）到海明威等现代作家都明确否认酒精在他们艺术创作中的作用，但"这种免责声明，当它来自酗酒者时，更有可能是酒精不在场证明的一部分，而不是事实陈述"。[14]无论如何，我们无法忽视这样一个事实，即过多的作家、诗人、艺术家和音乐家也是液体灵感的重度使用者，愿意承担身体方面的代价，有时甚至是经济和私人的代价，以换取解放的思想。"没错，我的肝脏因其缩小……我的肾脏因其中毒，"比利·怀尔德（Billy Wilder）《失去的周末》（*The Lost Weekend*）中虚构的酒鬼作家说："是的。它对我的思想有什么影响？它把沙袋丢下船，这样气球就可以飞起来。"[15]人们也可以使用其他化学麻醉品，达到同样的目的。在瓦努阿图，一个传统上依赖卡瓦而不是酒精的太平洋岛屿，当歌曲作者被委托创造新作品时，他们会到森林里静修，与祖先交流，喝卡瓦酒，等待灵感。[16]几千年来，大麻一直都是缪斯，激发了苏菲派神秘主义者、垮掉派诗人和爵士音乐家的想象力。[17]当然，柯勒律治著名的《忽必烈汗》是吸食了大量鸦片之后的产物。

　　酒精、卡瓦和大麻的优势在于，它们相对容易融入普通的创意生活和社会生活。像裸盖菇素或麦司卡林这样的迷幻药，就会与日常现实产生更戏剧性的决裂。因此，它们的使用历来仅限于少数仪式或特定的社会阶层，如萨满。宗教学者通常使用"萨满"一词来指代充当人类和精神世界中介的个人，他从精神世界里获得各种力量，通常包括治愈疾病的能力、预言未来的能力，以及与动物交流并控制动物的能力。[18]在世界各地，我们最早出土的一些墓葬中，似乎包含了萨满教人物的遗骸，推断的依据是其中的仪式物品、动物形象以及——也许是最常被引用的诊断特征——化学麻醉品，尤其是迷幻药的存在。

　　萨满教是如此古老，以至于有些人声称甚至可以在其他已灭绝的人科动物血统中找到它们。大约6万年前在伊拉克北部的一个山洞里，有一个所谓的"花葬"，其中包含的是一名尼安德特人男性的遗骸，在早期的报道中有人推测他是萨满巫师，花粉痕迹表明他被安葬在一张花床上，其中有各种药用和致人兴奋的药物。[19]无论尼安德特人是否可能变得精神亢奋或与亡魂交流，早期的人类墓葬表明，麻醉剂驱动的萨满教恍惚和异象有着悠久的历史。秘鲁安第斯山脉查文文化（公元前1200—公元前600年）的陶瓷器皿描绘了圣佩德罗（墨斯卡灵）仙人掌下的美洲虎，这些器皿通常被认为有萨满教文化背景。仙人掌是一种药物，可以帮助萨满看到异象并前往另一个世界。在安第斯山脉，一个可追溯到公元1000年左右的洞穴里似乎埋葬着一个萨满教人物，因为那里有大量的仪式用具、鼻烟台和一个鼻烟管，其中一个袋子里装着残留的可卡因、和死藤水相关的化学品，可能还有裸盖菇素。这些东西都不是本地生长的，这表明围绕着麻醉品的贸易已经成熟，覆盖范围相当广泛。

关于萨满巫师的历史功能，一种观点认为他们是激进的创造性见解的来源。因"嗑药"引发的奇异世界中回来之后，他们带来了新的观点，关于某人为何生病、甲派系与乙派系到底为何而冲突，或者如何应对最近的干旱或当地猎物的消失。虽然萨满巫师通常将这些见解归功于召唤出的亡灵，但我们可能会将它们视为来自无意识深处的信息，允许上升到PFC受损的大脑表面。借助现代认知科学我们可以理解，麻醉和创造性洞察力的联系由来已久又无处不在，这并非偶然。

心理学家早就知道，一旦需要明确关注目标的实现或外部奖励，横向思考所需的那种创造力就会被抑制。过于努力地解决远程关联测试，反而会让你做得更差；事实上，如果放松下来，给大脑足够的空间来思考，你更容易想出解决问题的关键词。[20]当你被要求用一堆彩色纸和胶水制作一幅创意拼贴画时，如果你被告知自己要被其他人评价，你的作品将会更加乏味和保守。[21]尽管认知控制能力下降的人很难集中注意力，但他们似乎在应对需要创造力和灵活性的问题上做得更好。[22]专职作家和物理学家都报告说，他们最有创意的想法——那些能让人产生"啊哈!"的惊叹的想法，只有当他们"走神"，让精神远离手头的事务自由游荡的时候才会降临。[23]

正如我们之前所看到的，PFC，阿波罗的所在地，才是这里的问题所在。我们注意到，患有PFC损伤的成年人，或者那些被经颅磁铁刺激而PFC暂时离线的人，在创造性任务上做得更好。同样有帮助的是整体上被动或放松的心态，大脑中高水平的阿尔法波活动可以提示这种状态，它也反映了目标导向和自上而下控制区域（比如PFC）的下调。在一项研究中，实验者使用生物反馈来增加一组受试者的阿尔法波活动。[24]实验者将参与者连接到脑电图监视器，并向后者展示一块带有一个绿条的屏幕，绿条提示着他们的阿尔法活动水平，他们接到指令要尽可能升高绿条。为了帮助他们，他们得到了任何尝试过冥想的人都熟悉的提示：放松头脑，深呼吸，有规律地呼吸，让所有的想法和感受自由地流动，感觉你的身体放松进入你现在的姿势。此后不久，那些成功提高阿尔法活性的受试者，在横向思考任务中的表现优于其他人。

作为富有创造力的灵长类动物，人类非常依赖横向思考。我们需要源源不断的新颖见解和对现有知识的不断重组。儿童由于PFC不发达，在这方面是超级明星。但正如我们所见，他们是因为这一点才如此富有创造力，也是因为这一点，他们的大部分创意都毫无用处，至少从以目标为导向的成年人的务实角度来看是这样。在离奇扭曲的乐高世界里，带有芭比娃娃头的乐高人，在世界末日之后驾驶着由东拼西凑的零件组成的车辆，或组织成正式英式茶会的超级英雄小塑像和玩偶，反映了令人印象深刻的跳出思维定式的能力。但现在，社会真正需要的是新的疫苗和更高效的锂离子电池。如果你的目标是最大限度地将文化创新付诸实践，那么你的理想人选应该是拥有成人身体但在短时间内拥有儿童思维的人。认知控制被下调，对经验更开放，思维更容易在不可预测的方向上延伸。换言之，一个喝醉的神志恍惚的或走路磕磕绊绊的成年人。社会已经将麻醉与创造力联系起来，因为化学麻醉一直是一种至关重要且广泛使用的技术，以相对可控的方式帮助成人重新回到精神意义上的童年。

化学狗狗：化狼为犬

说到直面现实，列夫·托尔斯泰是一个毫不妥协的硬汉。因此，他对使用麻醉品的看法不出所料地令人沮丧。在1890年发表的《为什么人类会愚弄自己？》一文中，他宣称"全世界消费大麻、鸦片、酒和烟草的原因，不在于味道，也不在于它们提供的任何快乐、放松或休闲，而在于人类需要躲避良心的要求"。一针见血。

当然，托尔斯泰小说中的人物使用麻醉品是这种情况，他们用它来麻痹对自己的道德过失或放荡生活方式的疑虑。然而不难发现，在世界各地的宗教传统中，酒精才是真正快乐和安慰的源泉。一首古老的苏美尔赞美诗向啤酒女神致敬：

> 让发酵桶的心脏成为我们的心脏！
> 是什么让你的心感觉美妙，
> 也让我们的心感觉很美妙。
> 我们的肝脏是快乐的，
> 我们的心是快乐的。
> 你把一杯酒浇奠在命运的砖头上……
> 喝啤酒，心情愉悦，
> 喝烈酒，精神振奋，
> 心中喜悦，肝脏快乐。[25]

正如托尔斯泰所担心的，酒精带来的快乐通常与某种精神逃避有关，但通常逃避的不是良心，而是日常生活的严酷。正如我们在《箴言》①中读到的，"可以把烈酒给将亡的人喝，将酒给心里愁苦的人喝，让他喝了，就忘记他的贫穷，不再记得他的苦楚"。[26]当然，诗人在酒杯底部不仅能找到灵感，还能找到情感上的安慰。"我们不能让我们的精神让位于悲伤，"希腊诗人阿尔凯乌斯（Alcaeus）写道，"最好的防御方法是混合大量的酒，然后喝掉。"[27]中国诗人陶渊明宣称：

---

① 《圣经》旧约中的书卷。

万化相寻绎，人生岂不劳？

……

何以称我情？浊酒且自陶。[28.]①

在这首诗里，动词"称"可能最好翻译为"满足"，但其基本的意思是权衡，意为调整或协调一个系统。正如《箴言》的引文一样，我们清楚地感觉到酒精被用作调节情绪的工具。

如果即使像陶渊明和阿尔凯乌斯这样相对富裕的精英，也发现有必要借酒浇愁或沉迷于片刻的否定现实的快乐，试想一下，对于世界上绝大多数的人来说，这种需求是多么强烈——他们在田野、作坊、道路和建筑工地中辛勤劳作，三餐不饱，休息不够，日复一日。对于这样的人来说，从现实中抽离出来两三个小时，这样的空隙不仅令人愉快，甚至是必要的。

一直以来，对于试图理解醉酒的人类学家来说，减轻压力或焦虑是酒精最重要的社会功能。[29]也许这种观点最突出的早期支持者是唐纳德·霍顿（Donald Horton）。在1943年发表的一项针对56个小规模社会的饮酒习惯的调查中，他宣称"酒精饮料在社会中的主要功能是减少焦虑"。[30]他提出了一个饮酒的水力模型，认为饮酒率随着导致焦虑的食物短缺或战争的增加而上升，直到它遇到过度饮酒产生的新焦虑。②所有社会最终

---

① 万般苦难接连而至，人生怎能不感到疲倦呢？……有什么能让我感到满意的呢？先来杯浊酒自得其乐吧。据陶渊明所作《己酉岁九月九日》。

② 水力模型（hydraulic model），原文如此，请想象饮酒率相对于焦虑的增长而提升，呈现在统计图中的曲线，仿佛酒精从低处被引到了高处（其后随着饮酒引发的新焦虑产生而跌入低处）。

都会在这两个极端之间达到平衡。

霍顿的具体理论并没有被后人接受。然而，酒精能够提升整体情绪、缓解焦虑和压力的能力仍然是民间和学界对使用麻醉品的核心解释。[31]不过，人们认识到，个人层面的情绪提升和焦虑减少可能服务于更广泛的社会功能，使人类能够在拥挤、等级森严的大规模社会里更好地相处。最近的人类学理论将酒精视为增强社会团结的工具，允许极度独立的狩猎-采集者摆脱黑猩猩天性中的不利因素，从而可以像社会性昆虫一样生活。[32]

为了理解为何缓解压力从根本上同时是一个社会问题，我们不妨来看看大鼠模型。一项研究调查了大鼠的压力和自愿饮酒之间的关系，让三组以前从未品尝过酒精的健康大鼠承受不同的压力。[33]对照组被放置在一个正常的、不拥挤的实验室笼子里，没有日常压力来源。一个急性压力组每天在一个狭小的、过度拥挤的笼子里度过6小时，在那里它们几乎不能动弹，但其余时间都在一个普通的笼子里度过。还有一个慢性压力组在一个不那么拥挤，但仍然不舒服的笼子里度过了整整一周。所有大鼠都被允许自由获取食物和两种液体来源：一瓶是自来水，另一瓶是含有大量乙醇的自来水。

与对照组相比，急性和慢性压力组在研究过程中体重减轻，这表明它们真的被所处的状况吓坏了。两组大鼠都通过酗酒来应对压力：仅仅在过度拥挤的一天之后，它们的酒精消耗量就明显超过了对照组。这很有趣，但也许并不那么令人惊讶。然而，急性和慢性压力组的行为差异的方式更具启发性。

急性压力组的饮酒量保持相当稳定，到周末时，其大鼠的饮酒量与对照组的大鼠大致相当——对照组显然也对这种新型饮料产生了一点兴趣。而另一方面，慢性压力之下的大鼠则开始酗酒，它们的酒精消耗量高到了让菲茨杰拉德（F. Scott Fitzgerald）脸红的水平（图 3.1）。

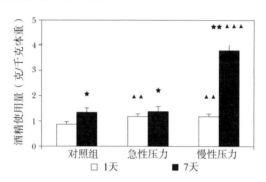

图 3.1　不同组的大鼠在 1 天和 7 天之内的饮酒水平 [34]

该研究的作者得出结论，在没有酒精帮助的情况下，短期的压力源容易适应，而长期压力会促使持续消耗酒精，而且随着时间的推移需要逐渐增加摄入量才能保持减压的效果。

这项研究对大鼠来说似乎是一件非常残忍的事情。然而，有人争论道，我们这个物种从小型狩猎–采集部落——我们在演化史的大部分时间里都是这种生活方式，我们最亲近的亲戚和直系祖先也是如此——向定居农业社区的过渡中，牵涉到了一种同样残酷的冲击。

格雷格·沃德利（Greg Wadley）和布莱恩·海登（Brian Hayden）是"啤酒先于面包"假说最新的、杰出的支持者，他们认为新石器时代向农业的过渡严重增加了拥挤和不平等。狩猎-采集者部落里可能有20—40人，他们在广阔的土地上漫游，寻找猎物和植物。那些经历过最初发生在新月沃地的生活方式革命——流动的狩猎-采集者开始定居在更大、更久坐不动的社区——的人，他们一定觉得自己像老鼠被扔进了一个拥挤的笼子里，而且里面的食物相当差劲。食物质量和种类的显著下降，从野生动物肉、植物和水果的多样组合，变成了面包或其他淀粉为主的饮食，后者虽然容易饱腹，但花样更少并且维生素不足。拥挤和不平等现象稳步但剧烈地增加。正如沃德利和海登所指出的那样，即使在1.2万年前，新月沃地的村庄也有200—300人，并且已经显示出私有财产、财富不均和社会分层的迹象。在那之后，事情变得更糟了，而且糟得非常快。

实证研究表明，酒精对人类压力反应的影响与它对大鼠的影响相似，正如我们在第二章对酒精生理影响的调查中所预期的那样。在一项经典研究中，[35]印第安纳大学社区的男性志愿者要比笼子里的大鼠承受更大的压力：他们被要求观看一个数字时钟进行从360到0的倒计时，此时他们会受到痛苦的电击或必须对着镜头发表即兴演讲，主题是"我对我的外貌里满意和不满意的部分"。然后，评审团将根据开放程度和神经质水平①对这篇演讲进行评分。（在20世纪80年代，人类受试者的审批显然比现在要容易得多。）他们的压力反应通过隐式测量持续监测，例如心率和皮肤电导系数（随压力增加），以及"焦虑表盘"提供的明确报告。所谓"焦虑表盘"，是受试者被

————————————
① 即情绪稳定水平。

指示反思他们自己的精神状态，范围从1（"非常平静"）到10（"极度紧张"）。研究人员同时对实验前后他们的血压、自我报告的情绪和血液酒精含量（简称"血酒浓度"）进行评估。

为了控制"预期效应"（expectancy effect）或关于酒精应该对你造成什么影响的文化观念，实验者使用了所谓的"平衡安慰剂设计"（balanced placebo design）。每个人都得到了看起来和尝起来像加了橙汁的伏特加汤力水的东西，但喝的时候每个小组听到的是不一样的内容。第一组被告知他们正在喝的是伏特加汤力水，他们喝的的确是这个。第二组被告知同样的事情，但他们拿到的是普通的汤力水。（在研究中使用的鸡尾酒浓度下，混了酒精的和不含酒精的汤力水被证明在味道上无法区分。）第三组被告知他们只是在喝汤力水，而实际上是喝了加了伏特加的饮料。最后，第四组被告知他们正在喝纯鸡尾酒，而这正是他们得到的。在两种酒精条件下（第一和第三组），受试者最终的血酒浓度约为0.09%，略高于酒驾的临界水平。在实验期间，他们表现出较低的皮肤电导和心率增加，以及较低的自我报告的焦虑水平。实验结束后，他们报告说比对照组更快乐。值得注意的是，酒精的影响完全是由于乙醇的药理特性：第二组的受试者没有表现出安慰剂效应，无论是生理上还是心理上都没有。

这项来自20世纪80年代的研究得到了大量文献的支持，这些文献证明了酒精的"压力反应抑制"作用。[36]轻度的醉酒会降低我们对各种压力源的生理和心理反应，包括身体上的

（大声喧哗、电击）和社交上的（公开演讲、与陌生人交谈）压力。这种镇静作用源于酒精对人体复杂而广泛的作用，包括其刺激（增加能量、轻度欣快感）和抑制（放松、减少肌肉紧张、认知近视）功能。[37]

回到大鼠身上，过度拥挤的压力并不是驱使它们喝酒的唯一原因。它们还因为在社交互动中被击败而借酒浇愁。长期与更占主导地位和领土的雄性一起饲养的大鼠下属，比起有机会过自己平静生活的对照组大鼠，喝的酒要更多，并且在被占主导地位的雄性欺负后，它们的酒精消耗量也会增加。[38]正如沃德利和海登俏皮又不动声色地观察到的那样，"人类的大量饮酒可能是出于类似的原因"。情况很可能是这样的，正如第一章所讨论的那样，通过发酵对缺乏维生素和微量矿物质的谷物进行"生物提升"，对于试图以单一饮食为生的早期农民来说是一个福音。然而，更重要的是酒精的心理效应，即啤酒女神赐予的"心中喜悦，肝脏快乐"，她通过"把一杯酒浇奠在命运的砖头上"来减轻痛苦。

电影《巴贝特的盛宴》（Babette's Feast，1987）很好地说明了酒精的这种社会功能。故事讲述的是在丹麦沿海偏远地区，那里生活着一群信徒，他们组成了一个小型社区，不与外界往来。他们过着节俭、苦行和完全戒酒的生活方式，远离酒精和其他麻醉品。他们的主要乐趣是定期举行温和地（至少对丹麦人而言）出神的宗教仪式，这些仪式由富有魅力的领袖组织和主持。一旦这位领导人去世，这些服务的凝聚力就会降低，社区就开始分裂。旧的个人恩怨复活，过去的轻视被记起，教堂聚会开始看起来更像是黑猩猩的不情愿的集合，而不是蜜蜂的和谐协调。最终恢复社区和谐的是酒神节之夜，由一个局外人巴贝特精心策划，他是一位法国厨师，被迫逃离革命中的巴黎。巴贝特的盛宴提供了一系列令人眼花缭乱的食物，精致且富于异国情调，但我们不禁注意到，它是由源源不断的进口的、世界级的酒精驱动和润滑的。在晚上，紧张的局势开始缓解，笑话飞扬，昔日的友情得以恢复。压力和人际冲突减少了，同时群体的集体血液酒精浓度持续稳定上升，很难想象一个更好的虚构描述来概括这一切。人类可以通过多种方式实现蜂巢心智，但共同饮酒肯定是最快的一种。

航空业削减服务的竞赛，从我童年时期的全套免费餐食发展到今天经济舱中吝啬地分发的饼干包，有一件东西从未被丢弃，那就是酒精。这绝非偶然。在摩肩接踵的环境里，或者被迫在服从他人的情况下工作，人类彼此不打得头破血流，一个关键方法是消耗适量的温和麻醉品。如今，我们倾向于在工作日结束时用一点化学手段缓解压力，在家中或酒吧喝一两杯放松放松。另一方面，我们的祖先通常用啤酒来缓解压力，虽然那些啤酒按照当代标准来看相当弱，而且只是在一天的时间里时不时地喝几口。无论如何，如果"啤酒先于面包"假说的倡导者是正确的，酒精激励早期农民定居，生产谷物用来发酵，从而推动了文明的诞生，而且还为初民提供了一种宝贵的工具，来管理因生活方式的巨变所带来的心理压力。[39]

化学握手：酒后吐真言

在上一章中，我们谈到了基于信任的关系在人类事务中的普遍性，以及情感承诺如何使我们能够解决原本难以解决的合作困境。学会信任他人，对灵长类动物来说至关重要。然而，我们在那里没有提到的一件事是，承诺关系尽管有明显的好处，但很容易受到一种独特形式的背叛：虚伪。如果我可以假装对你作出承诺——像奥德修斯那样煞有介事地把自己绑在桅杆上，但不打结——我可以在不承担任何代价的情况下获得承诺的所有好处。关于囚徒困境，我们讨论过的合作挑战，我被判1个月的刑期，而你在监狱里蹲上3年。你帮我搬了沙发，但轮到你搬家时，我却谎称背部受伤或汽车爆胎。

因此，为了享受真诚地乐群的好处，人类必须学会如何信任，但不能不加分辨地信任。这种需求推动了评估他人真诚和可信度的各种能力的发展，包括阅读面部微表情、语气和肢体语言。[40]研究表明，我们几乎在与他人见面后立即评估他人的可信度。一项研究发现，受试者在100毫秒内判断了人脸的可信度，即使人们得到更多的信息或时间，这些判断也不会改变。[41]这种将人们立即视为可能的合作者或不是合作者的倾向在发育早期就出现了，3岁以上的儿童很快就会很容易地将面孔归类为"刻薄"或"善良"。[42]这些直觉层面的评估在不同文化中是一致的，即使在正式环境中也发挥着惊人的巨大作用，比如法庭案件或政治选举，虽然你会期望人们会遵循更抽象、更理性的标准。

直觉检查对于调解类似囚徒困境这样的公共利益博弈中的合作挑战也很重要。在一个实验中，[43]成对的陌生人被允许互动30分钟，然后玩一个一次性的囚徒困境游戏，这为作弊提供了真正的激励。合作者很快就准确地辨识出了同类，并继续解决困境，获得最佳的整体回报。有趣的是，叛变者还能够识别出倾向叛变的合作伙伴，并拒绝合作——也有极少数不匹配的情况，叛变者设法利用合作者。这一结果已被成功复制多次，准确的预测似乎是基于面部表情、肢体语言和语调的隐含线索。[44]

在判断是否信任某人时，我们更喜欢依靠情绪表达和微妙的肢体语言等线索，因为它们相对独立于有意识的控制。我们至少默会地知道，PFC——冷冰冰的计算和自我利益的场所——是我们需要关注的东西，所以我们更倾向于直观地将我们对可信度的评估建立在绕过其控制的信号上。情绪直接进入我们炽热的、无意识的认知。它们往往在没有警告的情况下出现，并且很难控制，任何试图压制真诚的微笑或恐怖表情的人都很清楚。

将面部表情作为诚实的、难以伪造的信号的想法，在现代科学文献中可以追溯到查尔斯·达尔文，尽管这种情感的交流功能在中国和希腊的古代思想家中已经众所周知。[45]人们可以快速准确地识别他人情绪，并进行分类，[46]而对面部表情或语气中的情感"泄露"的抑制很难有效实现。[47]我们善于将真诚的微笑和自发的笑声与强迫的微笑和大笑区分开来。事实上，这两种类型的展示涉及不同的肌肉和发声系统，[48]前者较少受到有意识的控制。在现实生活中的公共利益博弈中，人们在与表现出真诚而不是勉强微笑的合作伙伴互动时，会更加信任，这意味着冒着更大的风险但也受益更多。[49]被叛变后，人们更可能原谅和信任一个脸红的悔过伴侣，因为脸红是一种典型的不由自主的反应。[50]

在一项令人不安但设计别出心裁的研究中，[51]心理学家利安娜·坦恩·布林克（Leanne ten Brinke）及其同事对取自现实生活的视频片段进行了编码，视频片段中，个人情绪激动地向公众恳求信息，以帮助找回失踪的亲属。在这些案件中，有一半是在撒谎，后来这些人基于压倒性的物证被定罪，罪名是谋杀了有关亲属。尽管不知道后来有哪些人是在假装痛苦，但参与者仍然能够通过关注难于有意识地控制的面部肌肉群来识别他们。凶手表现出真正的"悲伤肌肉"（皱眉肌、口角肌）的活动较少，而与假笑（颧大肌）和有意识地试图表现出悲伤（额肌）相关的肌肉活动较多。

因此，在我们的脑海中，可信度与感知到的情感的真实性和自发性相关联。[52]这是有道理的。我们不信任那些看起来没有感情或对感情不真诚的人——按照我们对奥德修斯和海妖的类比，这些人并没有把自己绑在桅杆上，或者只是松散地绑在桅杆上。我们对柯克船长的喜爱和对史波克先生的反对这种偏见，在最近的实验工作中得到了证实，这表明人们在被迫迅速做出决定或被告知要相信自己的直觉时，在公共利益的博弈中会更加合作。[53]告诉他们反思，或强迫他们花时间做决定，反而会引出理性的诡诈，并以牺牲公共利益为代价产生更多的欺骗行为。全世界乃至整个历史上的宗教和伦理体系，都将自发性和真实性与道德可靠性和社会声望联系起来，这是有充分理由的。[54]

因此，如何识别伪君子是人类共同生活的重要组成部分，我们非常擅长发现可疑的潜在合作伙伴。因此，人类似乎已经解决了我们公共生活的核心危险——伪君子搭便车的风险，那就是通过一个聪明的演化技巧：关注无意识的情绪信号。使用它们来评估潜在的合作伙伴，并远离那些你觉得狡猾的人。

不幸的是，演化从不休息。随着狮子越来越快地捕捉瞪羚，只有跑得最快的瞪羚才能存活，这慢慢地提高了瞪羚的速度。现在，只有跑得更快的狮子才能抓住猎物，这给狮子带来了新的速度压力。如是反复。在整个生物世界中我们都可以看到这种演化的军备竞赛，[55]并且它通常是驱动极端特征发展的引擎。

人类有能力识别出不诚实的同伴正是这样的例子之一。尽管我们理所当然地认为，我们可以立即判断出那个热狗小贩似乎有点狡猾，或者我们的孩子谎称已经遛了狗，但黑猩猩会被我们察言观色的能力震惊——这一切在它看起来就像是魔法。黑猩猩似乎能够发出基本的精神状态信号，[56]但我们通过微微扬起眉毛、语调或嘴巴张开的角度来把大量思想、情感和性格特征传递给彼此的能力，在这个动物界里都绝对是无与伦比的。它是由演化的军备竞赛驱动的极端特征之一。

当我们看到羚羊在北美平原上飞驰时，我们推断出这里也有几乎与它们一样迅速的捕食者，因为正是后者推动了这种速度的出现——美洲羚羊其实是捕食者的"幽灵"，后者包括数千年前在该地区灭绝的狮子和猎豹。[57]我们看似超自然的识别谎言的能力，同样是由相应的欺骗能力驱动的。人类是世界级的骗子，几千年来我们一直在磨砺这种技能。速度特别快的现代羚羊之所以成功，至少部分原因在于，它们能够自愿控制通常不受意识控制的肌肉系统。例如，演员兼导演伍迪·艾伦属于一小群人，他们可以控制一组额头肌肉，这使他能够做出标志性的"我知道你认为我做了坏事或者我是个笨蛋，但是我真的只是被误解了"的表情。能够随意摆出这张脸，尤其是当其他人只能自发出现时，真的会派上用场。[58]像比尔·克林顿这样有魅力的政客，似乎能够暂时但真诚地说服自己，他们眼前的对话者，即使只是一个在乎关税的小商人，是他们在整个世界上唯一关心的人，并似乎能给予后者自己全部的注意力，即使他们的一部分大脑可能正专注于房间对面的大捐助者。有一些证据表明，精神变态者——最极端的反社会人格者——能够抑制真正的情感"泄露"，[59]这导致他们具有令人毛骨悚然的撒谎能力。

在狮子方面，算命先生可能代表了反欺骗的前沿。当他们握着你的手，看着你的眼睛，问你起初模糊然后越来越精确的问题时，他们正在利用微表情和微小的反应，来推断出你最近在家庭中遭受损失并且在工作中极度不快乐的事实。这对普通人来说近乎魔法，但在黑猩猩看来，人类察言观色的能力也近乎魔法。科幻小说作家亚瑟·克拉克（Arthur C. Clarke）曾经说过，任何先进的技术在外行人看来都与魔法无异。失控的演化军备竞赛所驱动的极端特征也是如此。

就本书讨论的饮酒而言，至关重要的是，在欺骗与反欺骗之间的这场较量中，文化并不是不感兴趣的旁观者。当文化中的个体能够解决"囚徒困境"和其他合作挑战时，文化就会受益，因此他们会更愿意支持反欺骗的一方。他们会瞄准欺骗者的软肋，即作弊或撒谎需要认知控制。当你说真话或表达真诚的情感时，表现出诚实或真诚很容易，毫不费力；编造谎言或假装情绪需要付出努力和关注。如果你想让说谎者更难撒谎，一个有希望的方法是利用这个弱点，下调他们的认知控制。理想情况下，你会希望在任何可能存在欺骗的重要社交场合都这么做，而且要做得浑然天成不动声色。不允许使用经颅磁铁。如果你能以一种真正令人愉快的方式做到这一点，并且还能让人们快乐并更专注于他们周围的人，效果加分。

你明白我要说什么了。我在这里花了很多时间讨论承诺和识别欺骗者的演化动力学，因为伪君子、虚假朋友所带来的威胁对任何社区来说都是攸关生死的大事。这就是为什么帮助揭开伪装者的面纱，从而巩固人际信任，是麻醉品在人类文明中发挥的重要作用。[60]无论是在古希腊、古代中国、中世纪欧洲，还是史前太平洋岛屿等不同的社会，没有哪个地方彼此可能心怀敌意的个体聚集在一起却不需要数量惊人的麻醉品的。

最近发现的一部可追溯到公元前3—4世纪的中国古文本，其中包含了如下令人回味的断语："国与国之间的和谐，是通过饮酒来实现的。"[61]在古代中国，如果参与者没有首先自愿饮用几杯精心测定的酒精来损害他们的大脑，就不会达成任何政治协议。罗马历史学家塔西佗（Tacitus）指出，在德国的野蛮部落中，每一个政治或军事决策都必须经过醉酒的公共舆论的考验：

> 在宴会上，他们通常就仇敌和解、婚姻结盟、酋长推选，甚至是主战主和进行协商，因为他们认为，没有其他任何时候比酒后的思想更开放了，人们更渴望目标的简单性，对于崇高的追求更加热情。一个先天或后天都不懂狡猾的种族，在节日的自由气氛中透露他们隐藏的想法。因此，当所有人的情绪都呈现出来之后，第二天的讨论重新开始了……当他们没法掩饰时，他们会慎重考虑；当不可能再犯错时，问题就得到了解决。[62]

尽管塔西佗傲慢地将这种使用酒精达到真相的做法斥为原始、野蛮，但古罗马人和希腊人却无不严重依赖这些功能。的确，醉酒揭示"真实"自我的想法虽然古老而普遍，但也许最著名的是拉丁语 in vino veritas 表达的，"酒后吐真言"。诚实和醉酒之间的这种感知联系可以追溯古希腊人，对他们来说，"酒与真理"的结合是不言而喻的。"不恰当的清醒被认为是高度可疑的，"伊恩·盖特利指出，"有些技能，比如演讲，只能在喝醉的时候才能锻炼。清醒的人是冷酷无情的——他们在说话之前会深思熟虑，并且对自己说的话很小心，因此……并不真正关心他们的主题。"[63]柏拉图的《会饮篇》中的一句话宣称"酒和儿童揭示真相"——这是非常有说服力的洞察，因为醉酒者受损的PFC和儿童的PFC类似。

由于醉酒的话直接来自内心，因此它们在历史上比来自狡猾、控制和计算的自我的交流更受重视。在古希腊，酒后的誓言被认为是特别神圣、可靠和有力的。维京人同样对从神圣的"承诺杯"饮下（大量的）酒后许下的誓言给予了一种近乎神奇的崇敬。在伊丽莎白时代和斯图亚特的英格兰，公开声明是受到怀疑的，除非它们伴着祝酒。[64]

关于酒精揭露真相并增强信任的功能，我最喜欢的一个诠释是一个虚构的故事，它来自电视剧《权力的游戏》。在著名的《红色婚礼》一集中，两个敌对氏族显然已经克服了分歧，同意联合起来对抗共同的敌人。正如人类惯常做的那样，这种合作的协议是通过一场酒精浸透、醉醺醺的宴会来庆祝和加强的。在狂欢中，一个仆人开始为波顿勋爵倒更多的酒，波顿勋爵是一个非常狡猾的角色，但他用手捂住了酒杯。当他喝醉的邻座难以置信地问他为什么不喝酒时，波顿简洁地回答说："酒让我感觉迟钝。""这才是重点！"对方愉快地答道。的确，这就是重点。正如任何《权力的游戏》粉丝都知道的那样，波顿勋爵是一个典型的叛变者，他保持头脑清醒，这样他就可以冷酷地谋杀所有醉酒的"朋友"。故事的教训是：密切注意不敬酒的人。

酒精是最常用的让人讲真话的科技手段，但颇为值得玩味的是，在没有酒精的地区，其他麻醉品代替它发挥了相同的功能。最早达到太平洋诸岛的欧洲探险家报告说，他们在以卡瓦为中心的宴会上受到欢迎，也在宴会上被评估威胁程度。[65]直到今天，在所有在场的人喝下足够的卡瓦酒直到兴奋之前，斐济乡村律师是不会开始审议的。同样，在北美的林地和平原原住民部落中，敌对的酋长解决争端，就是通过"凯路穆特"（calumet，或称"和平烟斗"），后来的好莱坞西部片中对此有所呈现。不过，在这些电影的再创作中，它们明显遗漏了这些掺有致幻剂的烟雾强烈致人兴奋的效果。"习俗规定，如果一方提供了和平烟斗而且另一方接受了，一同吸烟的行为将使任何约定变得神圣和不可侵犯，"美国宗教历史学家罗伯特·富勒指出，"人们认为，任何违反这项协约的人都无法逃脱公正的惩罚。"[66]

事实上，如果没有酒精，其他化学麻醉品被利用来填补同样的功能，这一事实是反对任何劫持或残留理论的有力证据。尽管他们不理解现代神经科学或社会心理学的知识，但古往今来、世界各地的文化都隐隐认识到，清醒、理性、精于算计的个人思想是社会信任的障碍。这就是为什么在重要的社交场合、商务谈判和宗教仪式上，醉酒——通常是严重的醉酒——是常见的。《诗经》中的一首中国古诗宣称：

湛湛露斯，

匪阳不晞。

厌厌夜饮，

不醉无归。[67]

犹太人的普珥节，是为了纪念末底改（Mordecai）战胜了试图将犹太人灭种的哈曼，同样要求庆祝者喝得酩酊大醉，以至于他们无法分辨"哈曼被诅咒"和"末底改是有福的"的区别。

就像握手是用来表明我们没有携带武器一样，集体喝醉使我们能够在其他人在场的情况下解除认知武装。等到中国宴会上的第十轮高粱酒，或者希腊会饮的最后一轮葡萄酒，或者普珥节的尾声，与会者的PFC基本上已经彻底歇菜，完全暴露出自己在认知上毫无防备。当亨利·基辛格对中国领导人邓小平说"我觉得我们如果喝下足够多的茅台酒，可以解决任何问题"[68]时，他想到的就是酒的这种社会功能。因此，在帮助人类克服普遍存在于社会生活中的合作困境方面，尤其是在大规模社会中，醉酒发挥了关键作用。为了让团体摆脱怀疑和猜忌，我们狡黠的意识需要暂时瘫痪，而健康剂量的化学麻醉品是实现这一目标的最快速、最有效、最愉快的方式。

呕吐与人际纽带

社交围绕信任展开。因此并不奇怪，酒精一直是社会合作与和谐的强有力的象征。在古代美索不达米亚地区，啤酒桶的独特形状通常是社会交往的象征。[69]古代中国的仪式集会，无论是为了人与人之间的和谐，还是生者与祖先之间的和谐，都是围绕酒精组织的，仪式用具主要是精致的青铜酒器。在一首古老的颂歌中欢快地宣布"鬼神已醉!",颂扬祖先的恩惠,以及生者与死者之间建立的和谐。宴会和酒会,在世界各地和整个历史上,将陌生人聚集在一起,团结了失和的氏族,平息了争端,并促进了新社会纽带的建立。例如,我们的现代词bridal(婚礼的)来自古英语 bryd ealu 或 bride ale(直译为"新娘的麦芽啤酒"),这是新娘和新郎来为他们的婚姻立约,至关重要的是他们家庭之间的新纽带。[70]

人类学家德怀特·希思(Dwight Heath)是研究酒精社会功能的先驱,他指出,本来孤立的个人在需要相处的场合,无论是港口的水手,刚从树林里出来的伐木工人,还是沙龙里聚集的牛仔,酒精都发挥着至关重要的联系功能。[71]世界产业工人联盟(IWW)是20世纪初的一个工会,它需要解决一个严重的公共利益问题:让不同种族、出自不同行业和背景的相互怀疑的工人搁置他们狭隘的个人利益,并在针对资本所有者的高风险集体谈判中形成统一战线。他们依赖大量饮酒,以及音乐和歌唱——依赖的程度之深,反映在他们今天最为人所知的绰号"跌跌撞撞"(Wobblies)中,这很可能是指他们从一个沙龙走到另一个沙龙的样子。[72]这些高声歌唱的"跌跌撞撞"的醉汉,座右铭是"对一个人的伤害就是对所有人的伤害",他们成功地将各行各业多达15万名工人聚集在一起,并迫使雇主作出了重要的让步。

在许多文化中,史诗般的饮酒狂欢也用于军事目的。在中世纪的凯尔特人、盎格鲁-撒克逊人和日耳曼人的部落中,定期举行的大型酒会有助于把士兵与他们的君主彼此联系起来,而交换酒精则是忠诚和承诺的有力象征。[73]我们在上面提到，尽管乔治·华盛顿趁着黑森军队醉酒的时刻击败了他们，但他将酒精视为军队精神的重要组成部分，因此敦促国会建立公共酿酒厂，以保持初出茅庐的美国陆军有足够的储备豪饮。1777年，普鲁士的腓特烈大帝对一种时髦的——在他看来是危险的——行径进行了抨击，那就是有人喝咖啡而不是啤酒：

> 我注意到我的部下使用咖啡的数量增加了，以及我们国家花了更多的外汇购买咖啡，这令人作呕。每个人都在喝咖啡，这必须要禁止。我的部下必须喝啤酒。国王陛下是靠啤酒长大的，他的祖先和军官也是如此。许多战斗都是靠喝啤酒的士兵打赢的。[74]

其他化学麻醉品也已被用于创造军队所需的格外强烈的社会纽带。一位早期到新大陆的西班牙传教士指出，一些土著群体在出战前使用佩奥特掌。"这促使他们不顾恐惧、口渴或饥饿而战斗，"他报告说，"而且他们说它可以保护他们免受一切危险。"[75]北欧传说中的"狂战士"（beserkers）的战斗狂怒很可能是由迷幻药驱动的，[76]而古代波斯令人恐惧的刺客们的名字（波斯语 hashashiyan，阿拉伯语 hashishiyyīn）来源于他们汲取战斗精神的麻醉品——哈希什（hashish）大麻。

一个常见的跨文化模式是，饮酒更多的是男性，而不是女性。在男人和女人都喝酒的文化中，男人往往喝得更多。生理因素几乎可以肯定是原因之一。[77]平均而言，男性的体型更大，因此需要比女性更多的酒精才能获得相同的心理效果。然而，一个更大的因素可能是，在传统的父权社会中，男性是公共和政治生活的主要参与者，面对与潜在敌对的陌生人的合作困境，往往是男性出面。[78]例如，在安第斯山脉的当代土著社会中，人类学家贾斯汀·詹宁斯写道："男性与饮酒的关系比女性多。虽然男女都喝酒，但男人与其他男人的关系是通过喝酒来确认的。他能够保持自己的酒量标志着他是一个男人，并且通过酒精'确认友谊和协议，承认亲属关系'。"[79]德怀特·希思在他关于玻利维亚亚马孙偏远地区的坎巴人的经典人类学著作里，[80]记载了坎巴男人酗酒的方式，他们经常喝到无意识的程度，以增强他们的社会团结和克服人际冲突。一起呕吐过的朋友才算是真朋友。

　　这就是为什么初来乍到的陌生人通常会受到大量酒水的欢迎。成功地度过一个酗酒的夜晚，也许是在新的社会环境中被接受的最快方法。人类学家威廉·马德森（William Madsen）在墨西哥农村进行实地考察，拍摄当地宗教仪式的照片时被愤怒的人群围堵。一群喝醉了龙舌兰酒的男人，拿着砍刀将他压在墙上，他之所以能大难不死，多亏了一位长者，也是他一直客居的邻近村庄里的居民。这位长者宣布："释放我们的朋友。他不是一个陌生人。他喝了我们的龙舌兰酒。"砍刀立刻抬起来了，大家一起坐下来喝龙舌兰酒。[81]分享酒精扩大了归属感和信任的圈子。有一件事情颇值得玩味，在也许是我们现存最古老的法律文件《汉谟拉比法典》里，专门有对酒馆老板的酷刑，那就是以死亡逼迫他们交代在酒馆里酝酿的阴谋。[82]酒精的深层凝聚力恰恰是有抱负的反叛者或革命者有用的工具。

　　因此，不与他人分享酒精或拒绝别人的祝酒是一种严重的拒绝或敌意行为，甚至可能遭到天谴。詹宁斯报道了一个17世纪早期的神话，讲述了一位秘鲁神灵以一个贫穷、饥饿的陌生人的身份出现在他们的一个宴会上，以此来测试一个社区的美德。只有一个人注意到了他，并用一杯酒来欢迎他。当神终于现身，对宴会上自私的人群发怒时，只有这个人幸免于难。[83]同样，不接受提供的酒精通常被视为严重的侮辱。例如在早期现代德国，"拒绝团契中提供的酒杯是对荣誉的侮辱，它可能会促使德国社会各个阶层的人拔剑，有时会带来致命的后果"。[84]如果在美国边境酒馆里拒绝别人敬的一杯龙舌兰酒，可能也会带来同样可怕的后果。

　　由于人们普遍相信用酒精建立的信任和纽带的强度和真诚，拒绝葡萄酒或啤酒确认过的承诺是一种异常强大的背叛。考古学家皮奥特·米哈洛夫斯基（Piotr Michalowski）报告了古代苏美尔的一个非常令人不快的例子，它被记叙在给一位国王的投诉信中，该国王继续与一个名叫埃金-阿马尔（Akin-Amar）的人保持联系：

　　　　"埃金-阿马尔这个人不是我的敌人吗？他不也是陛下的敌人吗？为什么他还受到陛下的青睐？有一次，那个人留在国王陛下那里，他从杯子里喝了酒，举起它（敬礼）。国王陛下将他列入自己的麾下，给他穿好衣服，并给他戴了［礼仪］头饰。但他食言了，向他喝过的杯子排便。他对陛下怀有敌意！"确实是一个强大的形象。人们无法想象比通过排便象征性地逆转敬酒更强烈的侮辱。这不过是一个简便的隐喻，破坏了通过繁文缛节的仪式和半仪式化的礼物交换建立的整个符号系统。[85]

这当然是扭转敬酒的一种方式。埃金-阿马尔也许可以通过弄脏他花哨的头饰来传达同样的信息，但真正有力地传递的信息是，他针对的是共同饮酒建立起的纽带。

在许多（如果不是大多数）社会中，醉酒不仅有助于在可能怀有敌意的人之间建立联系，而且还被视为一种集体成年仪式，是对一个人性格的考验。控制进酒的能力意味着更普遍的自律，甚至是更有道德的标志。《论语》中有一句我非常喜欢，在一篇关于他对吃喝的东西是多么挑剔的长篇叙述的最后，孔子说，"惟酒无量，不及乱"。[86]孔子可以畅饮而不失礼，这是圣人的标志。苏格拉底同样受到称赞，因为他在马拉松式的饮酒活动中像任何正统的雅典人一样，尽管参加了比赛，但仍能保持头脑清醒。柏拉图写道："他会喝他所需要喝的任何数量，并且永远不会喝醉。"[87]事实上，对于希腊人来说，会饮，一个由控制饮酒节奏的会饮带头人主持的饮酒之夜，是"测试人的一种手段——一种灵魂的试金石，与道德缺陷可能导致的其他严重伤害的情况相比，喝酒是廉价的，也是无害的"。[88]

汉学家莎拉·马蒂斯（Sarah Mattice）观察到，古代中国和古希腊都要求成年人（至少成年男性）一起喝醉，并期望这是他们在有压力的情境下展示自我克制和美德的机会。在中国古代，"不喝醉往往被视为一种侮辱，但另一方面，一个人也不应该变得草率，因为那样会影响尊重关系的维持"。至于古希腊的会饮：

> 在一个清醒的会饮主持人的带领下——并监督在场人上的性格——公民有机会在自我控制处于最低点的时候，用屈服于快乐的欲望来测试自己。通过喝酒并将羞耻心置于试探的境地，公民可以发展出对不节制行为的抵抗力，从而培养他们的性格。此外，因为……会饮是公民的活动，它也为观察和测试公民的美德提供了机会。[89]

如果参加共同饮酒会削弱你说谎的能力，增加你与他人的联系感，并提供对你潜在性格的测试，那么不难理解，不喝酒的人难免要受到怀疑了。"饮水者"在古希腊是辱骂用语。自古以来，在中国传统宴会上拒绝参与频繁举行的敬酒仪式是一种无法想象的粗鲁行为，它会立即将你推向文明社会之外。今天，在世界各地的文化中，饮酒与友谊之间仍然有一种密切的联系。人类学家杰拉尔德·马尔斯（Gerald Mars）就纽芬兰一群码头工人间的互动进行了研究，结果发现，"在田野调查初期，我问一群码头工人，为什么有人结了婚、年轻、健康、勤奋——在同事身上都是优秀的品质——尽管如此，他还是个局外人，他们给出的答案是他是一个'孤独者'。当我询问这表现在哪里时，我被告知，'他不喝酒——这就是我所说的孤独者的意思'"。[90]

在其他一些麻醉品取代酒精的文化中，我们也发现了类似的模式。在斐济，约翰·谢弗（John Shaver）和理查德·索西斯（Richard Sosis）观察到，喝卡瓦酒最多的人在社区中获得了声望，经常饮酒的人在集体园艺工作中合作最密切。患有卡尼卡尼（kanikani，一种因过度食用卡瓦酒而导致的皮肤病）的男性受到尊重，被视为真正的"村庄男人"，大家信任他们会支持村庄价值观并符合社会期望。两位人类学家认为，这些人由于卡瓦酒的声望而获得的社会和繁衍利益必须超过更明显的生理成本，要知道，这些成本是相当可观的。[91]相反，抑制饮酒或完全避开卡瓦仪式的男人会受到怀疑，并被排斥在许多公共活动之外。

古典学家罗宾·奥斯本（Robin Osborne）对古希腊会饮的思考很好地总结了醉酒的社会功能：

> 醉酒不仅仅是给了自我快乐从而需要别人容忍的东西。醉酒也揭示了真实的个体，并团结了群体。醉酒的人……正视他们如何安排世界，以及他们在那个世界中属于哪里；那些会战斗和死亡的人，通过敢于让葡萄酒揭示他们是谁以及他们所珍视的东西，共同建立了对彼此的信任。[92]

正是在这种思想背景下，我们可以理解拉尔夫·沃尔多·爱默生（Ralph Waldo Emerson）对看起来毫不起眼的苹果在早期美国社会中的作用的评论："如果土地只生产有用的玉米和马铃薯，并且打压这种观赏性和社会性的水果，人类将更加孤独，更少朋友，更少支持。"[93]苹果花提供了美、苹果酒和苹果烈酒。除了古板的玉米和土豆的明显用途，爱默生还发现了一种更微妙的美和陶醉功能，对于我们这些社会性的猿类来说，这与面包和土豆同样重要。

醉酒的出神与蜂巢心智

> 清醒的状态下，人会削弱、歧视，并否定；醉酒的状态下，人会扩展、联合，并肯定。事实上，醉酒是激发人类"肯定"功能的强烈兴奋剂。它把追随者从事物的冷漠边缘带到了炙热的核心。它使人短暂地与真理合而为一。
>
> ——威廉·詹姆斯[94]

"出神"来自希腊语 ek-stasis，字面意思是"站在自己之外"。除了让可能怀有敌意的人更好地信任和彼此悦纳，极端程度的醉酒——尤其是与音乐和舞蹈结合时——可以成为有效消除自我与他人之间区别的一种工具。因此，屈服于醉酒带来的心无挂碍，往往传递了一种文化信号，表明一个人已经完全认同或融入了这个群体。关于安第斯山脉的传统文化中使用奇洽，盖伊·杜克（Guy Duke）作出了如下观察：

在安第斯山脉，当众喝醉是宗教和社会生活的核心……醉酒被视为与精神领域建立更深层联系的方式之一，如果没有在参与者中引起醉酒，任何仪式都不会发生……目的是尽可能地喝醉，并公开展示自己的醉意，以示自己沉浸在仪式中……不仅要寻求仪式性的当众喝醉，在许多情况下，这是强制性的。[95]

在488个有相关人类学记录的小规模社会组成的一份样本中，埃里卡·布吉尼翁（Erika Bourguignon）发现，89%的人制定并实践了旨在产生出神恍惚状态的仪式，通常是通过群舞、歌唱和化学麻醉。[96]

前两者（舞蹈和歌曲）在创造出神的结合方面的广泛作用，在人类学文献中早已得到认可。[97]"当舞者在舞蹈中迷失自我时，"阿尔弗雷德·拉德克利夫-布朗（Alfred Radcliffe-Brown）在一篇关于安达曼群岛文化的经典描述中写道："他达到了一种得意扬扬的状态，在这种状态下，他感到自己充满了能量，远胜于平常的状态……与此同时，他发现自己与社群的所有其他成员完全和谐相处。"[98]通常，重点是通过节奏、同步和重复产生的心理和生理效应。现代宗教人类学教父埃米尔·涂尔干（Émile Durkheim）认为，音乐、仪式和舞蹈是用来创造"集体欢腾"（collective effervescence）的关键文化技术，这种集体欢腾将传统文化联系在一起。广有影响力的理论家罗伊·拉帕波特（Roy Rappaport）同样认为，"社群的仪式生成，往往在很大程度上取决于仪式强加的节奏，它们的重复，以及更根本的，它们的韵律感"。[99]

关于仪式，最新的认知科学研究也有所跟进。研究人员专注于仪式的不同环节，比如身体同步性。例如，一项研究发现，让陌生人彼此同步跳舞——而不是部分同步或完全异步——提高了他们的疼痛阈值（这表示内啡肽被激活），并报告了社会亲密感。其他研究发现，一个人与另一个人同步敲击会增进彼此的好感、人际信任、相似感并更加乐于助人。[100]这些亲社会性的感觉可能相当广泛，从参与同步研究的同伴延伸到未参与活动的其他人。[101]

这些都是重要的发现。然而，对于宗教理论家或研究仪式的认知科学研究人员来说，很少有人承认，在许多（如果不是大多数的话）传统仪式中，跳舞、唱歌和同步移动的人们也已经兴奋得飘飘欲仙。例如，早期印加和玛雅文化的仪式生活以公共仪式为中心，这些仪式通过舞蹈和音乐把社群聚集在一起并尊重神灵。它还涉及一定程度的疯狂饮酒，让早期的传教士大为吃惊。[102]

在古埃及，醉酒节是纪念人类救赎的重要节日，因为凶猛的女神哈索尔被欺骗喝了染红的啤酒（而不是人类的血液）从而酩酊大醉。经过一些仪式性的预备活动，它主要包括每个人都在醉酒大厅里喝到酩酊大醉，参与仪式认可的性狂欢，最后沉沉入睡。正如马克·福赛斯所观察到的："喝酒只有一个目的：神圣的醉酒，要成为一个崇高的酒鬼，你必须完全地喝醉。"[103]早晨，一个巨大的女神形象偷偷溜进大厅，然后每个人都突然被鼓点声吵醒，仍然醉醺醺的，发现伟大的女神在他们面前若隐若现。这不可能是完全令人愉快的，但它是令人敬畏的。正如福赛斯所指出的，目标是通过如此彻底地打破平凡、清醒的自我，与女神产生"完美交流"的时刻，从而与社群完美交流。

酒精和其他物质可以有效地使自我放松，这也是为什么自从人类有仪式以来，就有麻醉品引发的出神。黄河流域的贾湖遗址中盛有我们有记载的最早的酒精饮料——一种"新石器时代的格罗格酒"，由蜂蜜酒、米酒和果酒制成，装在罐子里，被"小心地放在死者的嘴边，也许是为了以后方便喝"，而且毫无疑问，那些参与表演和葬礼的人也会喝这种酒。[104]青铜时代的中国，最具戏剧性的考古遗存是巨大、精致的仪式器皿，它们专为供酒和饮酒而设计。新石器时代晚期和青铜时代早期的坟墓里到处都是饮酒用具、乐器和食物残骸——这表明，从有记载的中国历史开始，人们就在纵酒狂欢中送别死者，最后的高潮是，所有的参与者都烂醉如泥，把酒杯丢入坟墓。[105]

西方最早的一些生产葡萄酒的证据，来自公元前4000年的亚美尼亚洞穴群，这些证据表明第一批驯化葡萄是在酿酒厂兼太平间里精心制作的设施中得到处理的，踩踏槽、发酵桶和酒碗是在一个广阔的墓地旁边发现的，酒杯散落在坟墓里和坟墓之间。[106]关于醉酒、仪式和出神之间的古老联系，一个非凡的陶器提供了间接证据。出土该陶器的遗址位于现代土耳其的一个距离哥贝克力石阵不远的地方，遗址可以追溯到新石器时代早期（公元前9000年）。它展示的是两个快乐的人与一只乌龟翩翩起舞，在学者看来，一只跳舞的动物代表了"意识状态的改变"（图3.2）。

图3.2　来自 Nevali Çori 的陶器，公元前9000年

(photograph by Dick Osseman, used with permission; https://pbase.com/dosseman)

　　鉴于我们从该地区的其他考古发现中了解到的情况，这种出神的舞蹈可能是由大量的啤酒诱发的。

　　说到啤酒引起的幻觉，我们需要注意到，各种植物来源的迷幻药也通常被用作群体出神体验的催化剂。当为了交易和寻找配偶而将不同的群体——甚至可能是竞争对手——聚集在一起时，小规模的亚马孙文化传统上利用亚黑（yajé，一种含有一种或多种致幻剂的液体）来诱导持续多日的集体恍惚，伴随着歌曲和舞蹈。"这一切体验的最核心目标，"罗伯特·富勒认为，"是展示调节社会关系的规则有着神圣起源。"[107]集体意义是通过共同的迷幻之旅建立的。

　　最近一项针对音乐的全球民族志记录的调查发现，音乐表演和酒精之间存在密切关联，[108]这表明音乐驱动的群体同步与和谐通常是由健康剂量的酒精促进的。这项研究利用了一个由人类关系领域文件（Human Relations Area File，HRAF）项目创建和维护的来自世界各地的民族志数据库，其中的民族志资料都标记出了某些主题关键字，例如"婚姻"或"同类相食"。我的一位研究助理艾米丽·皮特克（Emily Pitek）对该数据库进行的一项调查发现，在140种提到"出神的宗教活动"的文化中，100种（71%）也提到了"酒精饮料""（社交）饮酒""喝酒（盛行）""娱乐和非治疗药物"或"致幻药物"。[109]

在某些文化中，出神的团体体验反而是由纯粹的兴奋剂来促进的。例如，在加蓬的芳族文化中，当地的兴奋剂伊博卡（eboka）可以让人整晚精力充沛地跳舞，营造出一种"欣快失眠"的状态。[110]还必须注意的是，另一些文化上的出神习俗完全回避使用化学麻醉品。例如，五旬节礼拜包括激烈持久的歌舞，这可能会导致念念有词和其他被圣灵附身的表达方式。正如我们在第二章中所讨论的，让PFC掉线的方法不止一种：剧烈的体育活动可以产生与喝一两杯威士忌类似的效果。

然而，正如世界各地和历史上笨拙的舞者和实验歌手一直都知道的那样，在灌下几杯酒精之后，人更容易真正放飞自我并感受音乐。不过说来令人惊讶，关于仪式和群体出神的人类学和科学文献，却很少关注能够改变心智的药物。也许，未能充分理解化学麻醉，反映了学术话语背后潜伏的清教徒般的对快乐的不适。在现代科学的背景下，毫无疑问它也有实际认定方面的缘故：让研究的人类参与者酩酊大醉，这样的研究很难获得机构批准。（当然，这种障碍本身反映了评审委员会的清教徒态度。）无论如何，当前关于"集体欢腾"或"蜂巢心智"的学术工作尚不完整，研究者对仪式中饮酒的本质与功能缺乏兴趣，这不太正常。尽管如此，世界各地的文化已经意识到，节奏和重复动作的心理效应与强效药物共同发挥作用，会产生最佳的协同效应。事实就这么简单。

忽视醉酒现象已成为行业惯例，但英国人类学家罗宾·邓巴（Robin Dunbar）是一个例外。邓巴和他的同事格外关注酒精的生理影响，将它视为社会仪式的重要组成部分。具体来说，他们指出酒精引发的内啡肽释放，尤其是饮酒与音乐、舞蹈和仪式结合起来，是让我们以猿猴亲属们无法企及的规模进行合作的关键因素。内啡肽和其他阿片类物质在大多数哺乳动物中通过性交、怀孕、分娩和哺乳自然地受到激发，并且在配偶关系的建立和母婴纽带的形成中发挥着重要作用。然而人类已经发现，通过食用一种美味的液体，可以扩大这种"神经化学胶"的作用范围。[111]人们会期望，伴随着血清素的增加——这是酒精和其他麻醉品的影响之一——人们之间的关系会进一步拉近。除了增强个人情绪，增加的血清素已被证明可以减少囚徒困境博弈中的自私行为，而消耗血清素会产生相反的效果。[112]这种协同作用可能在现代锐舞文化（rave culture）中找到了完美的形式，在这种文化中，二亚甲基双氧苯丙胺引起的血清素剧烈提升，与猛烈、重复的节拍，以及集体同步结合起来。[113]

其他麻醉品，如迷幻药，比酒精更能破坏自我意识，完全模糊了自我与他人之间的区别，把人们联系在一起并促进群体认同。[114]缺点是，它们真的会让你很长一段时间都清醒不过来。这就是为什么迷幻药的使用往往被保留给专门的群体，比如萨满，或者仅限于少数极为重要的仪式。例如，在墨西哥西马德雷山脉，定期使用佩奥特掌的仪式有着古老的根源，其社会功能显然旨在打破自我，使人们能够融合成一个和谐的整体。一份来自16世纪中叶对该地区的记录，描述了这些聚众使用佩奥特掌的一个仪式："他们聚集在沙漠的某个地方，整日整夜地唱歌。第二天，他们再次聚集在一起。他们哭了。而且哭得很厉害。他们说这样他们的眼睛就得到了清洗，眼睛就干净了。"[115]在麦司卡林（佩奥特掌中的精神活性成分）激发的心潮澎湃中被冲走的，是那种自私的欲望和小小的不满，它们阻止了PFC过度生长的类人猿向群体投降。

这些仪式仍然在同样的山区沙漠地区进行。在人类学家彼得·弗斯特（Peter Furst）所描述的一个仪式的高潮中，在场的每个人都必须公开承认他们自上次忏悔以来可能犯下的任何性违法。这很能说明问题：性嫉妒和关于配偶的冲突，可能是导致群体分崩离析的最强大的力量。当每个人在他们的配偶或现在的伴侣面前说起他们过去的爱人时，"不允许表现出嫉妒、伤害、怨恨或愤怒；更重要的是，甚至不允许任何人'在心里'存有这种感觉"。参与者被"清除"了过犯，这种净化方式不由得让人想起天主教的忏悔仪式。[116]这是在冲突发生之前阻止冲突的一种非常有效的方法。

在这种仪式下使用的迷幻药是一个强大的工具，可以解除个人防御、团结群体，以至于佩奥特掌仪式已经传播到其他美国土著群体，后者正需要采取行动扳回文化认同方面的损失。正如罗伯特·富勒所观察到的，在1890年之前，里奥格兰德河①以北的佩奥特掌仪式很少见。1890年后，随着传统的部落文化受到的压力越来越大——被剥夺了身份，并被赶进保留地——他们转向了一种被称为"幽灵舞"（the Ghost Dance）的佩奥特掌仪式，作为建立新的群体身份的工具。[117]这种"美国化"的宗教仪式在西南部仍然充满活力，它不得不捍卫自己使用化学麻醉品的权利，以此来反对清教徒的联邦政府。

"出神！"戈登·沃森（Gordon Wasson）是一位业余蘑菇爱好者，他最出名的故事是捍卫古代吠陀的苏摩来源于毒蝇伞（学名 Amanita muscaria，又叫伞菌）的观点。"通常来说，出神很有趣。但出神并不好玩。你的灵魂被外力紧紧抓住，你感到战栗和刺痛。毕竟，谁会选择感受纯粹的敬畏呢？无知的俗人把这个词用滥了；我们必须重新找回它完整而可怕的感觉。"[118]

真正的出神对个人来说是可怕的，因为它打破了自我的界限。对于猿猴来说，这是可怕和迷失方向的，但对于蜜蜂或蚂蚁来说，这只是常规生活。醉酒带来的出神不仅会引起身体和精神上的愉悦，而且会产生一种对实现群体凝聚力至关重要的转变。例如，如果我们认为酒精是合作的负面障碍（撒谎、怀疑、欺骗），我们还必须看到的积极作用，那就是它通过激发内啡肽和血清素，在群体成员之间建立了亲密的情感联系。化

---

①美国与墨西哥的界河。

学的出神状态既是解除自我武装的手术刀，也是将自私多疑的
猿类凝聚成有文化蜂巢心智的群体的黏合剂。

政治权力与社会团结

我们已经多次谈到可能是世界上最古老的、史诗级的仪
式遗址，即哥贝克力石阵竖立的石头围墙和神秘的巨大柱子
（图3.3）。

图3.3　哥贝克力石阵（Klaus Schmidt/DAI; Irmgard Wagner/DAI）

哥贝克力石阵已有超过1.1万年的历史，一定是由狩猎-采
集者创造的，因为它早于定居农业出现。因此，它在几十年前
的出土发现，为反对传统观点提供了重要证据。后者认为，文
明的某些关键特征——纪念性建筑、基于仪式的精致宗教和酿
造酒精——只有在人类达到稳定，并有能力获得农业革命带来
的资源之后才能发展。"啤酒先于面包"理论的倡导者看到，
在哥贝克力石阵有至多可容纳40加仑液体的石盆，四处散落着

酒杯的残留物，以及大量捕食野生动物的证据，这说明古人首先是在醉酒和仪式的吸引之下才聚到一起，随后才产生了农业。更加耐人寻味的是，哥贝克力石阵里没有粮仓或其他食品储存设施。"生产不是为了储存，"考古学家奥利弗·迪特里希（Oliver Dietrich）和他的同事指出，"而是为了立即使用。"[119]换句话说，人们大量聚集在这个地方，参加临时的、史诗级的盛宴，伴随着戏剧性的仪式，[120]所有这一切都可能是由大量的酒精促成的。[121]

酒有多种功能。饮料和食物的吸引力把来自四面八方的狩猎-采集者聚集在一起，创造了庞大的劳动力，用以移动、雕刻和竖立巨大的重达16吨的石柱。反之，这座不朽的建筑也给组织者带来了难以置信的权威和力量，而在这些柱子之间进行的醉酒仪式则创造了一种宗教和意识形态的凝聚力。他们定期举行盛宴，觥筹交错，然后参与者星散，直到下一次仪式再聚到一起。因此，这种聚会就充当了一种"黏合剂"，将创造哥贝克力石阵和所谓金三角里的其他遗址所属的文化黏合在一起。于是，农业和文明诞生了。

我们看到，在世界其他独立出现伟大文明的地区，大规模、集中的酒精生产，与政治的、意识形态的统一的开端之间也存在着类似的联系。我们已经看到，中国黄河流域二里头和商朝的统治者似乎从各种（类似现在的）啤酒和果酒驱动的仪式中获得了权力，而奇洽的标准化和大规模生产是南美洲安第斯山脉印加人用来巩固其帝国的重要工具。正如盖伊·杜克所写：

阿卡之母（Akha mama），即首批奇洽的发酵剂，也是
印加首都库斯科的另一个名字……这个极具象征意义的替
代名称，在许多不同的层面上显示了奇洽对印加人的不朽
影响。在一个层面上，它显示了奇洽在印加人的统治过程
中居于中心地位：没有库斯科，就没有印加人；而没有奇
洽，就没有库斯科。同样，通过暗示奇洽起源于或出生在
库斯科，印加帝国将奇洽及其社会权力作为在整个安第斯
山脉建立其合法性的手段：那些控制奇洽的人控制着安第
斯山脉。[122]

酒精的政治功能既实用又有象征意义。谁控制了哥贝克力
石阵的啤酒生产，谁就控制了它吸引的劳动力；毫无疑问，他
也实际上受益于由醉醺醺的宗教盛宴所创造、强化和传播的意
识形态体系。同样的，印加皇帝们利用食物和奇洽的承诺吸引
了大量劳动力，来照料他们的玉米地，并建造不朽的建筑。中
国早期统治者对以酒为酬的集体劳动的依赖，反映在《诗经》
中的一首古诗中：

南有嘉鱼、烝然罩罩。
君子有酒、嘉宾式燕以乐。[123, ①]

时至今日，在世界各地，依赖无偿劳动的大型公共项目，

①南方某地，鱼儿成群地在水中游动。主人备了酒，与宾客欢乐宴饮。

如建造建筑物、维护运河或灌溉渠道，通常会以中央政府或当地赞助人资助的大规模、尽情喝酒的筵席来补偿工人。[124]保罗·道蒂（Paul Doughty）指出，在当代秘鲁，志愿者工作派对提供大量酒精和音乐，在没有完善的正式工资劳动制度的情况下，"节日劳动"的做法仍然是完成大型项目的唯一途径。在工业化社会中，我们有工会和朝九晚五的工作日，有固定的工资和医疗保健，不鼓励在工作中喝酒。在前工业社会中，促进在工作中饮酒是完成工作的唯一途径。

有能力为大量人群提供酒精，以及经常联袂出场的食物和娱乐，这一般只有当地精英才办得到。因此，酒精盛宴也是宣告、象征和加强社会地位的一种方式。之所以如此，是因为与面包或米饭等更普通的主食不同，酒精其实是一种奢侈品。将谷物和水果发酵成啤酒和葡萄酒有助于财富的集中，因为发酵产物放大了卡路里和维生素，同时将笨重、分散的生物资源压缩成小巧、便携、易于储存的包装。即使在今天，在大学兄弟会聚会上，提供啤酒的那位哥们儿也会获得一定程度的声望和权威。相比1.1万多年前哥贝克力石阵宴会的组织者，新石器时代晚期和青铜时代早期中国二里头和商代早期统治者在主持史诗级的醉酒仪式时所享有的权力相比，这不过是苍白且遥远的回声。

在铁器时代欧洲的部分地区，值得注意的是，精英女性而不是男性的坟墓里，才有用于供应蜂蜜酒和葡萄酒的大型珍贵器皿。例如公元前500年左右，一位被埋葬在法国维（Vix）的精英妇女的豪华坟墓里，有一辆战车、黄金首饰和其他奢侈品，包括从希腊进口的各种供应酒精的容器。然而，最引人注目的物品要属那个巨大的双耳喷口杯，或青铜酒桶，超过5英尺高，能容纳300加仑的液体，显然是在公元前600年左右在古希腊的科林斯生产的，并被分批运输到维。如此巨大而珍贵的物品，一种富有异国情调的物品，以巨大的代价长途跋涉而来，一定是权力的有力象征，并且可能在正式的仪式祭典中占有突出地位。迈克尔·恩莱特（Michael Enright）认为，像这样的葬礼可能反映了一种宗教制度，在这种制度下，女性控制着酒精的获取，她们可能扮演了女祭司的角色，负责将当地的男性团结成有凝聚力的战团。[126]

在传统社会中，酒精的使用还涉及精细的礼仪和盛典，以强调级别和社会等级。[127]从古代苏美尔到中国古代，饮酒的过程高度仪式化，由统治者和宗教专家精心控制，重点是突出地位和级别。在大多数非洲社会中，酒精的获取传统上由精英控制，并且经常被限制使用。偶尔的公共仪式也有例外，在此期间精英与平民分享酒精，但其分享的方式仍然在宣传级别差异和统治者的声望。[128]例如，精英们倾向于先喝啤酒或葡萄酒，然后由他们的代表指导，把酒分给大众。即使在更平等的社会中，棕榈酒等麻醉品的生产也为创造或购买它的人带来了地位。它在公共庆祝活动中被广泛分享，但分享的过程允许主人向接受葡萄酒的人展示其人脉，表达其感恩，可为主人带来特别的荣光，并强化其特殊地位。[129]其他麻醉品，如卡瓦酒，也以类似的方式使用。例如，在斐济的传统卡瓦舞仪式中，男性（而且只有男性参加）以严格等级决定的圆形排列坐姿，每个

人都按适当的顺序饮酒，并保持他们的杯子朝向酋长，酋长坐
在仪式空间的顶部或"高"位。[130]通过将酒精消费嵌入到仪式
环境中，文化不仅将人们聚集在一起，而且还清楚地表明了他
们在更大的格局里所处的位置。

文化群体选择

许多关于酒精的人类学文献，都强调控制酒精生产和分配
所带来的象征和政治力量，以及高度仪式化的消费方式。认识
到酒精不仅是一种具有精神活性的化学物质，同时也具有文化
意义，这一点当然很重要。然而，与麻醉品相关的文化意义的
基础，显然在于它们的生理效应。我们不应忽视，世界上并不
存在以泡菜或酸奶为基础的超级文化。与法国维的女祭司一起
埋葬的 300 加仑的青铜容器是用来盛酒的，而不是用来盛粥
的；哥贝克力石阵的发酵桶和储藏盆，也不适合用来装酸面
包。出神的商朝精英扔进他们已故亲属的坟墓的是酒杯，而不
是小米碗。麻醉品之所以具有强烈的象征意义，因为它们使我
们麻醉。正是酒精的心理与药理功效使其能够催化大规模文明
的兴起。有鉴于此，世界各地的文化才迅速为酒精——文明的
伟大推动者——注入了象征意义。空了酒瓶，始有文明。

酒精和其他麻醉品的这一关键功能，正逐渐在人类学界获
得更广泛的认可。[131]啤酒先于面包理论的支持者，正确地强调
了使用麻醉品的文明具备更强的凝聚力和更大的规模，在与其

他群体的竞争中具有明显的优势，使他们能够在工作、食物生产和战争中更有效地合作。[132]文化群体选择不可阻挡的压力，会通过这种方式鼓励和传播麻醉品的这种文化使用，我们在历史记录中实际观察到了这个现象，它与任何关于醉酒的劫持或残留理论完全不符。

从历史上看，我们喝醉是有充分理由的。在文明产生的过程中，文化群体之间展开了残酷的竞争，饮酒者、吸烟者和"嗑药者"取得了胜利，这绝非偶然。在上述的所有方式中，麻醉品——尤其是酒精——似乎是一种化学工具，使人类能够逃脱我们猿类本性施加的限制，并实现类似社会性昆虫的合作水平。我们已经看到，关于饮酒功能效益的传统观点在现代科学中得到了证实。通过增强创造力、减轻压力、促进社会接触、增强信任和纽带、建立群体认同、加强社会角色和等级制度，麻醉品在允许狩猎和采集人类进入农业村庄、城镇和城市的蜂巢生活方面发挥了至关重要的作用。这个过程逐渐扩大了人类合作的范围，最终创造了我们所知的现代文明。

然而，有人可能会争辩说，这仅仅是历史意义。我们当然有可能不再需要麻醉品来继续为我们做这些工作了。例如，我们现在可以使用其他方法来减轻压力和提高情绪：电视和互联网，或抗抑郁药，它们可能与几品脱啤酒一样有效，也许甚至更好。现代银行系统和强大的法治使我们减少了对与人握手的依赖，也不必再求助于相面术。大型公共项目现在由纳税人的钱资助，并由训练有素、不必喝醉的专业人员完成，以换取薪水和福利。也许，在一个全球化的世界里，我们并不希望看到民族主义精英继续巩固和垄断权力。

这些都是合理的观察。新技术、危害更小和更有针对性的药物，以及现代机构，可以通过多种方式提供许多历史上由麻醉品提供的益处，而且还没有令人讨厌的毒性部分。然而我会论证，我们并没有完全摆脱对化学出神的需求。酒精和其他麻醉品可以，而且应该，继续在我们的现代世界中发挥作用。事实上在某些方面，我们比以往任何时候都更需要它们。有充分的理由证明，醉酒的功能并没有过时，我们有理由继续喝醉。

第四章　现代社会中的醉酒

囿于醉酒是劫持/残留理论的束缚，我们很难论证我们应该继续喝醉/兴奋。这并没有阻止人们尝试。在公开论辩中，人们很少能接受为快乐而快乐，酒精的捍卫者于是通常把焦点放在所谓的健康益处上：葡萄酒能降低胆固醇！对你的心脏有好处！

　　事实上，关于饮酒对健康有益的科学文献良莠不齐。这反映在现代政府政策中，在全面谴责酒精和建议适度消费之间徘徊不定。例如，1991年美国联邦政府在其官方饮食指南中宣布，酒精饮料"弊大于利"，因而不建议饮用任何数量的酒精。到1996年，情况发生了变化，美国联邦卫生小组第一次正式承认，适度饮酒可能会带来一些健康益处。

　　许多人都熟悉所谓的"法国悖论"，它受到了葡萄酒行业大张旗鼓的吹捧。尽管以黄油、牛奶和鹅肝酱为中心的传统法国美食可能会引发心脏病，但法国人的心脏病发病率却低得惊人。有人声称，秘密之一在于法国人饮用的葡萄酒，特别是红葡萄酒，后者似乎可以补偿高水平的饱和脂肪。虽然法国悖论的细节存在争议，但研究确实表明，适度摄入任何酒精都会降低患冠心病的风险，[1]似乎是通过提高"好的"高密度脂蛋白的水平。还有一些证据表明，适度饮酒对认知有长期益处，包括改善记忆或提高语义流畅性测试的表现，以及降低患抑郁症的风险。[2]

我们在引言里提到过的富有声望的医学杂志《柳叶刀》，在2018年发表了一项研究，打破了医生建议在晚餐时来两杯葡萄酒的快乐观念。虽然承认适度饮酒可能会带来一些健康益处，但这项研究指出，这点益处远远不及事故、肝损伤和其他导致早期死亡的巨额成本。它得出的结论是，最安全的饮酒水平是滴酒不沾。2020年7月，据报道，美国联邦政府的《美国人膳食指南》（Dietary Guidelines for Americans）下一个版本会大力提倡戒酒，建议人们将每天饮酒上限定为一杯——包括12盎司啤酒、5盎司葡萄酒或1.5盎司蒸馏酒[3]。这与政府收紧饮酒建议的全球趋势保持一致。

采用这样的指导方针，通常会激发反酒精运动者的欢呼，同时引起喝酒者的愤恨。前者包括新禁酒主义者，例如记者奥尔加·哈赞（Olga Khazan），他认为应该将酒精与其他（大部分是非法的）毒品同等对待。"除了它的味道和感觉，关于酒对健康的影响乏善可陈，"她宣称，"酒精是社交聚会中几乎普遍接受的唯一一种例行要人命的药物。"[4]在酒精的捍卫者中，一些人对《柳叶刀》研究中使用的统计数据提出质疑，或者认为当局低估了冠状动脉健康的重要性或酒精对消化的有益影响。

就我们的讨论而言，需要注意的是，所有这些喧嚣的吵闹恰恰是一个完美的例子，说明不考虑酒精的功能效益、社会效益如何严重扭曲公众对这个话题的辩论。没有必要围绕着高密度脂蛋白的水平争论不休。新禁酒主义者和卫生当局在支持完全禁酒时都忽略了一件最重要的事情，那就是酒精带来的明显生理和心理成本，必须与它们促进创造力、满足感和社会团结的庄严作用相权衡。一旦我们认识到醉酒的功能效益——它在帮助人类适应极端生态位方面的作用——那种认为我们应该努力建立一个完全戒酒的世界的论点，就很难站得住脚。

我们在第三章中看到了酒精和其他化学麻醉品如何催化和支持了文明的兴起。第五章，我们将深入探讨酒精和酒精驱动的行为给个人和社会带来的危害，特别是在一个充斥着蒸馏酒且缺乏传统社会控制的世界。不过在这里，我想证明酒精和其他麻醉品仍然有其用途。虽然我们现在有了 TED 演讲、Zoom 和全民医疗保险（至少在加拿大有），成为有创意、有文化和社群的猿类需要面对的困难并没有因此消失。做人依旧很难。这意味着，尽管狄奥尼索斯不可避免地带来了麻烦，但我们仍然需要他在生活中发挥作用。

威士忌房间、沙龙和鲍尔默曲线

我们已经看到，当代认知科学和心理学表明，醉酒与创造力之间的联系并非神话。包括儿童在内的认知控制能力下降的人，在横向思考任务（例如第二章提到的远程关联测试）中表现得更好。认知控制能力因故暂时受损（如 PFC 被经颅磁铁刺激过）的人也会有更好的表现。鉴于认知控制能力下降和跳出思维定式之间的关系，我们应该预期，在小到中等剂量下，醉酒会提高个人的创造力。

　　这正是我们所发现的。安德鲁·雅罗什（Andrew Jarosz）及其同事于2012年发表了第一项直接测量酒精对创造性思维影响的研究，题为《瓶起缪斯：醉酒有助于创造性地解决问题》(Uncorking the muse: Alcohol intoxication facilitates creative problem solving）。[5]受试者被带入实验室，称重，先吃一些实验室提供的贝果来开胃，然后按要求完成了工作记忆容量任务，这是一种常用的执行功能测量；这为他们的认知控制能力提供了一个醉酒前的基准。然后是让他们喝酒：在10分钟内喝一系列伏特加和蔓越莓鸡尾酒，在此期间，受试者因观看动画电影《料理鼠王》(！)而分心。酒精剂量根据他们的体重进行校准，以使血酒浓度达到0.07%—0.08%之间。这是微醺的程度，不足以完全喝醉，但如果此时驾车，大多数司法管辖区都会将这些人定为非法酒驾。在他们还是微醺的时候，他们完成了一系列分心任务。一旦预计酒精含量达到顶峰，受试者就会接受第二次认知控制任务，测量他们的血酒浓度，并完成一系列远程关联测试。他们还必须报告他们是通过细致、缜密的推理还是仅仅通过一闪而过的直觉找到了解决方案。一个清醒的对照组没有吃贝果也没有喝酒，但仍然观看了《料理鼠王》，并执行了相同的任务。

　　由于醉酒和清醒的参与者都在饮酒开始前完成了工作记忆任务，因此可以把醉酒的参与者与具有相似执行功能水平的清醒的参与者进行比较。正如预期的那样，一旦饮酒组喝醉了，他们在第二个执行功能任务中的认知控制表现不佳——酒精让PFC暂时掉线了。然而，由于摆脱了PFC的控制，醉酒者在远程关联测试中解决了更多的问题，而且速度更快。他们也更有可能在灵感涌现的瞬间解决问题，答案突然出现在他们的脑海中。

这只是一项研究，参与者人数相当少。不过，考虑到许多其他工作在认知控制下降与横向思考增强之间建立的联系，这项研究还是支持了这一古老的观念：酒精有助于提升创造力。我们可以再补充另外一项关于酒精的研究，《迷失在酱汁中》（Lost in the Sauce）[6]（不说别的，酒精倒是增加了不少研究标题的创造力），它为酒精的缪斯角色提供了强有力的间接证据。迈克尔·萨耶特（Michael Sayette）和他的同事让受试者喝一杯含酒精的鸡尾酒或无酒精鸡尾酒，然后执行一项任务：他们必须阅读《战争与和平》的选集，并在他们发现自己"头昏脑涨"（zoning out）或走神时按下标有"ZO"的按钮。此外，每隔几分钟，他们游荡的思绪就会被实验者探测一次：一个音调会响起，然后屏幕上会弹出一个问题："你感到头昏脑涨吗？"轻度醉酒的受试者更经常飘忽不定，他们也不太可能注意到自己走神。正如我们之前所讨论的，有大量证据表明走神和创造力提高是齐头并进的，因此促进思绪游荡应该会增强创造力。当心智从手头的任务中解脱出来，自由自在地漫游（甚至没有意识到它在走神），它准备好了要产生创造性的洞察。

几年前，我在谷歌公司的一次演讲中介绍了这些研究，随后我兴奋的东道主立刻带我来到了他们的威士忌房间，给我留下了深刻的印象。当程序员遇到创意瓶颈时，这就是他们休息的地方，期望少量酒精带来灵感。在这次访问中，我还学到了一个新的概念：鲍尔默曲线（图4.1）。据传言，这是史蒂夫·鲍尔默（Steve Ballmer，前微软首席执行官）提出的。该曲线描述了一个人的编程技能随血酒浓度的变化规律，引人注目的是其中有一个又高又窄的峰值。

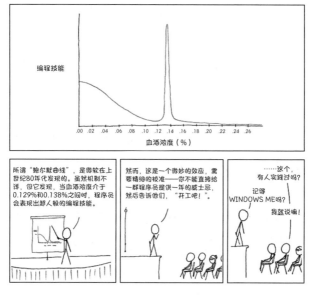

图4.1   xkcd论鲍尔默曲线（xkcd.com/323）

在程序员中间流传着一个传说，通过适当的工程学手段可以将自己与酒精静脉滴注挂钩，保持血酒浓度在最佳位置附近徘徊。尽管xkcd漫画的创作者兰德尔·门罗（Randall Munroe）开玩笑说把一群程序员关进一个满是威士忌的房间是不可取的，但事实上这正是谷歌经常做的事情。这就引出了我们关于酒精和创造力的第二点：当人在群体中喝醉时，酒精对个人创造力的促进作用会被放大和增强。至关重要的是，谷歌的威士忌房间是一个公共空间，里面的座位可以让一群人随意坐下——而不是让一个人独自喝醉。与我交谈过的程序员说，他们在团队中使用这个房间，主要作为一个远离屏幕、放松心情，并在面对看似棘手的问题时提供新解决方案的地方。一个允许交流和人们能轻松获取酒精的空间，可以成为集体创造力的强大孵化器。

带有豆袋椅和桌上足球的威士忌房间就是这样一个空间。基本上任何传统的沙龙、宴会桌、酒馆或酒吧也是如此。典型的现代饮酒场所的布局，座位配置允许人们以各种规模的团体舒适地用餐和饮酒，完美地催化了团体创造力。在降低我们的认知控制力，以及提高情绪和能量水平时，酒精不仅让思想更容易产生创造性的洞察，而且还降低了把这些见解传达给他人的障碍。"愚蠢"的想法在第二杯酒之后似乎不那么愚蠢了；到第三杯酒时，资历更老的同事似乎也不那么吓人了。酒精也会增加一般的冒险行为。在第五章，我们将讨论涉及性和操作重型机械时，这会产生何其重大的负面后果；但在与观念交涉的世界中，拥抱风险是一件积极的事情。无论如何，有相当多的逸事证据表明，通过突破个人的思维定式，润滑人与人之间的思想流动，减少自我意识和抑制，集体饮酒是文化创新的关键驱力之一。

伊恩·盖特利指出，在古代波斯，没有哪个重要决定不是在酒席上商量出来的，尽管直到第二天清醒后这个决定才会真正被实施。反之，任何决定如果没有在人们喝醉的情况下被集体考虑，都不会付诸实施。[7]从古代中国、古希腊到现代硅谷，集体思维和集体饮酒一直联袂出场。盖特利还认为，最近的"水商卖"，即臭名昭著的日本工薪阶层（而且几乎都是男性）在下班后必须喝酒，是20世纪八九十年代日本工业创新的关键驱力。它的功能之一是搁置社会等级规范，以便让创新思想从初级员工流向高级员工。"酒精是日本商业机器平稳运行的润滑剂，"盖特利指出，"虽然老年统治者在办公室里、下班后、外出和喝酒时要求获得尊重，但他们让年轻的同事们表达见解。"[8]人类学家菲利普·拉兰德（Philip Lalander）记录了20世纪90年代瑞典年轻官僚中的类似动态，下班后聚会饮酒使他们能够摆脱工作场所规范，嘲弄社会等级，表达颠覆性的意见或压抑的欲望——所有这些都在安全的环境中进行，在每个人都手无寸铁的情况下，PFC被伏特加淹没了。[9]

人们喝醉了会说很多蠢话。但是，当每个人都放松和快乐，放下防备并准备好迎接新的想法时，新颖或创新的想法往往会出现。现代最重要的政治意识形态之一，共产主义，是弗里德里希·恩格斯和卡尔·马克思在1844年巴黎"泡在啤酒里的十天"[10]里构思出来的；毫不奇怪，巴黎的沙龙酒水充足，是知识和艺术创新的温床。沙龙在禁酒令前的美国发挥了类似的作用。正如小说家杰克·伦敦（Jack London）写的："当人们聚在一起交流思想，欢笑、吹嘘和打赌，放松，忘记日常的乏味劳作时，他们总是聚在一起喝酒。沙龙是聚会的地方。人们聚在那里，就像原始人聚在火堆旁一样。"[11]我们永远不要忘记，"会饮"（symposium）一词，这个学术交流和知识创新的典型论坛，最初是指古希腊社会交往的盛事，即饮酒聚会。

很难找到关于酒精和文化创新的系统数据，但经济学家迈克尔·安德鲁斯（Michael Andrews）最近的一篇论文《酒吧谈话：非正式的社会互动、酒精禁令和发明》（Bar Talk：Informal Social Interactions，Alcohol Prohibition，and Invention）代表了一种有趣的尝试。安德鲁斯首先回顾了经济学中关于"集体发明"[12]的文献，这些文献记录了非正式的、偶然的社会互动推动创新和增长的方式。毫不奇怪，密集的城市地区，特别是当它们同时具备工业和学术机构时，往往是新思想的来源。[13]安德鲁斯引用了著名经济学家阿尔弗雷德·马歇尔（Alfred Marshall）在1890年发表的一项观察，后者指出，当人们和公司聚集在人口稠密的城市中心时……

> 行业的奥秘不再是奥秘；它就像流传在街头巷尾一样，孩子们在不知不觉中学会了其中的许多内容。好的工作得到了应有的赞赏，机器、流程和企业总体组织方面的发明和改进，其价值都会得到及时讨论：如果一个人开始了一个新想法，它会被其他人采纳，并结合上他们自己的些许改变；于是它成为更多新思想的源泉。[14]

"但是，想法是如何在街头巷尾、在人和人之间传播的呢？"安德鲁斯在他的论文中问道，"19世纪的机床制造商和发明家理查德·罗伯茨（Richard Roberts）认为，思想不通过空气传播，而通过酒龙头传播：'没有行业可以长期保密；一夸脱的啤酒将以这种方式创造奇迹。'"[15]安德鲁斯指出，越来越多的研究表明，酒吧是创意人士重要的聚集地，并且有大量的新发明或新技术是在沙龙、酒吧和（有酒精供应的）咖啡馆中孵化出来的。[16]

安德鲁斯不满足于这些逸事证据，他决定转向一个有用的自然实验，以检验共同饮酒是创新驱力的观点：美国禁酒令。虽然我们现在倾向于认为禁酒令是美国联邦政府在1920年实施的单一事件，但禁酒令运动在美国的历史要悠久得多，地方、县一级早在19世纪初期就开始禁止酒精生产和消费了。值得注意的是，禁酒令前的酒类囤积、家庭蒸馏酒业和地下黑市都很活跃，这意味着法律禁令从未真正消除过饮酒。然而，无论在哪里颁布，禁酒令都非常有效地结束了社交饮酒，消灭了沙龙，迫使人们只在自己家中或私人小型聚会上饮酒。

当美国各地推行酒精限制时，安德鲁斯利用这种变化来研究禁令对创新的影响，他找到了创新的一个绝佳标志：即新专利注册率，他甚至还可以获得县级专利数据。他以州一级实施禁令为出发点，将长期保持戒酒的县与曾经允许喝酒但现在突然被迫关闭沙龙和其他公共饮酒场所的县进行了比较。他发现，与以前戒酒的县相比，禁令使以前不戒酒的县年均新专利数量减少15%。然而经过3年的禁令，两者的差距逐渐缩小。安德鲁斯推测，创新的最终上升可能是随着地下酒吧和其他非法社交饮酒场所的出现而推动的，这些场所逐渐取代了沙龙。

我是一个教授，而不是发明家、艺术家或商人，但我可以做证，以酒会友在学术创新中同样发挥着关键作用。在20世纪90年代的研究生研讨会，经常以我们所有人（学生和教职员工）一起到校园酒吧结束，在那里，研讨室里的辩论开始了，就着啤酒和小吃——通常，一两瓶酒下肚之后，话题朝着意想不到的新方向发展。在一个这样的场合，我目睹了现代沙龙在推动创新上发挥的有力作用。我开始在不列颠哥伦比亚大学工作的时候，大学周边没有一处休闲饮酒场所。几年之后，出现了一家宽敞舒适的酒吧。它完美地位于公交环路旁，是一天完工后回家前聚会的理想场所，我们中的一小部分人受到启发，在每周五的下午开始聚会。与会者的知识背景各异，除了喝几杯酒、吃点开胃菜和聊天，没有其他议程。然而，在接下来的2年里，在酒吧聊天中产生的想法和合作关系直接促成了在我们大学建立一个新的研究中心，并获得了300万美元的联邦拨款，一篇获奖的期刊文章，一系列高影响力的研究，以及一个庞大的新数据库项目。新的星巴克或珍珠奶茶店根本不可能促成这些对话——我们需要一家酒吧。这正是为什么，牛津大学夜间的讨论和辩论，开场白都是拉丁语宣言，"现在，该喝酒了"（*nunc est bibendum*）。[17]

我们将在第五章讨论以酒会友的阴暗面。将工作和饮酒混为一谈会带来各种负面后果，有时甚至是犯罪和悲剧，这方面的讨论近年来终于进入公众意识的前沿。这当然是一件好事。在对相关的利弊进行广泛细致的考虑之后，我们很可能得出结论，研究生不应该和教授在酒吧里厮混，甚至职业活动的场合应该完全摒弃酒精。但任何此类讨论不仅需要考虑到工作和饮酒的明显的成本，还要考虑我们将失去的微妙的好处。有了轻微下调的 PFC，学生们可以更加畅所欲言，彼此建立智识上的联结，并目睹他们的导师如何临场发挥解决问题，暂时有限度地摆脱学术等级的束缚。同事们提出一些想法——如果不是借着酒精，这些想法永远不会浮现在意识中——并冒险走出他们的知识安全区，越过经常迫切需要跨越的学科界限。

这本书是在新冠病毒大流行期间写的。要了解这场危机对创新可能产生的各种负面影响，还得需要数年时间。更为明显和严峻的压力来源，如照顾生病的亲人或在家上学的孩子，显然会降低工作效率、收窄人们的注意力。也许不太明显的是，从面对面会议到 Zoom 和各种视频会议的过渡如此广泛、突然，会改变人们说话和思考的方式。以前那种一边喝啤酒，一边谈天说地，不知不觉一两个或更多小时就过去了的情景，已经被专注于特定议程的视频会议所取代。在这种人工媒介中，人们很难自然地打断彼此，或者顺利地转移话题或轮换发言。新冠危机（像美国禁酒令一样）可能提供了一个极好的自然实验，表明面对面会谈（通常伴随着酒精）如何增强了个人和团体的创造力。

真理是蓝色的：现代萨满和微剂量给药

酒精是本书的主角，这是有充分理由的。它是人类已知的最广泛、最流行、最人性化、最灵活和最通用的麻醉品。然而展望未来，致幻剂或迷幻药也值得我们的特别关注。按照传统的用法，它们很难融入日常生活。它们会产生与现实难以置信的脱节，这不仅限制了其社会实用性，而且使人们怀疑它们产生的洞见的有效性。然而，迷幻药的消费方式现在已经发生了变化，这可能会使它们更与用户友好，也更有用。

我承认，我年轻时曾接触过迷幻药，通常是在旧金山湾区附近的某些无与伦比的自然美景所在地，尤其是雷耶斯角国家海岸的塔马尔佩斯山的西面和利曼图尔海滩。我经常随身携带笔记本，记录我的想法和"洞见"。在一次史诗般的奇特经历中，我坚信生命中所有问题的答案，理解所有现实的关键，就是认识到——真理是蓝色的。在20多页的笔记本上，我连篇累牍地证明了这一论点，并作出了几个图表和一些数学方程式进行支持。我记得我当时的想法是，在这篇论文发表后，我所在的研究生院不仅会立即授予我博士学位，而且还会破格提拔我成为一名正教授。

正如人们可能猜测到的那样，第二天早上再看，这篇文章似乎不那么震撼世界。直到几年后，我才偶然读到了伟大的心理学先驱威廉·詹姆斯（William James）关于他所经历的一氧化二氮"迷幻之旅"的叙述。在经历中，他同样确信他已经发现了宇宙的秘密，但第二天早上阅读自己的笔记时，他只发现了这一点：

希加姆斯，霍加姆斯，女人的一夫一妻制；

哈加姆斯，希加姆斯，男人是一夫多妻制。[18]

事实上。詹姆斯的打油诗并没有揭开日常生活的帷幕，也没有让我们窥见现实的轮廓。事实证明，"真理是蓝色的"同样没有为我赢得立竿见影的名声和职业成功，至今仍未出版。

然而，我从这些迷幻之旅里的确带回来了一些新的、重要的洞察，它们是关于我的个人生活、我的过去以及未来的发展方向的。这些连贯的洞察通常只会在旅途的最后一天甚至次日慢慢形成，就像破碎的玻璃碎片沉淀成可识别的马赛克图案。詹姆斯同样重新评估了迷幻之旅的长远价值，指出"尽管它们无法提供公式，但它们可能会决定态度；尽管无法提供地图，但它们可能会打开新的局面。无论如何，它们禁止我们过早对现实进行盖棺论定式的描述"。[19]奥尔德斯·赫胥黎回想起有一回麦司卡林之旅中，他看到了一种不寻常的花卉布置，这让他觉得自己已经瞥见了"亚当在他刚被创造的早晨所看到的——奇迹，每时每刻都是奇迹，赤裸裸地存在的奇迹"。

摆脱了普通感知的陈规陋习，在几个小时内体会到永恒的外在世界和内在世界，不是作为执着于生存的动物或执着于文字和观念的人类的眼光，而是因为它们被整个心智直接、无条件地理解——这种体验，对每个人，尤其是对知识分子来说，都有一种不可估量的价值。[20]

正是这种从根本上"摆脱了普通感知的陈规陋习"，对新的思想世界敞开心扉的想法，才是强大迷幻药的"特殊馈赠"。我们注意到，数千年来，萨满一直使用它们来从精神领域带回答案和洞察。在现代语境中，我们可能会把"精神世界"看作人类大脑的广泛多样、支离破碎、色彩斑斓、非线性的景观，它从根本上摆脱了认知控制。迷幻药是强大的去模式或熵增诱导剂，因为它严重扰乱了由PFC引导的正常有序的神经交流。大脑的各个区域之间，通常借助精心调节的通道来通信，但迷幻药移除了运动场边的监视器，大脑各区域之间的通信陷入混乱和串话干扰。[21]于是，空间方向感丢失了，感知变得极度混乱，观念开始胡言乱语。但是，彻底被震撼的大脑有时会进入一种有用的、崭新的配置。

当专家试图解释硅谷崛起的时候——毕竟，是那里孕育了彻底改变现代世界的观念和发明——他们通常会说这里有斯坦福大学，而且气候温和，可以吸引来自世界各地的聪明头脑。不太常见但可能同样重要的是，它靠近美国迷幻药的发源地——旧金山。正如作家约翰·马科夫（John Markoff）和迈克尔·波伦所记录的那样，迷幻药——主要是由一个名叫阿尔·哈伯德（Al Hubbard）的神秘多彩的人物提供的医药级的LSD——从硅谷崛起的一开始就发挥了核心作用。[22]现在恐怕没有多少人还记得Ampex这家公司了，但它曾经是一家致力于创新的硅谷存储设备制造商。在20世纪60年代，他们围绕LSD的使用，每周都会组织研讨会和务虚会，它因此也被称为"世界上第一家迷幻公司"。LSD在产生电路芯片的创意设计过程中发挥了重要作用，苹果公司的创始人史蒂夫·乔布斯声称LSD体验是他最重要的生活经历之一。[23]旧金山以药物为基础的嬉皮士文化与硅谷创新之间的协同作用，已在全球其他地方重演；这些地方麻醉的地下文化或波希米亚文化，与依赖创造性洞察力而非制造能力的新产业交往密切。[24]

致幻剂使用方式的现代转变（正如人们所预料的那样，是在硅谷开创的一种趋势）通过"微剂量给药"[25]，使其更容易融入日常生活。它涉及频繁但少量的纯化的LSD或裸盖菇素，大约是正常剂量的1/10，以诱导温和但可持续的兴奋。记者艾玛·霍根（Emma Hogan）记录了旧金山湾区知识工作者中广泛存在微剂量药物使用。[26]一位化名"内森"的受访者认为，微剂量LSD提高了他的工作效率，赋予了他创造性的优势，并让他在投资者推介会议上更有影响力。"我认为这是我的'小点心'。我的秘密'维生素'，"他说，"这就像吃了'菠菜'，你就是大力水手。"霍根引用了天使投资人兼作家蒂姆·费里斯（Tim Ferriss）的观察，"我认识的亿万富翁，几乎无一例外地定期使用致幻剂"。[27]

这些关于微剂量给药增强创造力的逸事叙述，已经得到了初步证据的支持。最近一项针对在线受访者的研究，[28]对比了自我报告的微剂量迷幻药使用者和从未进行微剂量给药的个体在不寻常用途测试上的表现。它发现相比非用药者，微剂量迷幻药使用者的测试反应被认为更不常见、更出人意料、更聪明。荷兰进行的另一项关于微剂量迷幻药使用者在天然环境中的研究发现，[29]微剂量的迷幻蘑菇提高了被试在创造力测试两个方面上的表现。两项研究的研究人员都承认了各自的局限性：第一项研究依赖在线志愿受试者的自我报告和相关性分析，第二项研究缺乏非用药者或安慰剂对照。然而，两者都使我们超越了单纯的逸事证据。我们将从随机设置的、有安慰剂对照的实验室研究中获悉更多信息，其中几个项目目前正在计划或者已经在进行。

现代科学使我们能够纯化传统迷幻药中的活性成分，并以精确的剂量提供。如果最终这些药物能够更适合日常使用，它们可能比酒精的优势更大。在2009年的一次简报中，[30]英国顶级药物顾问大卫·纳特（David Nutt）博士明确表示LSD（以及大麻和MDMA）比酒精和烟草危险性更小，尽管他后来因为由此产生的争议而被迫辞职。

作为创意和文化物种，我们需要所有创新的想法。迷幻药在个体大脑中诱导的神经改组可能对群体创造力产生重要影响。正如迈克尔·波伦所说，"大脑中的熵有点像演化的变异：它提供了原材料的多样性，然后被选择出来发挥作用，以解决问题或将新奇事物带入世界"。[31]波伦对迷幻药的描述相当受欢迎，部分受到乔治·萨莫里尼（Giorgio Samorini）工作的启发，后者同样认为化学麻醉品发挥了至关重要的作用，特别是在快速变化的时期，作为一种"去模式因素"，增加了包括人类在内的许多动物种群的认知和行为多样性。[32]

20世纪60年代LSD研究者蒂莫西·利里（Timothy Leary）以他典型的更加丰富多彩的方式宣称：

"开启"意味着接触内置于神经系统中的古老能量和

智慧，它们提供了无法形容的快乐和启示。"接收"意味着在与外部世界和谐共舞中驯服和交流这些新思维方式。"退出"是脱离部落游戏的意思……在人类历史的每一代人中，有思想的人在部落游戏中开启和退出，从而刺激社会向前发展。[33]

"部落游戏"精辟地概括了我们这群目光狭隘、自私自利的灵长类动物。因此，利里著名的座右铭"开启、接收、退出"可以被视为一个提醒，我们不要像黑猩猩，而是要利用我们的创造性、文化性和社群性灵长类动物的能力。姑且不论其中包含的性别歧视和所谓"古老能量和智慧"的新世纪语言，关于强大的大脑去模式因素在加速文化演化步伐中所扮演的历史角色，我们无法找到比这更好的表达。特别是考虑到现代科学可能带来更有效、更易使用的迷幻药，它们可以在当今世界继续发挥类似的作用。

为什么视频会议没有完全替代商务旅行

1889年，儒勒·凡尔纳预测，"留声传真电报"——本质上是一种专用的视频会议设备，他认为到2889年（！）将变得司空见惯——商务旅行将因此过时。[34]我们不必等上1000年。1968年，随着美国电话电报公司（AT&T）推出"可视电话"，视频会议成为一项真正的技术。21世纪头十年的中期，Skype

和其他视频会议技术的出现，把留声传真电报带入了每个有互联网连接的家庭。远程电话会议能力的每一次进步，都伴随着对商务旅行消亡的新预测。然而事实是，至少在2020年全球新冠大流行之前，商务旅行一直在稳步增加，并无减少。考虑到旅行的费用、麻烦和生理代价（尤其是跨越不同时区时），这确实令人费解。当你只需致电或Zoom时，为什么要从纽约飞往上海与潜在的商业伙伴会面？

我认为，商务旅行之谜与我们为什么喜欢喝醉的谜题根本上是一体的。除非我们认识到它们都是对合作的潜在问题的回应，否则这两者都没有实际意义。对于简单和低风险的远程交易，比如在网上买一本书或一件毛衣，如果我的交易对手证明不值得信赖，我很乐意诉诸eBay或亚马逊的仲裁机制。不过，如果我与上海的一家公司进行长期、复杂的投资，在这种情况下，管理混乱、偷工减料、背后捅刀子或简单的欺诈，其影响会放大上千倍，我需要知道跟我打交道的人是值得信赖的。是的，我们会签合同。但是，即使是最全面的明确协议，仍然会有未尽的事宜，允许不同的解释。对于任何比一次性购买纽扣或拉链更复杂的事情，我都想知道我和谁在合作。

为评估新的潜在合作者的可信度，人类发明的最有效的机制之一是漫长的醉酒宴会。正如我们所看到的，从古代中国到古希腊再到大洋洲，没有大量的化学麻醉品就没有谈判，也不会签署任何条约。在现代，我们可以使用所有远程通信技术，真正让我们感到惊讶的是，在我们能够放心自在地在虚线上签署我们的名字之前，我们需要一次良好的、老派的、面对面的饮酒宴会。

这不是一个愚蠢的愿望：正如我们所看到的，PFC受损的人更值得信赖。我们已经讨论了下降的PFC功能如何使一个人更难撒谎。也许令人惊讶的是，它对谎言探测有相反的影响。[35]实际上当我们专注于评估陈述的真诚性时，我们更难给出准确的结果。当我们因为其他刺激分心时——例如，试图引起调酒师的注意或品尝开胃菜——然后再思考我们与之交谈的人是否诚实，我们反倒会更好地发现谎言。我们的无意识自我是比"我们"更好的测谎仪，当我们的意识被暂时关进它的房间时，无意识才处于最佳状态。酒精能揭示"真我"——这一古老信念里的确包含了一定的真理。认知控制的减少带来了更少的抑制，在这种状态下，本来可能被PFC控制的主导倾向被释放。例如在缺乏强烈情境诱因的情况下，只有平时就倾向于攻击他人的人，醉酒时才会变得更具攻击性。[36]在电话里，你听起来是个好人，但在我真正相信这个判断之前，我最好还是亲自和你喝两杯夏布利酒，再来评估你。

面对面饮酒的效果不仅局限于商业世界。欧洲间谍机构之间的非正式情报交换联盟始于20世纪70年代后期，至今仍在发展，现在被称为Maximator。这是慕尼黑郊区酒吧供应的当地的双博克啤酒的名称，该联盟能够成立，最初就是喝着啤酒想出来的。[37]很难想象来自丹麦、德国和荷兰的间谍会克服相互猜疑，就着咖啡和甜点吐露机密情报。很可能，这些间谍是靠着政府的赞助喝酒的，因为欧洲政府和机构倾向于将酒精视为正常人类社会的一个组成部分。

前面提到过在我们大学开始的国际学术合作，它遇到了更多的挑战：就饮酒而言，加拿大人几乎和美国人一样是清教徒，加拿大联邦法规禁止使用研究经费买酒。在我看来，这对科学进步构成了严重的障碍。[38]我和同事的任务是在不同国家和不同学科之间建立研究伙伴关系，我们只看到了一个回应：我们不得不专门筹集个人资金来喝酒。作为一个在过去十年左右的时间里一直在运行这些大型国际项目的人，我可以负责任地说，如果没有面对面的社交、美味的食物和明智剂量的液体神经毒素摄入，我们几乎不可能与潜在的竞争对手开展合作。

确认酒精介导的面对面社交的积极功能，当前关于职业旅行及其碳排放影响的激烈辩论也应该从中得到启发。一些气候活动家最近开始推动结束面对面的会议，他们（正确地）认为这是温室气体排放的巨大来源，并且（不太令人信服地）坚持面对面的互动可以简单地被虚拟互动所取代。当然，在我们这个时代，互联网以光速连接并且几乎无处不在，电话会议已成为学者和其他专业人士的可行选择，在这种情况下，飞过大半个地球坐在房间里听演讲或围着桌子开会似乎是一种浪费。如果会议只是抽象信息的交换，那么似乎确实有更有效的方法来实现这一目标。不过，这些讨论没有正确理解人们参加会议的全部原因。

没错，在正式会谈中传达的前沿研究很重要，尽管其中许多演讲的要点现在也被其他听众在推特上直播。然而，也许同样重要的是面对面的社交，促进这种社交绝不是轻率地浪费纳税人的钱或是对地球的无谓悲剧。面对面的学术或专业会议提供的一个独特的智识益处，是建立人脉、进行头脑风暴以及切磋思想，这些往往发生在吃饭、喝咖啡的间隙，最重要的是在非正式场所进行，当一天即将结束，酒精出场。创新是现代经济的命脉，也是学术进步的核心。远程视频会议合理、便宜、环保——更不用说，在我撰写本书的新冠病毒大流行期间，还能救命——但即使是加长的Zoom会议也不会让参与者进入微醺状态，就着鸡尾酒在餐巾上勾画出新的研究蓝图。

视频会议的快乐时光（happy hours）开始日渐流行，作为重新捕捉真实场景能量的一种尝试。然而，身处不同的大陆和不同的时区，孤立的个人调好他们自己的单份马提尼酒，必须忍受视频故障、糟糕的音频，即使有最好的互联网连接，响应时间也会出现微妙却扫兴的延迟，这使得大家很难正确地瞄准时机中断或转移话题。由酒精催化的人际交往的微醺感，自然诞生于酒吧和咖啡馆面对面社交之时，即使是最好的视频会议也只是它糟糕的替代品。共享的音乐体验、愉快的聊天、轻松同步的对话、更高的内啡肽水平和更少的抑制，这是我们目前拥有的任何技术都无法替代的情境。如果举行令人敬畏的仪式只是为了网络直播，那么产生哥贝克力石阵的文化压根就不会出现。在这个人际互动越来越多地通过屏幕媒介进行的时代，在思考我们得到了什么、又失去了什么的时候，我们不能忽略这一点。

新冠大流行导致政府开始封锁公共生活的多个领域，2020年初发表的一篇社论[39]指出，后新冠病毒时代的经济规模将小得多，生产力也会低得多。"在一个办公室开放但酒吧不开放的世界里，"它指出，"生活感受的质量差异至少与GDP下降一样重要。"这当然是正确的，但同样重要的是，我们要注意到酒吧的缺席对生活质量和实际生产力都有直接影响。例如，我敢预测，假定给定领域的其他因素不变，在取消面对面的年度会议后的一两年内，创新或新专利与此前相比会下降，直到恢复社交和饮酒之后才重新上升。如果酒吧和咖啡馆是创新的熔炉，那么我们应该看到，当它们被无效的电话会议取代，集体创造力会因此出现停滞，就像20世纪初美国实施禁酒令一样。[40]

在家工作，仅仅通过视频聊天、电子邮件和短信与同事互动的人们，不仅感到更加疏远和脱节，而且可能体验到更少的创造性见解，缺乏曲折、不可预测的刺激，因此更难体会更有创新性的讨论。视频会议可能更有效，但效率——阿波罗的核心价值——是颠覆性创新的敌人。酒吧不仅让我们感觉更好；如果使用得当，从长远来看，它会让我们工作得更好。

把人们聚集在一起，用多种感官刺激围绕着他们，分散他们的注意力，允许他们缓慢但稳定地用麻醉品下调PFC——这才是摒弃我们的狼或黑猩猩天性的最有效、彻底的方式，否则我们只会循着目标导向、自我控制、自我利益中心，专注于任务并彼此疏远。如果Zoom能够创建一个功能，能把你家里的照明和音乐与潜在的业务或研究合作伙伴的家庭办公室同步，同时用强大的经颅磁铁吸引你们俩，那就太棒了。然而，在我们等Zoom开发团队实施这一升级的同时，在轻松、面对面的环境中共同喝酒，仍然是我们最老派、最简单、最有效的文化技术。

办公室派对：优点和不只是缺点

关注醉酒的古老社会功能，也可以帮助我们更清晰地思考职业生活的其他方面。以关于办公室派对的辩论为例，鉴于公司聚会上醉酒之后可能出现的不道德甚至犯罪的行为，许多公司已经或正在考虑杜绝此类活动。啤酒桶、免费葡萄酒和鸡尾酒吧正在被苏打水和螺旋藻冰沙取代。社交活动也被完全否定，取而代之的是循规蹈矩（以及滴酒不沾）的团队建设练习，如密室逃脱或激光枪战游戏。

推动这些选择的是成本效益推理：一方面，允许乃至鼓励员工喝醉，这带来了不小的财务、人力，以及潜在的法律成本。然而另一方面的收益是什么呢？拜托，只是一点乐子？如果我们以这种方式来考虑问题，选择乐趣还是具体可见的成本，乐趣肯定没有胜算。

现在有了对醉酒的演化分析，我们可以采取更准确的方法，权衡饮酒的显而易见的成本与难以觉察的好处。像谷歌这样非常成功的公司，继续允许酒精在其机构生活中发挥作用，不是没有原因的。正如我们所看到的，酒精可以增强个人和团体的创造力。它可以帮助克服信任问题，并允许更自由地交流思想。办公室派对确实可以帮助建立企业文化和团队联结。有一部相当有趣的电影《办公室圣诞派对》（*Office Christmas Party*），讲的是一位高级投资者的故事。他本不愿入股一家科技公司，因为他们缺乏有凝聚力的公司文化，于是有人提议办一场圣诞派对作为补救措施。（剧透警告：它奏效了。）虽然活驯鹿、饮水机中的烈酒和雪花机中的可卡因可能有点用力过猛，但这都说明了认真对待醉酒的好处可以让天平更倾向于乐趣，并揭示出了剔除掉办公室派对的派对色彩，我们会付出的真正代价是什么。

在一篇早期发表的颇有影响力的综述文章中，临床心理学家辛西娅·鲍姆-贝克（Cynthia Baum-Baicker）对适度饮酒的积极影响做了总结。她发现，饮酒可以降低生理和自我报告的压力水平，以及振奋我们的情绪——这与我们前几章所看到的一致。[41]这一结论，在实验室中醉酒的受试者的报告中也有体现，他们的幸福感、欣快感和宜人性较高，紧张、抑郁和自我意识水平较低。[42]在调查中，成年人和大学生报告说，他们经常使用酒精来克服社交焦虑，或者作为"获得相似感、包容感和归属感的捷径"，[43]这与关于饮酒的经典人类学工作的全球记录相一致：通过饮酒来减轻社交场合的压力。[44]

振奋的情绪和减轻的压力，对于那些喝完第二杯葡萄酒的人来说是很好的，但这实际上会促进团队联结吗？人们在0.08％的血酒浓度下变得更加喧闹和健谈，但他们到底当真是与他人联系，还是只是享受自己的声音？直接研究醉酒对社会关系的影响的实验室工作很少，[45]但初步数据支持这个观点：酒精对情绪的改变有益于群体以及相关个人。例如心理学家迈克尔·萨耶特及其同事在2012年进行了一项研究，他们把数百名彼此不认识的社交饮酒者分成3人一组，给他们半个小时可以随便喝点酒，然后再完成几项任务。[46]虽然看起来这项研究的目的是完成这些任务，但研究人员实际上是对最初的对话感兴趣，这些对话会被录下来，供事后分析。在喝酒的实验组，受试者连续收到了好几杯伏特加-蔓越莓鸡尾酒，而安慰剂控制组的玻璃杯里是无酒精鸡尾酒，只不过杯口处涂抹了一点伏特加，让受试者以为他们正在喝酒。第三组只喝了蔓越莓汁。

对实验日的和受试者的状态毫不知情的研究人员，要来评估这些受试者在非正式对话期间的面部表情以及小组言语模式。当组内的三位参与者同时表现出"杜乡微笑"（Duchenne smile）——真正的微笑（如图4.2所示），区别于有意识的微笑——的时候，我们就认为发生了联结。如果谈话是均匀分布，而且三人轮流发言，这就标志着积极的群体动态。

在实验结束时，受试者自己也要做自我报告，比如是否同意诸如"我喜欢这个小组"或"这个小组的成员对我说的话感

图4.2　受试者同时展现出杜乡微笑[47]

兴趣"这样的陈述，以此来评估小组的亲密程度。此前的工作已经确定，对这种感知群体强化量表（Perceived Group Reinforcement Scale，PGRS）[48]的反应与社会联结的非语言测量相互关联。

结果很清楚。"饮酒，"作者总结道，"增强了与积极情感相关的个人和群体层面的行为，减少了与消极情感相关的个人层面的行为，并提高了自我报告的联结。"后来对视频中反映的社交互动的分析发现，醉酒增强了微笑和积极情绪的"传染性"：饮酒群体中出现的真诚微笑更有可能传染给每个人，而不是被忽视。这种传染效应在男性占主导地位的群体中尤为显著，在这些群体中，安慰剂组和对照组的微笑往往得不到回报。[49]至关重要的是，这些对团队联结的积极影响是由酒精的药理作用驱动的：安慰剂组与对照组相似，并且在所有方面都与酒精组显著不同。最近一项关于酒精对社会凝聚力和亲密关系影响的研究总结道，酒精"可以促进自我表露，减少社交焦虑，持续增加外向性，包括乐群的程度。此外，研究发现，酒精可以增强幸福感和社交能力，让人更慷慨、更乐于助人，建立更密切的联系，并减少对社会压力源的负面情绪反应"。[50]

这一切都表明，在年度办公室派对上用无酒精鸡尾酒代替真正的鸡尾酒，有悖于举办此类活动的初衷。虽然三个大学生在福米卡实验室的桌子上互相微笑，并不像演员 T. J. 米勒穿着圣诞老人服装从一个装满可卡因的滑梯上滑下来那么有戏剧性，也不会成为有趣的数据点，但这项研究确实告诉我们：除了显而易见的成本，不排除酒精的办公室派对还有积极的社会功能。至关重要的是，正如这项研究所揭示的那样，发挥作用的不仅仅是环境或文化期望，还有酒精本身。

小酒馆万岁

我们已经注意到，在政治、商业和学术界的语境下，酒精可以增强群体创造力，或者在认知层面消除潜在对手的敌意。当然在各种低调、日常、非正式的社交聚会中，它同样有一席之地。早期的中文文本创造了一个被广泛引用的短语——"无酒不成席"[51]，而以酒为中心的会饮是古希腊社交的典范。米德厅是中世纪盎格鲁–撒克逊文化的社区中心，直到今天仍以啤酒屋或酒吧的形式继续存在。[52]在殖民地时期的美国，每个城镇都有自己的酒馆（tavern），这通常是最早建造的建筑物之一，就在教堂或议事厅旁边。[53]从法国的沙龙到早期现代俄罗斯的卡巴克，[54]再到美国边境的酒馆（saloon），酒精带来的轻度抽离现实的感觉与随意、轻松的社交密不可分。[55]

英国读者可能会认为，社交饮酒已经以酒吧或"小酒馆"①的形式达到了文化演变的顶峰。1943年，一群人类学家和社会学家出版了一本名为《酒吧与人民》（The Pub and the People）的书，对英国北部纺织制造业小镇博尔顿（Bolton，又

---

① 此处的小酒馆（local）如其字面"本地的"暗示，是英国人会频繁光顾的、离家或工作场所较近、熟人碰面常去的酒吧，前后文中pub与tavern也指此类酒吧，只是tavern一般还同时有餐食供应，且在美国用得较多。

称"Worktown"）里300多家酒吧中观察到的各种活动，进行了精彩且令人眼花缭乱的描述，堪与博尔赫斯的作品媲美。

这些是人们在酒吧里做的事情：

坐着或站着

喝酒

谈论赌博、运动、工作、人、饮酒、天气、政治、脏话

抽烟

吐痰

有人在玩游戏：

扑克

多米诺

飞镖

套圈

有人在赌博

赢钱

输钱之后再赢钱

有人唱歌，有人听歌：弹钢琴和听别人演奏

这些事情往往与酒吧有关：

婚礼与葬礼

争吵和斗殴

圆形剧场、钓鱼和野餐

贸易工会

秘密组织，怪咖，狂热的爱好者

宗教仪式

性

找工作

犯罪和卖淫

赛狗

鸽子飞翔

有人买卖东西：

鞋带，热馅饼，黑布丁，擦剂……

    所有这些事情都不会发生在同一个晚上，也不会发生在同一个酒吧里。但是，一个普通的酒吧的普通的晚上，会包含很多上述内容。[56]

    正如格里菲斯·爱德华兹指出的，这项研究表明，"酒吧是一个可以从多种功能和象征意义来理解的机构，而不仅仅是一个出售和消费酒精的空间"。这家酒吧就像法国咖啡馆一样，是一个宽阔的帐篷，欢迎家庭成员、一群饮酒的朋友、孤独的作家和约会的情侣。谈话、吃饭、玩飞镖和飞鸽子都得到了酒精持续不断的温和的润滑，这是酒吧成为休闲、非正式和自发社交互动中心的关键。你可能会吵架或打架，但你也可能会加入一个秘密社团或买到一套漂亮的鞋带。只是不要随地吐痰。

人类学家罗宾·邓巴主持了一项研究计划，关于酒吧在现代英国文化中的作用，他是探索酒精对人类社会性贡献的最活跃的当代学者之一。该团队对英国的酒吧使用状况进行了调查，发现那些有社区酒吧可以经常光顾的人：

> 有更多亲密的朋友，感觉更快乐，对自己的生活更满意，更融入小酒馆社群，更信任周围的人。那些从不喝酒的人在所有这些方面都表现更差；而那些经常光顾小酒馆的人，比那些没有经常拜访小酒馆的普通人做得更好。更详细的分析表明，关键在于光顾酒吧的频率：似乎更经常光顾同一家酒吧的人，与小酒馆社群的互动和信任度更高，因此他们才有更多的朋友。[57]

另一项英国的研究，对2000名成年人进行了抽样调查[58]，特别专注于公共饮食习惯，发现四个变量对自我报告的与晚餐伴侣的亲密感有显著影响：食客数量（最佳数量似乎是4人，包括受访者在内），是否有笑声，是否谈起了往事，是否饮酒。

正如第三章中提到的，邓巴认为，这都是因为内啡肽的作用，而内啡肽是由酒精和欢笑独立推动的。我们可以在这里看到一种良性循环，酒精本身不仅会触发内啡肽的释放，而且通过促进笑声、唱歌和跳舞，也许还助长了一些不文雅的行为，进一步提高了内啡肽水平。因此，酒精是理想的社交润滑剂。邓巴和金伯利·霍金斯（Kimberley Hockings）指出：与大麻或迷幻药等药物相比，酒精对社交有独特的影响，"酒精的与众不同之处在于它在社交语境中的使用，而不是用于准宗教体验或纯粹的孤独享乐……［它］打开了社交毛孔，允许更轻松的社交互动，镇静神经，并营造了一种社群感"。[59]

这种"社交毛孔"的开放，除了帮助个人放松和建立团队联结，对社会还有许多有用的连锁反应。当以酒精为基础的社交场所消失或凋零时，社会不仅失去了社区纽带和欢乐的中心，而且失去了坦率交流和沟通的渠道。2018年6月，欢乐轻骑兵（Gay Hussar）酒吧即将关闭，这是伦敦苏活区一家老派的餐厅和酒吧，政治家、记者和工会领导人曾在这里碰头，这促使记者阿德里安·伍尔德里奇（Adrian Wooldridge）发表了一篇文章，哀叹英国政治中酒精的日益式微。[60]这是一篇优秀的报道，凸显了与酒精一道淡出公共生活的东西：

> 最可悲的原因是职业政治阶层的崛起。酒精提供了政治和社会之间的联系。工党从主要为工人提供廉价饮料的俱乐部招募议员和活动人士。当部长与基层公务员和顾问推杯换盏、把酒言欢之时，他们通常会放松警惕。今天，工党和保守党都从智库招募国会议员，部长们时刻保持警惕。政治饮酒的减少打破了政治精英与他们应该服务的人民之间的又一层联系。

稍后我们谈到，靠喝酒维系的交际圈子也可能有害，比如强化老男孩俱乐部和排斥外人。但这里我们需要注意的是，供人聚集、交往和喝酒的非正式场所的消亡，代表了社群、诚实和关系建设的丧失，这可能确实会产生后续负面的政治和社会后果。

在一篇关于适度饮酒的心理益处的实证文献综述中，成瘾研究人员斯坦顿·皮尔（Stanton Peele）和阿奇·布罗德斯基（Archie Brodsky）总结道：

> 与滴酒不沾者或重度饮酒者相比，适度饮酒者更能体验到心理、身体和社会幸福感；情绪更高涨；压力更小（在某些情况下）；更少有精神病理症状，特别是抑郁症；社交能力和社会参与度更高；收入更高，缺勤或残疾更少。适度饮酒的老年人，通常更多交际、更多活动；即使是长期适度饮酒，认知功能也通常优于平均水平。[61]

换句话说，去酒吧喝一两杯吧。考虑到所有因素——肝损伤、卡路里等——社交饮酒是有好处的，这与任何法国悖论或狭隘的健康益处无关。适度的社交饮酒把人们聚集在一起，使我们与社区保持联系，并促进交流和搭建人脉。对于我们这种社会性猿类而言，如果没有酒精，生活会非常具有挑战性，无论是在个人水平还是集体水平上。

饮者眼里出西施：性、友谊与亲密关系

作家亚当·罗杰斯（Adam Rogers）对于醉意缓缓但持续的到来有精彩的描述："温暖的、蔓延的刺痛，即使你的眼睛已经移开，你的大脑似乎仍然能看到一些东西。也许你更自信，更快乐。你本来很紧张；现在却很放松。你的朋友变得更好看。再来一杯似乎是个好主意。"[62]正如我们上文所讨论的，酒精是各种社交互动的增强剂和润滑剂。接下来，我们要谈的是酒精如何影响了个人生活：性与亲密关系。

几个世纪以来，人类学界流传着许多关于饮酒的理论，也许其中最独特的一个理论来自 H. H. 哈特（H. H. Hart）。在 1930 年的一篇文章[63]中，他提出，醉酒可以替代性快感，因为它会导致力比多下降。那是你自己的想法吧，哈特先生。酒精和性的结合就像酒精本身一样古老。我们在引言中提到，在古代苏美尔神话中，啤酒加上性爱是驯服野人恩基杜的催化剂。可以追溯到公元前 3000 年的来自美索不达米亚的滚筒印章，经常描绘边饮酒边交欢的场面。皮奥特·米哈洛夫斯基观察到，正如圣经中的《雅歌》宣称爱情比葡萄酒更甜一样，古代苏美尔诗歌将一位女神的性欢愉比作"像啤酒一样甜美"。在古希腊的一部戏剧《巴库斯的崇拜者》（The Bacchae）中，一位牧民解释了酒神仪式的目的，因为它促进了无数的快乐，其中至高无上的是爱情：

　　[狄奥尼索斯]的力量是多方面的；

　　但最主要的是，正如我所听到的，他把葡萄树给了人们。

　　治愈他们的悲伤；没有酒，没有爱，我们也就没有其他快乐。[64]

　　在柏拉图的《会饮篇》中，苏格拉底为做爱开出的药方是酒。他说，"酒使灵魂湿润，使人辗转反侧，并唤醒柔情"，但应该适度饮用，这样才能"达到嬉戏的境界"。[65]

　　酒精与爱情，葡萄酒与调情的这种联系在今天仍然非常突出。关于酒精和性的显性和内隐态度，有许多文献。不同文化都持有的一种常见观点是，酒精通过解除抑制，促进了性行为并增强了性体验。[66]期待显然起了某种作用：广告和媒体大肆渲染酒精和性的关联，在人们的头脑中创造了一种活跃的文化联系，它与乙醇本身可能产生的心理影响截然不同。然而，平衡安慰剂设计的出现，使研究人员能够区分出心理作用和药理作用，表明后者也非常有效。事实上在一些研究中，当受试者被误导、认为自己没有喝酒时，反而出现了最强大的效果。[67]

　　古往今来，人们认为酒精能够作为春药，是基于它的几个基本的神经作用。它的刺激功能不局限于一般的情绪：酒精提供的多巴胺刺激直接增加男性和女性的性欲，从果蝇到人类。[68]讽刺的是，在发挥镇定作用的同时，它也损害了实际的性能力，减少了男性和女性的生殖器兴奋，并延长了达到性高潮的时间。（如果你对研究人员如何测量性唤起程度感到好奇，请自行谷歌搜索"阴茎体积描记器"或"阴道光体积描记法"。）因此，莎士比亚的名言"酒激起欲望，却影响表现"[69]，确实有严肃的证据。

醉酒会增加他人的吸引力也是一种古老的观念。这可以追溯到亚里士多德，他指出，"一个醉酒的男人甚至可能被引诱去亲吻那些因为外表或年龄没有人会在清醒时亲吻的人"。[70]这个论点也得到了实验文献的支持。在实验室和更自然的环境（如酒吧或校园派对）中，与清醒的对照组相比，处于中等醉酒水平（约0.08%血酒浓度）的异性恋受试者认为异性成员更具吸引力，这种效果在男性和女性中都有出现。[71]给予酒精而不是安慰剂的受试者，认为带有性内容的照片更具吸引力，并花更长时间来凝视它们。[72]有趣的是，这种影响在女性中更为明显，这可能反映了文化规范造成的更大抑制，而酒精有助于下调这种抑制。[73]正如音乐家和讽刺作家金基·弗里德曼（Kinky Friedman）所总结的那样，"饮者眼里出西施"。[74]

鲜为人知的是，酒精引起的认为他人更有吸引力的倾向，以及对性的抑制较少的倾向，被一个事实放大了：轻度醉酒使一个人更具吸引力。醉酒时，你的身体看起来对别人更有吸引力：中度醉酒的人的照片被认为比同一个人清醒时的照片更有吸引力。[75]我们可以在下面的图4.3中看到这一点。这些照片来自巴西摄影师马科斯·阿尔贝蒂（Marcos Alberti）的精彩项目。正如他所解释的：

　　第一张照片是当我们的客人刚到工作室时拍摄的，在工作一整天后带着压力和疲劳，并且还经历了高峰时段的交通来到这里的样子。只有这样，我的项目才能开始，事情才变得有趣起来。每喝完一杯葡萄酒，我就给客人拍一张照片，没什么花哨的，就一张脸和一面墙，如是重复3次。来自各行各业的人，音乐、艺术、时尚、舞蹈、建筑、广告，聚集在一起度过了几个晚上，等喝完第三杯时，出现了几个微笑，留下了许多故事。

图4.3　喝完了1杯、2杯、3杯葡萄酒之后受试者的照片[76]

（courtesy of Marcos Alberti, The Wine Project: www.masmorrastudio.com/wine-project）

这些照片说明了酒精增强吸引力的一个方面：紧张的工作自我逐渐被一个无比放松、自信、快乐自在的人取代。

然后，由于所谓"自我膨胀"效应的影响，喝醉时你感觉自己更有吸引力，程度之深，超过了你可能享受的任何外部吸引力提升。醉酒的受试者比外部观察者认为自己更有吸引力，而且他们喝得越多，越觉得自己有魅力。[77]这既是由于情绪改变，也是因为认知障碍。多巴胺只是让我们感觉良好——开朗、自信和友好。酒精诱发的认知近视同时降低了自我意识。[78]例如，当涉及你自己缺乏的品质时，喝过一两杯酒你更有可能在性格问卷中夸大自我评价。如果你担心自己不如同龄人聪明或机智，那么喝几杯酒会让你成为天才喜剧演员，至少你自己会这么想。[79]古希腊哲学家斐洛斯特拉图斯，对这一切进行了奇妙的讽刺："源源不断的葡萄酒使人在集会中变得富有、强大，乐于助人，美丽且……高大；因为当一个人喝得酩酊大醉，他可以集结所有这些品质，并在他的观念中据为己有。"[80]

正如我们将在下一章中讨论的那样，增强的、扭曲的社会感知和认知短视很容易混合成一杯有毒的鸡尾酒，让人做出糟糕的性决定，甚至是性骚扰和性虐待的严重不良行为。（从演化的角度来看）相对新颖的蒸馏酒，会使血酒浓度飞速升高，对于不受社会监管，或者PFC仅仅部分发育（因而无须任何下调）的年轻人来说，情况尤其严重。这里的重点是，当成熟的、可以自主决定同意性行为的成年人适度使用酒精时，酒精是一种有价值的改变心智状态的工具，有助于亲密关系。

让一对紧张的、情窦初开的浪漫情侣摆脱最初的尴尬或焦虑，很难想象有比一两杯酒和一顿饭更好的文化解决方案。在一天结束或周末开始时喝酒——成瘾研究人员克里斯蒂安·米勒（Christian Müller）和金特·舒曼（Gunter Schumann）将其描述为"'有计划的'和时间依赖的……从职业空间到私人空间的过渡"[81]——帮助单身的人遇到潜在的伴侣，帮助已婚夫妻从以任务为导向的狼性模式转变为轻松的拉布拉多式亲密关系。这就是为什么香槟或葡萄酒与浪漫的场合有关，比如婚礼和情人节。出于某种原因，我年轻时看到的一个电视画面给我留下了深刻的印象，至今仍不时浮现在脑海：这是一个颇为俗气的广告，主题是宾夕法尼亚州波科诺山脉的浪漫之旅，其中不可避免地有巨大的心形热水浴缸、一个装有香槟的冰桶和两副眼镜。虽是陈词滥调，但准确描述了一种有效的文化技术。

回到图4.3，同样值得注意的是，阿尔贝蒂的拍摄对象并非约会的对象，而是朋友和同事。这凸显了这样一个事实，即提升情绪和认知近视可以增强各种亲密关系，而不仅仅是性伴侣或潜在的性伴侣。我最喜欢的中国诗人，陶渊明，有一句诗歌描述了与久违的挚友重逢："未言心相醉，不在接杯酒。"正如迈克尔·英（Michael Ing）所说："对于陶渊明来说，友谊是醉人的，真正的朋友不用说一句话就能相互理解。友谊就像［酒］消除了自我的限制和时间的限制。它鼓励在另一个人中迷失自我，并让人更敏锐地意识到这个更具公共性的自我。"[82]尽管陶渊明本人把他的麻醉归因于友谊，而不是酒，但重要的是要认识到，这种明确的免责声明是一种诗歌的技巧，恰恰把我们的注意力引导到促进了心智相遇的这种物质上。

在全球范围内，受访者在被问到他们饮酒的动机时，将"促进社交"放在首位。[83]通过多巴胺增强和认知近视的结合，酒精可以让人卸下防备，并缓解社交焦虑。这不仅会让人更加健谈，还会袒露更多私人或亲密的话题内容。[84]在每一组照片的第一张中，阿尔贝蒂的摄影对象正在抱怨交通拥堵或报告他们工作的一天；到了第四张，他们分享着深深的希望和抱负，对失败的关系表示同情，或者互相调情。

　　一些研究表明，对内向者或有社交恐惧症的人来说，有策略地使用酒精可能特别重要，他们通过酒精来实现"自我诱导的、有时间限制的人格改变"[85]，暂时将自己转变为外向者，以便度过鸡尾酒会或晚宴。[86]（内向的读者可能很容易理解这种特殊的思维方式。）酒精还有助于感知面部积极情绪并增强同理心，对于缺乏或倾向于抑制同理心的人来说，效果会更强。[87]大规模流行病学研究表明，与完全戒酒或大量饮酒相反，适度饮酒与更亲密的友谊和更好的家庭支持有相关性。[88]因此，酒精提供的社会润滑作用，不仅对于帮助自私的灵长类动物解决合作困境和有效创新至关重要，对于建立和维持亲密的个人纽带也至关重要。

集体欢腾：龙舌兰酒与火人节

　　到目前为止，我们一直在研究血酒浓度徘徊在0.08%左右的社会影响，这一点不难实现，悠闲地消费几杯啤酒或葡萄酒并享用一些小吃就够了。但是，当龙舌兰酒被端出来时会发生什么？在血酒浓度超过0.08%甚至0.10%时，社会景观变得更加不稳定，但有证据表明，在某些情况下，至少偶尔的、适时的过量，对社会也有用。

例如，很少有组织像美国海军海豹突击队那样以结果为导向。因此值得注意的是，在极少数情况下，海豹突击队指挥官也会在他们的训练过程中引入大量酒精，因为这有助于在部队中建立团队精神。正如杰米·威尔（Jamie Wheal）和史蒂芬·科特勒（Steven Kotler）在《盗火》（*Stealing Fire*）一书中报道的那样，海豹六队的创始人理查德·马钦科（Richard Marcinko）用了"一种久经考验的团队建设的技术——喝醉"来结束训练营的艰苦经历。他们指出："在部署之前，他会带领团队去当地的弗吉尼亚海滩酒吧进行最后一次畅饮狂欢。如果成员之间有任何宿怨或不满，他们总是在喝了几杯酒后涣然冰释。到了早上，男人们可能会头痛，但他们心中再无芥蒂，并准备作为一个团结的集体发挥作用。"[89]这种对偶尔"畅饮狂欢"的信念，与针对大学生的调查数据相吻合。数据显示，那些偶尔经历过井喷式饮酒的人，比那些总是适度饮酒或经常酗酒的人，有更深层次的社会关系，与朋友和浪漫伴侣更亲密，彼此袒露的程度更深。正如作者所指出的，"迪斯雷利关于'即使过度也有节制'的观察似乎为这一结果提供了恰当的注解"。[90]

人们可以想象的最史诗般的畅饮狂欢，也许是一年一度在内华达州西部黑石沙漠举行的为期一周的活动，称为火人节。火人节可能是现代人最接近古代酒神狂欢的体验，令人振奋，心潮澎湃，混合了热量和尘埃，艺术和性，音乐和舞蹈，改造的车辆和狂野的服装，社会行动主义和集体生活实验，所有这些都是由惊人的酒精、迷幻药和兴奋剂推动的，并因严重缺乏睡眠而加剧。正如社会学家弗雷德·特纳（Fred Turner）指出的那样，参加火人节已经成为硅谷科技和信息产业工作者的一种仪式。1999 年，谷歌的创始人拉里·佩奇（Larry Page）和谢尔盖·布林（Sergey Brin）在谷歌主页上展示了火人节的标志，向世界发出信号，表明他们（以及谷歌的许多员工）将前往。据报道，首席执行官埃里克·施密特（Eric Schmidt）被雇用是因为他也是一个"燃烧者"。在硅谷里的人看来，共同体验高强度的火人节带来的身体不适，是建立内部凝聚力和企业文化的一种方式。正如特纳所指出的：

> 拉里·哈维（旧金山最早的火人节活动的创始人之一）解释说，黑石城以外的世界"的基础是把人们隔离开，以便向他们推销东西"。他认为，在火人节，参与者会遇到艺术的"即时性"，并通过它体验到社群，这是一种出神的感觉。从这个意义上说，他暗示火人节可以为参与者提供一种"欢腾"的感觉，涂尔干很久以前就提出过，正是这种感觉构成了宗教情感的基础。聚集在沙漠中，节日的参与者可以感受到触电般的兴奋感：个人和群体都在转变。[91]

一些公司甚至在工作静修期间尝试创建小规模的火人节，旨在捕捉同样的"群体心流"感。"一家小型［科技］初创公司的首席执行官，"艾玛·霍根（Emma Hogan）报道说，"在公司集体出游的那一天，让每个人都吃了迷幻蘑菇。这是为了让他们能够'消除办公室中通常存在的交流障碍'，彼此'心连心'，并帮助建立公司的'文化'。"[92]

当然，追求出神的经验和团队联结的远远不止商业世界。拉里·哈维（Larry Harvey）关于现代社会意图"把人们隔离开，以便向他们推销东西"的评论，让人联想起作家芭芭拉·艾伦瑞克（Barbara Ehrenreich）敏锐的观察，即派往南非的传教士故意压制传统舞蹈，目的是"削弱部落成员彼此之间的社群关系"——她不无讽刺地指出——"以便让带着新鲜、刺激气息的健康的个人主义的竞争进来"。[93]正如我们已经注意到的，许多研究仪式和宗教的学者都强调了"出神技术"（米尔恰·伊利亚德）把个人凝集成群体的作用，或者把群舞描述为"塑造群体的生物技术"（罗宾·邓巴）。正如艾伦瑞克所指出的，群舞是世界各地史前艺术中最早以人为中心的场景之一，考虑到与狩猎、采集、烹饪或制作衣服等生活必需的活动相比，出神的舞蹈似乎是"无端浪费精力"，这令人费解。[94]但是，这么长的时间里，无论在哪种文化里，它一直是一种普遍的、基本的人类行为，一定有演化意义上的理由。

部分回报与个人心理健康有关，我们需要"摆脱自我"，下一节我们还会讨论。然而，显然，"街头起舞"的一个重要功能是创造群体身份认同，后者对我们这种社会性很强同时又特别脆弱的物种来说，像水与食物一样重要。正如心理学家乔纳森·海特（Jonathan Haidt）及其同事所指出的那样，群体同步性和节奏感帮助促进了一种感觉——成为"蜂巢心智"的一部分——我们这样奇怪的灵长类动物渴望这种感觉。对出神体验的渴望之所以出现并在演化的进程中被保留下来，是因为它对人类而言具有演化适应性——那些一起跳舞的人，一起工作，一起战斗，学会了彼此信任。[95]诚然，在工业化世界中，现代机构和法治已经很大程度上取代了宗教仪式和出神的纽带，成为确保合作的文化技术。然而，这种相对较新的发展并没有立即消除我们激励系统中如此深刻和基本的驱力。人们投票，人们纳税，但人们仍然想跳舞。

我们需要喝醉才能跳舞吗？关于仪式和宗教人类学的经典著作往往对醉酒嗤之以鼻。例如，埃米尔·涂尔干在他关于群体出神的著名描述中，以"哭泣、歌曲、音乐、暴力动作和舞蹈"为首开出了他的行为清单，这些行为导致了出神的体验。直到最后，他才补充说，"寻找提高生命水平的兴奋剂，等等"。[96]虽然他似乎故意含糊其词，但大概指的是酒精和其他药物。在罗伊·拉帕波特具有里程碑意义（也是规模巨大的）著作《塑造人类的仪式与宗教》（*Ritual and Religion in the Making of Humanity*）中，他只顺便提到了几次"吸食兴奋剂"，而且通常是在一长串其他可能更重要的仪式特征的末尾，例如"长度……节奏，一致，象征性，标志性和指示性的呈现，感官负载，陌生感……或疼痛"。[97]说来奇怪，人类学家和宗教史学家不愿意关注化学麻醉品的使用，这使得我们很难评估它对群体出神的重要性。在这里，调查现代聚会可能有助于梳理各种技术的相对贡献，特别是因为科研人员很难获得许可让实验室里的受试者喝醉或吸食LSD。

如果我们看一下涂尔干或拉帕波特的实现集体出神的技术清单，它们似乎不仅描述了火人节，而且还描述了世界各地定期举行的许多团体活动，包括音乐节、现代萨满教聚会和狂欢。虽然我们默认了这些场合都有人使用化学麻醉品，但药物本身在多大程度上负责产生涂尔干意义上的欢腾与团队联结，仍然是一个悬而未决的问题。最近，一项针对美国和英国多日群众集会活动的研究——特别是混合了音乐、舞蹈、同步和大量药物的户外节日和音乐会——朝着解开这个谜题的方向迈出了第一步。研究人员前往现场，采访了1200多名与会者，了解他们的体验如何、是否满意，以及他们最近使用的精神活性药物。他们发现，药物使用——特别是使用迷幻药和苯并类药物，如安定——与报告该事件伴随着积极情绪的可能性增加相关，涉及社会联结，并且是一种转化性体验。[98]，①跳舞和听音乐很好，但药物似乎为转化和联结提供了催化剂。因此，这项研究提供了一些非常初步的证据，证明化学麻醉品在满足人类对出神的基本需求方面起着至关重要——却往往被忽略——的作用。

在上述关于饮酒的国际调查中，促进社交往往是最常被引用的饮酒动机。然而，紧随其后的是研究人员相当平淡地称之为"促进自我（内部和积极的情绪）"的东西——换句话说，就是玩得开心。[99]有鉴于此，在结束讨论醉酒对当代生活的贡

---

① 转化性体验（transformative experience）指的是一种改变了我们对何为重要之事的判断的体验。

献之前，让我们来处理两个在清教徒般学术和公共话语中往往被边缘化的基本主题：出神和快乐。

出神：逃离自我

人呐，理性的人呐，必须喝醉。

——拜伦勋爵[100]

本书大部分内容讨论的是适度醉酒对个人和社会的影响。然而，正如作家斯图尔特·沃尔顿（Stuart Walton）所指出的那样，"事实上，在醉酒的时候，适度并不是受人追捧的理想。事实上，对于余生必然臣服于之的节制，醉酒本身就是一个暂时摆脱它的机会"。这与狄奥尼索斯的伟大捍卫者——弗里德里希·尼采[101]——反对日神控制的观点相呼应。尼采指出，酒神式狂欢（orgeia）——通宵达旦的饮酒和舞蹈助长的狂欢，给了我们"狂欢"（orgy）一词——旨在摆脱"个人存在的恐怖"，让我们感受到变成"神秘一体"的"极乐出神"。

在酒神的魅力下，不仅人与人的结合得到了重申，而且已经变得疏远、敌对或被征服的大自然，再次庆祝她与她失去的儿女——人类——的和解……现在，奴隶也成了自由人；横亘在人与人之间的隔膜，无论它们是出于必要、偶然或传统礼法，现在都被打破了。现在，有了普世和谐的福音，每个人都觉得自己不仅与邻人和解、交融、团结，而且与他们成为一体，仿佛摩耶的面纱被撕碎了，现在衣衫褴褛、战战兢兢地面对着神秘莫测的远古的统一。[102]

对于肯定生命的追随者狄奥尼索斯来说，感官的愉悦是"自由的心智，尘世的欢乐，满溢的谢恩"，是"被虔敬保存的具有伟大治愈力的酒中酒"。[103]

另一位中国诗人刘伶雄辩地鼓吹醉酒、欣喜若狂地与宇宙合一。刘伶是一个闻名遐迩的酒鬼，他唾弃任何宣扬节制的言论。据说，在一次纵酒狂欢的时候，他在家中一间朝外开的房间里赤身裸体，招致路人的斥责。他反唇相讥道："我以天地为栋宇，屋室为裈衣。诸君何为入我裈中？"[104]，① 在他的名作《酒德颂》中，他扩展了这一主题：

有大人先生者，以天地为一朝，万朝为须臾，日月为扃牖，八荒为庭衢……其乐陶陶。兀然而醉，豁尔而醒。静听不闻雷霆之声，熟视不睹泰山之形，不觉寒暑之切肌，利欲之感情。俯观万物，扰扰焉如江汉三载浮萍。[105]

正如迈克尔·英所观察到的，对于早期的中国诗人和作家来说，酒"是一种神圣的饮料——通过消除个人自我的束缚，使饮用它的人成圣成仙"，从而与天地万物交流。[106]

---

① 裈，古时的满裆短裤。

　　我们不必完全同意这些精致的形而上学诉求，也可以理解醉酒出神的吸引力。对出神的需求，就像对游戏的渴望一样，是人类的基本需求，其他物种似乎也具有。许多动物都会玩耍，并且也会被药物弄得神魂颠倒。从瘾君子海豚吞下高浓度的河豚毒素，到狐猴用有毒蜈蚣使自己心神荡漾，[107]化学麻醉品在动物世界中无处不在，以至于心理学家罗纳德·西格尔（Ronald Siegel）宣称，"醉酒是动物界的第四种驱力"，仅次于食物、性和睡眠。[108]

　　然而，人类比大多数动物更需要出神。我们不幸有一种毛病，而且据我们所知，其他任何物种都没有这种毛病，它就是：有意识的自我觉察。正如阿尔贝·加缪曾经在反思人类如西西弗斯般存在的本质时观察到的那样："如果我是一只猫，那么这个生命就会有意义，或者更确切地说，这个问题就不会出现，因为我属于这个世界。我就会是这个世界，而现在，我被我的整个意识反对。"[109]酒精和其他化学麻醉品的主要功能之一是，至少暂时关闭社会心理学家马克·利里（Mark Leary）所说的"自我的诅咒"，即我们以目标为导向、容易焦虑的内在的评论员，他总是阻碍我们随心所欲地生活和享受世界。"如果人类的自我可以安装上一个静音或关闭的按钮，"利里写道，"自我就不会像以前那样成为幸福的诅咒。"[110]事实上，人类的自我并没有预先安装静音按钮，这正是我们伸手去拿酒瓶或大麻烟卷的原因。"我们现在花在喝酒和吸烟上的钱，比花在教育上的钱多得多"，奥尔德斯·赫胥黎观察到，因为"逃离自我和环境的冲动存在于几乎每个人身上"。[111]这种冲动在灵性实践中找到出口，如祈祷、冥想或瑜伽，也存在于我们喝酒和爽一把的驱力中。

在《街头起舞》（*Dancing in the Streets*）一书中，芭芭拉·艾伦瑞克认为，集体的、出神的仪式曾经有助于把这种重要的酒神元素定期注入人们的日常生活中。从古希腊的酒神节本身，到中世纪欧洲的狂欢节，再到早期美国的宗教复兴运动者聚会，它们提供了一个临界空间，人们可以在其中达到日常生活无法企及的极度出神，这远远超出了酒吧或会饮时那种不温不火的社交。正如我们所见，这样的空间仍然存在于火人节等节日庆典中，以及延续在现代世界的狂欢节，比如美国新奥尔良一年一度的狂欢节（Mardi Gras）。不那么正式的是，它们也以各种形式的锐舞而存在，例如现代澳大利亚的"杜夫节"（doof），它在户外偏远的地方举行，包括长时间的剧烈舞蹈、催眠音乐和健康剂量的酒精、迷幻药和MDMA。

迷幻药通常是这些聚会的首选药物，它能够产生令人难以置信的、强烈的极乐和出神体验。通常情况下，听别人的嗑药兴奋记录就像听他们昨晚做的梦（或者阅读一篇论述为何"真理是蓝色的"的20页论文）一样乏味和无益。但也有一些第一人称的叙述成功传达出了迷幻体验的魔力，逼近文字这种苍白的媒介所能传达的极限。亚历山大·苏利金（Alexander Shulgin）是合成精神活性药物研究的先驱，他讲述了自己对120毫克纯MDMA的体验：

"我感到我想回去，但我知道没有回头路了。然后恐惧开始离开我，我可以尝试迈出小步，如同重生后迈出的第一步。柴火堆太美了，几乎是我能承受的所有快乐和美丽。我害怕转身面对群山，生怕它们压倒我。但我确实看了，我很震惊。每个人都需要去体验这样一种深沉的境界。我感到彻底的平静。我一生都为此而活，我觉得我回到家了。我的生命完整了。"[112]

与我那篇关于蓝色真理的拙文不同　　它显然未能彻底改变现代西方哲学的知识格局——从化学辅助的出神体验中得出的见解，可以对日常生活产生持久的影响。例如，我们有很好的经验数据表明，迷幻体验与长期积极的心理健康结果有关。从著名的耶稣受难日实验（Good Friday Experiment）开始，一群直率的神学院学生被30毫克纯化的裸盖菇素搅得"神魂颠倒"，然后在25年的时间里，越来越多的证据表明，即使是一次强烈的化学出神体验也可以提供持久成效，减轻抑郁，增强（对经验、情绪、对世界的美学欣赏、同情和利他行为的）开放性。[113]一项研究报告称，服用了一定剂量纯化的裸盖菇素的受试者中，有67%的人认为这是他们一生中最重要的经历，或者排在前五位，许多人将其与他们第一个孩子的出生或父母的死亡相提并论。[114]

受此类研究以及古老的萨满教实践的启发，传统迷幻药，如死藤水、裸盖菇素和麦司卡林，现在被用于治疗成瘾、强迫症、严重抑郁症和临终焦虑症。[115]这种对传统治疗技术重新燃起的兴趣似乎过于讨巧或者时髦：追求灵性的人，冒着激怒当地人的风险，源源不断地出现在亚马孙雨林，从萨满巫师那里请求获得一些死藤水；现在，甚至有公司提供"迷幻旅游"服务。[116]目前，有关此类治疗效果的大规模数据，尤其是纵向数据，仍在收集之中，但至少一项关于死藤水治疗成瘾的研究发现了重要的积极作用。然而它也指出，治疗的全部功效来自将药物使用嵌入传统仪式和象征框架中。[117]考虑到实证文献以及资深用户的民间智慧，这是有道理的，它表明概念框架（"心境"）和直接环境（"情境"）对于塑造迷幻体验的内容和情感效价非常重要。

在20世纪60年代，人类学家道格拉斯·沙伦（Douglas Sharon）在一位当地治疗师的指导下探索了秘鲁的麦司卡林辅助实践，他向沙伦解释了迷幻药的力量，一些用词现在听起来应该很熟悉：

> 潜意识是（人类中）优越的部分……一种袋子，个人在那里储存了他所有的记忆，他所有的价值体系……一定要尝试……使个人"跳出"他的意识。这是迷幻体验的主要任务。通过神奇的植物和吟唱以及对问题根源的寻找，个人的潜意识像一朵花一样被打开，那些束缚被松开了。它本身就讲述了一些事情。以一种非常实用的方式……这是［秘鲁］古人所知道的。[118]

让受折磨的人"跳出"他们的意识思维是描述调低PFC效果的一种方式。就像在拥挤的笼子里的实验大鼠一样，文明社

会中的人类挤在一起，与陌生人不断地摩肩接踵，这从根本上
违背了我们黑猩猩的本性。我们延迟满足，接受复杂的次优妥
协，在一份无聊的工作中长时间干活，并忍受乏味的会议。我
们特别需要让潜意识"像一朵花一样被打开"——至少有时要
这样。

　　在一个甚至都无法暂时脱离自我的世界里，有些东西会丢
失。传统上，迷幻药辅助治疗方法可以促进这一点。正如艾伦
瑞克所说，另外的方式是周期性的节日和狂欢节。她在书中表
达的担忧之一是，在阿波罗的有害影响下，以效率、健康或道
德的名义，能令个人和群体出神的机会正被挤出我们的生活。
冷酷的狼在规训拉布拉多犬这方面做得很有效。这种观点在许
多观察人士那里得到了共鸣。他们发现，过去几个世纪里，宗
教生活日渐式微，群体的联系渐渐衰弱，取而代之的是被动、
孤立的个人主义。正如斯图尔特·沃尔顿对许多不再戒酒的基
督教徒的观察：

　　　　晚上坐下来，默想《圣经》，削一块木头或纺纱织毛
　　衣，总比成群结队地喝酒好。通过这种方式，反对喝酒的
　　运动成功地将个人原子化，20世纪的许多大众休闲又进一
　　步强化了这一点：只是为了让他们集体有序，却又被动地
　　盯着一些娱乐场面，无论是在电影院、音乐厅、足球场还
　　是在虚拟现实中，而醉酒却让他们开始互动，在充满活力
　　的聚会中建立联系。[119]

我们曾经定期在万众出神的节日里聚会，或者至少定期在酒吧里进行一些松散的谈话和非正式的游戏，现代生活的规训却经常让我们把有限的闲暇时间花在孤立的、居家的活动上，比如看电视和打电子游戏。互联网的出现让情况变得更糟，社交媒体成瘾、无休无止的电子邮件和短信使我们赖在沙发上或躺在床上，眼睛不离屏幕。

狂野、神圣的吸引力，出神和力量的冲动，在我看来，在柯勒律治的《忽必烈汗》（Kubla Khan）中得到了最好的体现：

> 所有人都应该哭泣，小心！提防！
> 他闪烁的眼睛，他飘浮的头发！
> 在他周围绕了三圈，
> 带着神圣的恐惧闭上你的眼睛，
> 因为他以甘露喂养，
> 并喝了天堂之奶。[120]

出神、道成肉身，似乎与郊区的死胡同和沐浴在稳定的电视灯光或闪烁的窄小的智能手机屏幕中的起居室相去甚远。那里没有多少空间可以让人恐惧或吸食天堂之奶。这是一种耻辱，不仅仅是因为天堂之奶可能会提高我们的高密度脂蛋白水平或净化我们的水。我们是创造性猿类，也是文化性和社群性猿类。也许我们还可以提出第四个 C：人类也是有意识的（conscious）猿类。一个自我觉察的存在，被自我诅咒切断了动物般的、未分化的经验之流，需要得到解放。这把我们带到本章的最后一个主题，我打算辩护的是：为快乐而快乐。

它只是摇滚：为肉体享乐辩护

　　从早期现代到20世纪，酒精一直被妖魔化为"万恶的主根"[121]；直到研究表明适度饮酒——每天一到两杯——可能会降低患心脏病、糖尿病或中风的风险，酒精才赢回了一些效益主义的尊重。然而正如我们已经注意到的，执业医师从未对这些研究抱有太多信任，并且只会推荐适度锻炼，而不是适度饮酒。从健康的立场为饮酒进行辩护，终于在2018年遭到了《柳叶刀》刊发的文章的直接打击。我们无法回避这份可怕的论文，因为它最终得出结论：唯一安全的酒精消费水平就是滴酒不沾。

　　如上所述，对《柳叶刀》研究论文的回应各种各样：一些滴酒不沾的人毫无意外地表示"我早就告诉过你吧"，另外一些人则质疑该论文的研究方法，试图捍卫酒精的健康益处。本书将采取不同的策略，我旨在揭示酒精对个人和社会发挥的各种各样的功能，让人们注意到它在这方面的价值，从而与其更明显的健康风险进行权衡。然而，其他饮酒的捍卫者对讨论成本和收益、权衡利弊没有兴趣。他们的反应可以被称为"别太把它当回事（但我喜欢它）"①的立场。也许酒精对你有害，

①此处原文为It's Only Rock-n-Roll（But I Like It），化用了英国滚石乐队的同名单曲It's Only Rock 'n' Roll（But I Like It）。

也许它危害社会，但我喜欢它，它让我感觉良好。另外，支持者通常会补充说，很多东西对你不利，但我们还是会做这些事情，因为它们很有趣。

作为一个哲学意义上的享乐主义者，我完全支持摇滚乐的捍卫者。的确，在我们这个新禁酒令呼之欲出并对风险普遍感到厌恶的时代，我们迫切需要清楚了解让人感觉良好的简单快乐。在捍卫使用麻醉品的功能时，让我们永远不要忽视麻醉品对人类生活的最大贡献之一：纯粹的享乐。正如斯图尔特·沃尔顿在他杰出又谐谑的醉酒文化史《迷迷糊糊》（*Out of It*）[122]中观察到的那样："在所有关于酒精是一种麻醉品的言论背后，有一层来自19世纪的饱含歉意、不无羞涩、隐隐不安的委婉说法，甚至20世纪60年代的自由主义革命都没有完全摆脱它。"他对维多利亚时代虚伪现象的抨击值得大段引用，因为这种虚伪似乎伴随着所有关于酒精的讨论：

> 一家小报上刊出了一篇歇斯底里的社论，呼吁让饮料公司支付肝硬化患者的医疗费用，这可能只是被称为新镇压的情绪音乐，但如何回应这篇不朽的酿酒史里的介绍性评论，尤其是它出自最优雅的编年史家之一，休·约翰逊（Hugh Johnson）？"首先引起我们祖先注意的不是微妙的酒香，也不是紫罗兰和覆盆子的余味。恐怕是它的效果。"确实如此，但为什么怯生生地贬低它呢？承认葡萄酒中有酒精，我们的祖先被它吸引是因为醉酒是现象世界中独一无二的体验，这有什么好"害怕"的呢？如果不是她今天

首先发现这是一种令人愉快的醉酒方式，还能是酒精里的什么吸引了明天的酒鬼？难道我们不能大声说出来，作为成年人大大方方地承认，我们的生活里已经充满了感官体验？

我们不能，他总结道。"在很多方面，今天坦率地谈论一个人的性习惯，比谈论一个人使用什么麻醉品要容易得多……于是，我们在这个问题上羞羞答答，口齿不清。"[123]现在，是时候坦然面对这个问题了。虽然用纯粹的美学术语谈论我们对优质葡萄酒、微酿啤酒或大麻的兴趣在一些社会是可以被接受的，但谈论我们对纯粹的、具身的快乐的需要，仍然让我们感到不适；我们更习惯于谈论其他似乎更可敬的、更抽象的鉴赏活动，把快乐当成它们的副产品。这是我们需要克服的一个障碍。

人们自慰，人们追求快感。我们需要用同样清醒的眼光，像看待前者那样坦坦荡荡地谈论后者。正如人类学家德怀特·希思抱怨的那样："大多数关于酒精的文章，尤其是科学家、卫生专业人员和其他研究人员的论文，很少有人承认，绝大多数喝酒的人这样做是因为他们觉得喝酒令人愉快——这真是匪夷所思。"[124]在他的饮酒文学史中，马蒂·罗斯把这种奇怪的缺席——我们在人类学和对仪式的认知科学研究中也观察到了这一缺席——归因于我们对酒精的观念的转变，这种转变可以追溯到19世纪中叶。酒精曾经只是美好生活里一个假定的组成部分，一种"提振（情绪）和释放（压力）"的物质，现在只能通过成瘾和公共卫生的医学视角来看待。他引用了西班牙哲学家何塞·奥尔特加·伊·加塞特（José Ortega y Gasset）关于提香和委拉斯开兹的绘画的文章：

> 曾经，早在葡萄酒成为行政问题之前，巴库斯是神，酒是神圣的。然而，我们的解决方案反映了我们这个时代的沉闷，行政臃肿，注意力仅仅围绕着今天的琐事和明天的问题，英雄精神荡然无存。现在，谁的目光还能够穿透酗酒——堆积如山的、充斥着统计数据的学术论文——到达缠绕的藤蔓卷须，以及被太阳的金色箭头刺穿的一大串葡萄的简单形象？[125]

当然，讽刺的是本书虽然捍卫了狄奥尼索斯的力量，但很大程度上是以一种向阿波罗折腰的方式来做的，要知道，阿波罗是"行政臃肿"的沉闷之神。我们花了大部分时间集中讨论了酒精和其他麻醉品的实际益处和用途。重要的是，不要忘记简单但强大的图像的更深层次的含义，例如提香的《酒神的狂欢》（Bacchanal of the Andrians）中的场景，本书封面①正来源于此。关于饮酒对健康的益处等话题，之前有过来来回回的辩论，斯图尔特·沃尔顿对此抱怨道：

> 所有这些都忽略了一点，那就是醉酒本身就是它的理

----

① 指的是本书美国版的封面。——译者注

由。我们忽略了长期饮酒对我们的肝脏可能产生的有害影响，恰如我们听说喝酒可以降低低密度胆固醇时感到的欣慰，但也仅此而已。无论我们喝酒时身体里发生了什么，大脑都会出现醉酒的症状，而由此带来的愉悦、满足和解脱才是我们一开始想要喝酒的原因。[126]

然而，病态的谨慎和对快乐的过敏并不是我们现代人独有的痛苦。阿波罗从一开始就与我们同在。过度追求日神的功能主义而失去了酒神的感觉，是有危险的；哲学家扬·赛义夫（Jan Szaif）对一段可追溯到公元早期的希腊文本的分析，[127] 很好地说明了这一点。它描述了有德之人的行为，他更喜欢"从事崇高的行为，以及研究美好/崇高的事物"。由于他的社会角色，有德行的人"也会结婚生子，从事公民事务，以节制的爱（erōs）的方式坠入爱河，并在社交聚会的情况下喝醉——尽管不是主要喝醉"。这是一个奇怪的表达。醉酒可能意味着什么，但不是"主要喝醉"？赛义夫解释说：

> 正如在这段经文中所使用的那样，该术语表示，选择所讨论的活动不是因为有德行的人认为它本身是可取的，而是因为环境或某些假设的必要性。在这种特殊情况下，有德行的人饮酒不是因为醉酒吸引他们，而是因为饮酒伴随着他们所关心的其他事情，即某些社会活动。然而，有德行的人不会为了醉酒而从事这些活动，而是为了参与社群生活，这是他们社会本性的一部分。[128]

我们应当为这种态度击节赞叹。本书的大部分内容恰恰集中于这一问题——揭示酒精在人类文化生活中的功能。我们是一种奇怪的、可悲的猿类，试图在社会中取得成功，但这个社会已经变得如此复杂，复杂到我们的基因本身无力确保我们有能力进行合作。对于我们的演化而言，找到一种可以帮助我们更具创造力、更有文化并更信任社群的液体神经毒素，是一个关键事件，我们需要更好地了解今天的麻醉品如何继续为我们发挥作用。但是，让我们永远不要忽视这样一个事实，即喝酒、吸烟或偶尔嗑迷幻药是原始的、返祖的乐趣。让我们擦亮眼睛，喝天堂之奶。让我们不要害怕"主要喝醉"，因为它能把我们重新连接到经验之流——在其他动物那里，那是理所当然的东西。

是时候喝醉了

大卫·施皮格尔豪特爵士（Sir David Spiegelhalter）是剑桥大学公众风险理解温顿教授，他对《柳叶刀》文章作者的结论提出异议并指出，数据显示适度饮酒者面临的危害非常低。"鉴于适度饮酒带来的乐趣，声称没有'安全'水平似乎不是放弃喝酒的理由，"他说，"没有安全级别的驾驶，但政府不建议人们避免驾驶。想想看，生活也没有安全水平，但没有人会建议轻生。"[129]

真是英式幽默的极品。不过我们应该指出，政府没有建议人们不要开车，因为开车有明显可见的好处，我们可以权衡同样明显的成本。生活是不可避免的——谁也说不清楚，滚石乐队还在继续前进。另一方面，酒精无力抵挡官僚、医生和政府里的决策者，这在很大程度上是因为我们未能发现它麻醉品之王角色背后的演化原理，更未能揭示它对个人和社会的持续好处。唉，光是快乐本身，还不够广泛到能支持醉酒。

心理学家克里斯蒂安·米勒和金特·舒曼在他们关于"药物工具化"的评论文章中提出了两个重要观点，即理性、有策略地使用化学麻醉品来实现特定、理想的结果。[130]首先，尽管对酗酒和药物成瘾的担忧不无道理，但全世界和绝大多数使用精神活性物的人并不是成瘾者，成为成瘾者的风险非常低。[131]大多数人使用麻醉品，只是为了实现渴望的短期心理转变，就像他们使用咖啡来唤醒和集中注意力一样，或者像晚上盯着一个愚蠢的电视节目来缓解一天的工作之苦。两位作者进一步认为，与传统的农业社会或前农业社会相比，现代工业社会涉及更高密度和多样性的社会"微环境"，人们需要不断适应这些社会"微环境"。我们在家工作，在线协作，在用餐和招待会上搭建人脉，在电话会议和团队头脑风暴会议间隙抽空陪伴我们的孩子或去健身。因此，精神活性物——不仅是像咖啡和尼古丁这样的纯兴奋剂，还有像酒精和大麻这样的麻醉品——对今天的我们来说可能比历史上更重要。化学麻醉品可能吸引了早期的狩猎–采集者进入农业生活，并且帮助他们适应农业生活。尽管目前还有其他手段，但对我们这些最早被驯化的猿类的后代而言，现在可能比以往任何时候都更需要此类化学品的支持。

我认为，我们无法正确评估化学麻醉品所得好处的一个原因是，一种错误但根深蒂固的身心二元论影响了我们的判断。我们对人们通过看电视或慢跑来改变情绪没有非议，但当他们的心理活动涉及开瓶器和冰镇霞多丽酒①时，他们会感到不舒服。一个人冥想1小时后，压力减少了$x\%$，情绪上升了$y\%$，这比花1小时喝几品脱啤酒达到完全相同结果的人更光彩。这里的一些差异可以用饮酒带来的潜在负面影响来解释——成瘾的可能性、大量的卡路里、对肝脏的损害——但这只是故事的一部分。

对醉酒的偏见不仅深深植根于我们的大众意识中，而且也植根于对宗教和仪式的学术研究里。我们已经注意到，绝大多数关于仪式关系和集体欢腾的文献只关注健康的舞蹈和歌唱，对同样普遍的饮酒、抽烟和嗑药却保持了奇怪的——或许有人会说是清教徒式的——沉默。米尔恰·伊利亚德（Mircea Eliade）在他对萨满教的经典研究中，将药物引起的萨满教体验斥为"复制'出神'的机械和腐败方法"，是"'纯粹'恍惚的粗俗替代品"，已成业界佳话。[132]同样，诗歌和文学作品提到酒精的时候通常被说成是简单的隐喻。正如马蒂·罗斯敏锐地观察到的那样，"在对波斯诗歌的评论中，醉酒已蒸发为寓言，甚至在嘴唇湿润之前就已经转化为宗教出神"。[133]

在这种情况下，奥尔德斯·赫胥黎对化学诱导的精神体验

---

① 一种原产于法国勃艮第的白葡萄酒。

的辩护是恰当的，并且可以帮助我们更清楚地思考这个话题：

> 有人认为吞下一颗药丸可能有助于真正的宗教体验，如果你被这种想法冒犯，那么应该记住，各个宗教的苦行者经历屈辱——禁食、自愿失眠和自我折磨——都是为了获得功德。这些屈辱跟改变心智的药物一样，是改变身体（特别是神经系统）的化学反应的强大手段……[134]

> [有人可能会坚持，]上帝是一个精神存在，应该通过灵魂被敬拜。因此，化学物质诱导的体验不可能是神圣的体验。但是，在某种程度上，我们所有的经验都基于一定的化学条件，如果我们想象其中一些纯粹是"精神的"、纯粹是"智识的"、纯粹是"审美的"，那仅仅是因为我们从来没有费心去调查，在它们发生的那一刻，我们身体内部的生物化学环境。[135]

确实。认识到我们所有的经历都基于一定的化学条件，这可能有助于我们在下午冥想或祈祷——而不是和朋友一起品尝一些葡萄酒或在花园里享受自然时——变得不那么沾沾自喜。正是我们根深蒂固的、通常是无形的身心二元论导致我们系统地、不公平地贬低醉酒在任何美好生活愿景中的作用。

陶渊明创作了大量令人回味的诗篇，讲述了自然之美、乡村生活的乐趣，以及——并非偶然——酒的力量。他在《归去来兮》中写道：

携幼入室，有酒盈樽。

引壶觞以自酌，眄庭柯以怡颜。[136]

正如文学学者邝龚子所指出的那样，在这里，以及陶渊明的其他作品中，酒被描绘成一种与美好生活的愿景密不可分的东西：

在家庭和大自然的补偿性喜悦中，有时在农民的陪伴下，在汗流浃背的劳动之后，这是应得的休闲，伴着家庭欢乐和邻里之情，一起在家中品酒。在黄昏的光线下闪闪发光，并具有启发性的［自然感］，酒远远超出其物质属性；它融入了自我发现和自力更生的有益生活，融入了宁静存在中的质朴简约的精神。[137]

在古代中国和现代世界，为了成为一种有益的精神生活方式的一部分，谈论酒"远远超出其物质属性"，这在直觉上是有道理的。不过，暂时搁置我们直觉的二元论，来做另一件有帮助的事，看看以下三者如何都是一个单一物理现实的不同方面：当第一批乙醇分子开始作用于大脑中的神经递质时，温暖的潮红弥漫在诗人的神经系统中；品尝一口渴望已久的当地葡萄酒并从中获得安慰的文化期待；以及和家人、邻居和庭园团聚时感到的快乐。让我们像陶渊明一样，学会平等地庆祝它们。

鉴于本章的标题，以夏尔·波德莱尔（Charles Baudelaire）著名的醉酒颂歌《喝醉》作为结尾是合适的：

永远喝醉吧！

一切都在这里，

这是唯一的问题。

为了不去感到时间那可怕的沉重

——它折断了你的背脊，

并把你推向大地，

你必须喝醉，

不停地喝醉。

醉于何物？

——美酒、诗歌，或是德性，

随你所愿，但是——

快喝醉吧！

如果有时在官殿的石阶下，

在沟壑的草丛中，

在你房间呆滞的孤独里，

醉意减弱或消失了，

——你醒了过来……

你询问，

问风、问浪；

问星、问鸟、问钟表；

问一切逃遁的，

问一切呻吟的，

问一切滚动的，

问一切歌唱的，

问一切发声的，

——"什么时候了？"

那么，风、浪、星、鸟、钟

便回答说：

"是喝醉的时候了！"

为了不做时间的

殉道的奴隶，

快喝醉吧！

永远喝醉吧！

醉于美酒？醉于诗歌？还是醉于道德？

遂你所愿。[138]

　　我们需要喝醉，但是靠什么醉呢？我们应当允许物质现实的哪个方面让自我逃离？很难否认，我们人类要生存、要繁荣，就需要在生活中有一定程度的醉酒。

　　然而很有可能，有时冥想、诗歌或美德可能比葡萄酒、啤酒或苏格兰威士忌更好。任何对醉酒的辩护，都需要考虑乙醇对大脑-身体屏障的生理冲击，也需要承认酒神失控带来的混乱和危险。因此，让我们现在来考虑一系列严重的担忧——一些是老生常谈，一些是新生事物——关于允许我们饮酒、抽烟、嗑药来下调 PFC。在过去，狄奥尼索斯可能吹着他的风笛，带领我们跳着舞进入了文明社会。但是如果我们不小心，他也可以把我们变回动物。

第五章　狄奥尼索斯的阴暗面

酒是古代中国外交和宗教的核心，是社群的奠基，无论是此生还是来世，人际交流都离不开酒。然而与此同时，酒精也被视为对这一良好秩序的一个典型威胁。[1]任何堕落政权的最后一位统治者，通常被描绘为沉溺于酒精和女色的邪恶之徒，他们忽视国家事务和人民的福祉，与他们的妃子在灌满酒的人工湖中放荡。这样的故事在当代的腐败官员那里也能找到对应版本，他们通常维持着几个情妇，在波尔多一级酒庄的酒精之河里醉得不省人事。

　　无论在哪里，只要有人喝酒，我们都会看到类似的对酒精的模糊态度。狄奥尼索斯是古希腊的酒神，也是混乱和无序之神。他的追随者与神达到了崇高的联合状态，但是如果你在树林里遇到他们，他们可能会扑倒在你身上，把你大卸八块。综观古代文献，从古代中国到古埃及和美索不达米亚，再到希伯来《圣经》和《圣经·新约》，我们都发现了关于饮酒危险的警告，特别是对过量饮酒的警告。洪水过后，诺亚带着他的家人和牲畜从方舟里出来后，做的第一件事就是建造一个祭坛，向上帝献祭以示感谢。撇开宗教义务不谈，他接下来做的就是开垦葡萄园，然后分享它的果实（大概是他种了非常快速成熟

的品种）。他做的第三件事是喝得酩酊大醉，以至于赤身裸体
地睡着了，这让他的儿子们倍感尴尬，试图笨拙地纠正这种情
况。当诺亚酒醒之后，知道了发生的事情，愤怒地诅咒迦南，
这导致他的整个后代注定失败。[2]

　　获得葡萄酒是需要紧急处理的优先事项，但饮用葡萄酒会
引发灾难。一位阿兹特克皇帝在登基时发表了一份公告，同样
警告人们喝龙舌兰酒（pulque）的危险："我的主要命令是，你
不要喝醉，不要喝龙舌兰酒，因为它就像天仙了①一样，让人
失去理智……喝龙舌兰酒而烂醉是所有不和与分歧的原因，也
是城镇和王国之间所有叛乱和动乱的原因；它就像一阵旋风，
惊动一切，扰乱一切；它就像一场来自地狱的风暴，带来了所
有可能的邪恶。"[3]

　　德怀特·希思指出，在世界各地的文化中，酒精的使用不
可避免地伴随着焦虑和随之而来的调节或控制饮酒的愿望。酒
精不仅普遍受到特殊规则和规定的约束，而且会激发强烈的情
感。"对［酒精］的主要感受是积极、消极还是二者兼备，因
文化而异，但很少有哪个文化对酒精表示冷漠，而且与酒精相
关的感受通常比与其他事物相关的感受要强烈得多。"[4]希思在
2000年出版了一本具有里程碑意义的关于酒精和文化的专著，
它以如下的献词开场白，精彩地捕捉了乙醇分子对人脑影响的
善恶双面本质：

---

① 又名莨菪，一种植物，可入药。——译者注

乙醇，别名酒精，酒，C_2H_5OH

食物、辅食，以及毒药，

开胃剂，有助消化，

滋补、药材、有害的毒品，

灵丹妙药、饮剂，或"魔鬼的工具"，

兴奋剂或催眠剂，

令人崇拜或惹人憎恶，

春药或忘情水，

欣快剂和镇静剂，

辅助社交或帮助逃避，

兴奋剂或放松剂，

美味的花蜜或可怕的东西，

开脱罪责或加重责难，关于罪责、

圣恩或诅咒，

镇痛药和麻醉品，去抑制剂或敲除剂，

等等等等。[5]

　　把醉酒视为双面神是有充分理由的。我们已经注意到，酒精是麻醉品之王，具有"双相"作用：它最初作为兴奋剂发挥作用，产生一种积极的、充满活力的状态，但随后转化为镇静剂。这种药理手榴弹抛出的神经碎片也可以产生从快乐、外向的"自来熟"到愤怒、好战的"反社会者"以及二者之间的一切过渡状态。我们之前详细讨论了酒精对个人和社会的积极功能。我们没有谈论的事实是，在引起死亡的各种风险因素中，饮酒起了重要作用。世界卫生组织报告称，2016年有超过300万人因滥用酒精而死亡。[6]美国国立卫生研究院估计，酒精是仅次于吸烟和缺乏运动的第三大可预防的死亡原因。[7]如果不考虑狄奥尼索斯的阴暗面，酒精在把多疑的猿类聚集到创造性、文化性和社群性文明中所起的作用就不完整。

酗酒的难题

酗酒是一种古老的祸害，就其造成的绝对伤害而言，酒精最严重的危害可能会影响到酗酒者本人、他们周遭的人以及整个社会。在一封古埃及的信中，一位老师写给他以前的学生：

> 他听说自己以前的学生放弃了学业，整天从一家酒馆游荡到另一家酒馆。他身上的啤酒味太浓了，吓得人都不敢靠近他，他就像一根断了的桨，不能稳稳地航行；他就像没有神的庙宇，就像没有面包的家。老师最后希望学生明白酒是可憎的，他应该戒酒。[8]

这位埃及学生听起来像是典型的酒精使用障碍（alcohol use disorder, AUD）患者，这是酒精中毒的标准医学术语。他以前的老师所感受到的痛苦和无助，对于朋友或爱人不幸要与这种疾病战斗却屡屡失败的人来说并不陌生。今天，全球酒精中毒率估计在总人口的1.5%到超过5%，各国差异很大。

据报道，在美国有1510万成年人患有不同程度的酗酒，导致每年8.8万起酒精相关性死亡，经济成本估计为2490亿美元。多达10%的儿童生活在父母至少一方有酗酒问题的家庭中。除了严重酗酒造成的明显代价和痛苦，不那么戏剧化但更普遍的酗酒，会对我们的福祉产生广泛的负面影响。在一项针对美国成年人的调查中，近30%的受访者（以及36%的男性）表示经历过"轻度"形式的酒精使用障碍，其特征包括反复饮酒超过预期，或者尽管希望这样做但无法减少饮酒等。[9]一个更微妙的危险是，饮酒者可能变得依赖酒精，不是作为改变状态的手段，而只是为了维持一种幸福的基线状态。一些成瘾研究人员认为，经常饮酒的人在神经上适应酒精的程度，到了需要依赖持续的酒精消费才能感觉到"正常"的地步。习惯性使用药物会造成一种情况，使得身体的稳态（即维持情绪或情感的生理稳定性的能力）被重新设定在了一个病态或有害阈的位置。[10]

从演化的角度来看，我们在酒精依赖和酗酒面前的脆弱性令人费解。几千年来酒精一直是人类文化的共同特征，而且大多数人都能适度饮酒，为什么会存在酗酒？酗酒的倾向具有很强的遗传性，一些学者估计，遗传因素对这种疾病在个体身上出现的可能性的贡献高达60%。[11]酗酒所涉及的具体基因尚不明确，但可能的候选对象是那些编码多巴胺受体的基因，特别是因为酒精成瘾的人通常对其他类型的成瘾也更易感。看上去，那些容易酗酒的人既增强了酒精的早期欣快作用，又降低了对血酒浓度下降时的惩罚作用的敏感性。[12]由成瘾研究员马库斯·海利希（Markus Heilig）领导的另一项酗酒研究，主要集中在杏仁核中与神经递质GABA功能相关的基因，杏仁核是情绪唤醒和恐惧处理的中心。在依赖酒精的大鼠和人类中，杏仁核中的GABA活性异常低，这表明，处理负面唤醒或压力的能力如果出现了基因水平的损伤，可能导致酗酒。[13]

无论背后的原因是什么，仍然有多达15%的人口可能容易受到严重酗酒的影响，尽管并非所有这些人都会真正成为酗酒者。考虑到人类和酒精共存了如此之久，这确实令人困惑。酗酒具有严重的破坏性和适应不良性。为什么引起酗酒的基因没有被清理出人类基因库？人们会认为，在世界上任何可以获得酒精的地方，都会有强大的选择压力。这个谜题的另一部分是，酗酒人口的比例在不同的文化之间存在广泛的差异。为什么意大利在全球的酗酒比例接近底部，尽管那里的人们（和狐猴）普遍消费了令人难以置信的美味酒精饮料，而俄罗斯却名列前茅？

事实上，这个文化差异问题的答案可能是解开更一般的酗酒之谜的关键。就欧洲内部的文化差异而言，意大利是典型的"南方"饮酒文化的例子。[14]在南欧，酒——主要是葡萄酒但也包括啤酒——是日常生活的一部分，它融入美食中，没有酒的用餐时间是不可想象的。儿童在很小的时候就接触到适度、健康的饮酒习惯。例如在意大利，孩子们从小就开始喝兑了水的葡萄酒，随着年龄的增长，水的比例越来越少。除了在餐桌旁，人们通常不会在其他地方喝酒，而且很少喝到醉的程度。

蒸馏酒并非不常见，但通常在正餐之前或之后饮用少许，作为开胃酒或帮助消化。这些国家的人均酒精消费量往往较高，但酗酒和酒精引起的疾病的发生率很低。

虽然地处东欧，但俄罗斯是一个典型的"北方"饮酒文化，类似的还有其他东欧国家，以及德国、荷兰和斯堪的纳维亚半岛诸国。从历史上看，这些文化里的人在家里或吃饭时都不会喝那么多。儿童往往被禁止接触酒精，因为它们起初被认为是一种成人的消费品，甚至是有些禁忌的物质。饮酒是一种重要活动，往往与进餐的时间分开。蒸馏酒经常与啤酒或葡萄酒混合，甚至可能完全取代它们。北方饮酒文化里饮酒频率较低，但更容易酗酒。当众喝醉并不罕见，在某些情况下它甚至是荣誉或男子气概的标志。在远离餐桌和社交语境的地方独自饮酒，也不像在南方那样被认为是一种羞耻。

在第一章，我们注意到劫持和残留理论将饮酒视为一种纯粹的恶习，至少自我们人类弄清楚了农业、定居文明以及如何储存几乎无穷无尽的啤酒和葡萄酒以来，都是如此。因此在过去的几千年里，对酒精的渴望，尤其是在酗酒者身上发现的过度且极其有害的渴望，本应受到强大的负面选择压力。然而，我们也评论了酒精"问题"的基因"解决方案"竟然失败了，例如"亚洲人脸红"基因组合无法传播到东南亚和中东之外的地区。这表明至少在过去的几千年里，会喝酒并且偶尔喝过量，这种能力带来的效益已经超过了其成本。

然而，这种计算完全有可能在最近发生了变化。在过去的几个世纪里——在演化时间尺度上是一瞬间——人们生产和消费酒精的方式发生了两项重大创新。首先是蒸馏酒的出现，其次是生活方式和经济的一系列变化，这些变化使得单独饮酒，或者至少完全在社会和仪式控制范围之外饮酒，对一大部分人来说真正成为可能。在没有适当对策的情况下，蒸馏和孤立这两项创新可能会改变针对饮酒的成本效益计算。

　　然而，新风险的严重性却受到文化因素的强烈影响。文化规范一直在减轻酒精的危害，而且综观历史，已经制定了有效文化规范来调节饮酒的社会，能够在最大限度降低饮酒危害的同时收获其益处。因此，现代欧洲酗酒率最低的地方是意大利和西班牙，而最高的是北欧和东欧，这可能并非偶然。（移民也带来了他们的饮酒文化。例如意大利裔美国人的酗酒率低于美国平均水平。）[15]南方饮酒文化为具有酗酒遗传倾向的个人提供了有效的保障措施，可以预防这些新问题，从而解释了酗酒的基因在过去几千年中何以一直存在。而晚近的文化把潜在的酗酒者暴露在蒸馏和孤立的全部力量之下，使酗酒基因比历史上更加有害。当谈到如何驯服或驯化狄奥尼索斯时，我们可以由此获得教益，特别是因为相对不设防的北方饮酒文化在美国达到了顶峰，而美国文化反过来又为20世纪中叶以来的世界大多数地区设定了标准。

　　现在让我们转向蒸馏和孤立的双重祸害，以及它们如何从根本上放大了酒精一直对人类构成的危险。

烈酒的问题：一种演化错配

在我们悠久的饮酒史中，几乎所有的酒类都是以啤酒或葡萄酒的形式出现的，这些啤酒和葡萄酒的按体积计酒精含量（alcohol content by volume，ABV）通常在2%—4%。现代发酵技术依赖于高效且特别耐受酒精的酵母，能够生产出酒精含量更高的啤酒和葡萄酒，现代啤酒平均ABV为4.5%，葡萄酒为11.6%。[16]然而任何自然发酵的过程，都会内在地受到酵母酒精耐受性的限制：在某些时候，即使是最耐受酒精的酵母菌株也会被它们自己的副产品杀死，从而停止发酵。人类把这一过程推到了极限，最高ABV约为16%。这是澳大利亚西拉葡萄酒的ABV，它由富含糖分的超成熟葡萄（得益于澳大利亚炎热的气候）和最耐受乙醇的酵母制成。任何打开过这些"炸弹"的人都熟悉从刚开启的瓶子里爆炸出的酒精烟雾。在澳大利亚与新西兰葡萄酒的竞争中，我坚定地站在新西兰一边，更偏爱新西兰生产的更优雅、更精致的，产于凉爽气候地方的葡萄酒，但澳大利亚人应该受到赞扬，因为他们把酿酒葡萄推到了绝对的酒精极限。

我们不应该感到惊讶的是，超级聪明和渴望酒精的猿类终于设法找到了一种方法，来解决笨拙的酵母在16%的ABV就摊手认输的问题。规避酵母自然限制的一种方法称为"分段冷冻"。分段冷冻依赖于这样一个事实，即纯水在0°C时凝结，而乙醇的凝固点更低，-114℃。酒精和水的混合物会在这两点之间的某个温度冻结，这就是为什么发动机的冷却剂与防冻剂最初含有甲醇，甲醇是乙醇的化学近亲。如果你把一些啤酒在非常寒冷的天气里拿出来，随着混合物冷却下来，最终会形成大块的冰块。由于水和乙醇混合物的性质，冻结的冰块不是纯水，而是乙醇和水的组合，这意味着分段冷冻不能将乙醇与水完全分离。但是，留下的浆料中的酒精含量略高于结出的冰块；因此，如果将此过程重复几次，就可以得到更强效的酒精饮料。以这种方式生产的冰博克啤酒，ABV可以达到12%。在美国边境，苹果佬约翰尼的苹果树经常被变成苹果烈酒，这是一种由分段冷冻的苹果酒制成的强效酒，通常ABV约为20%。

当然，在现代之前，这个过程只能发生在那些冬季非常寒冷的地区。例如，要获得ABV为20%的苹果烈酒，你需要从已经非常烈性的苹果酒开始，然后把它冷却至-10℃。此外，分段冷冻本身是一个粗糙的过程。因为水和乙醇总是混合在一起，所以取出的冰块含有越来越多的乙醇，因此最终产品的ABV有一个上限。另一个重要的问题是，冰块去除后，留下的混合物不仅富含乙醇，而且还富含其他更刺鼻的物质，包括其他形式的酒精和有机分子，它们要么有毒，要么味道难闻，要么两者兼而有之。绝望的美国先驱们宁愿忍受这些通常有害的混合物，但在现代餐厅的酒单上，我们已经看不到分段冷冻制成的烈酒了，这并不奇怪。

因此，总体而言，分段冷冻是一种受地域限制、效率低下并且粗糙的提高酒精含量的过程。真正出色的方法，如果你想短时间就提高ABV，那就是蒸馏。蒸馏既优雅又简单，至少在概念上是这样。取水和乙醇的混合物，加热而不是冷却它。水和乙醇都相对易挥发，这意味着它们会在啤酒或葡萄酒里的其他化学成分之前先沸腾。（这就是为什么蒸馏水是净化饮用水的好方法——煮一些污水，水分子会以蒸汽的形式排出并被收集起来，从而留下细菌和不需要的有机分子。）对于那些寻找浓缩酒精的人来说，乙醇比水更易挥发，沸点为78.3°C，低于水的100°C。这意味着如果你加热啤酒或葡萄酒，乙醇会先沸腾。如果你能想出一些方法来捕捉酒精蒸气并把它冷却成液体，瞧，你已经或多或少地得到了一些纯酒精。你打破了ABV的天花板。

问题在于，在实践中，蒸馏非常难以实现。正如亚当·罗杰斯所说，蒸馏"需要能够将液体煮沸，并稳定地收集产生的蒸汽，这听起来很简单。但要做到这一点，你必须先学习很多其他技能。你必须能够控制火候，加工金属，加热和冷却它们，制造密封的加压容器"。[17]你还需要能够精确控制各种液体和蒸气的温度，并知道在加热过程中何时产生的蒸气是乙醇，而不是你可能不想要的其他东西。除了在技术上颇具挑战性，蒸馏也有危险。就像美国当代冰毒实验室的灾难一样，在执行禁酒令的时代，也有爆炸的家庭蒸馏器和滚烫的液体。

然而，我们是一种坚定且足智多谋的猿类。亚里士多德描述了酒精蒸馏的原理以及蒸馏作为一种净化水的方法；有证据表明古代中国、古印度、古埃及、美索不达米亚文明和古希腊都有进行蒸馏实践。[18]到了中世纪，波斯和唐代的中国出现了酒精蒸馏。前者给了我们英文单词"alcohol"，来自波斯语中蒸馏乙醇的短语，即酒的al'kohl'l（"睫毛膏"）。[19,①]后者的文字记载里开始谈到"烧酒"，并且这个时期宴会杯的尺寸开始缩小，这可能反映了精英圈子从啤酒和葡萄酒向蒸馏酒的转变。[20]然而，蒸馏酒真正开始还是在最近，可能是在13世纪的中国和16至18世纪的欧洲。

上述历史事实对于我们讲述的故事来说非常重要。如果说酒精在促进文明、创造力和人类合作方面发挥了至关重要的作用，那么在其9000多年历史的大部分时间里，它一直以酒精含量较低的啤酒和葡萄酒的形式出现。如果说葡萄酒的酒精含量（11%）相对于从藤蔓上掉落的一些过熟的葡萄（3%）来说是一个跳跃，那么用这种葡萄酒蒸馏制成的白兰地（40%—60%）就无异于一次量子跃迁。早期的希腊人非常担心饮用未经稀释的葡萄酒的危险，他们认为这种野蛮的做法不可避免地会导致暴力和混乱。如果他们知道白兰地，肯定会被其中潜在的混乱吓坏。

蒸馏酒不仅比自然发酵的饮料更猛烈，而且保存得非常好，并且易于包装和运输。历史学家丹尼尔·斯迈尔（Daniel Smail）认为，我们所说的"现代性"开始的一个关键标志是，化学麻醉品以前局限于世界各地——咖啡因在非洲，尼古丁在美洲，鸦片在中亚——"一起进入一个新的［全球］框架。"[21]这个新的全球网络的一个显著特点是朗姆酒、杜松子酒和其他

---

① Khol 在波斯语中指波斯的一种眼妆材料，相当于现代睫毛膏里的木炭，是纯化后的产物。波斯人用它来指代所有纯化、蒸馏后的东西。

蒸馏酒的交易，这些酒可以保存几十年不坏，并且可以轻松运往全球各个角落。因此，蒸馏技术的出现从根本上改变了酒精消费的范围和幅度。蒸馏使工业化世界中几乎任何地方的任何人，都可以走进街角商店，几分钟的工夫，花上相当于几美元的钱，就能把大量酒精塞进一个棕色小纸袋里。几瓶伏特加所含的乙醇剂量相当于一整车前现代的啤酒。在我们的演化史上，这种浓缩麻醉品的可及性是前所未有的，对于潜在的酗酒者来说，这并不是一个好的发展。

蒸馏酒也严重扭曲了社交饮酒，因为它会让你非常快地喝醉。德国人所说的Schwips（醉醺醺）是一种令人愉快的社交兴奋感，它描述了酒后微醺的精神状态，即从刚喝几口酒到大约0.08％的血酒浓度（大多数司法管辖区判定法定醉酒的临界点）。人们在社交场合喝啤酒或葡萄酒，尤其是在用餐的情况下，很少会超过0.08％。这很好，因为一旦超过这一浓度，事情很快就会走下坡路。血酒浓度达到0.10％，人就喝得很醉，而大多数人即使喝醉也不会超过0.30％，哪怕在一个放纵的狂野之夜也是如此。超过0.30％，酒精的镇定作用就开始超过其他一切，其特征是真正需要回家的饮酒者开始出现口齿不清和行走困难。一旦血酒浓度达到0.40％，大多数人会昏倒，这实际上是身体的一种保护机制，因为超过该水平会导致强烈的生理镇定，甚至呼吸和心脏功能会停止。

喝啤酒或葡萄酒很难昏倒，要自杀几乎更是不可能。然而，一旦混合了蒸馏酒，一切都有可能了。喝杜松子酒或伏特加酒的人醉倒的速度之快令人恐惧。与啤酒或葡萄酒不同，蒸馏酒冲击我们神经系统的速度如此之快、力量如此之大，使得它们难以和谐地融入社交活动或膳食中。喝伏特加酒的人以极快的速度冲过0.08%的血酒浓度——社交微醺感的最佳位置，马上从完全清醒变得口齿不清、失去方向感。对于有酗酒倾向的人来说，蒸馏酒提供了最快、最可靠的方式以实现醉酒的目的。

尽管古人警告过关于醉酒和混乱的危险，我们唯一真正的酒精大流行历史却相对较近，因为它们是由蒸馏酒引发的。例如在18世纪的英国，大量廉价的烈酒突然走入了寻常人家，这导致了伦敦的"杜松子酒热潮"，并导致犯罪、卖淫、贫困、虐待儿童和过早死亡的激增。1991年苏联解体后，俄罗斯人的预期寿命大幅下降。[22]当全面的市场改革和国家酒精垄断被废除时，伏特加的价格相对于其他商品暴跌。1992—1994年，俄罗斯女性的预期寿命下降了3.3岁，男性则下降了令人难以置信的6.1岁，后来的研究表明，死亡率的上升是由伏特加消费量的大幅增加推动的。[23]

尽管酒精有许多有益的功能，但蒸馏酒从根本上增加了它对个人和社会的危险。这是一个新的风险。人们有时难以思考演化的时间尺度，而1500年似乎是很久以前的事了。因此，为了直观地了解蒸馏酒的发展程度，图5.1显示了在我们灵长类动物适应酒精的漫长历史中，蒸馏酒是何时出场的。

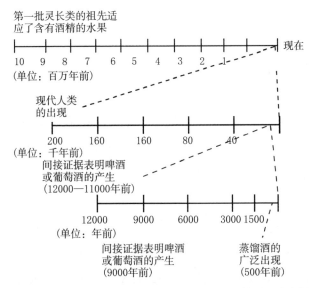

图5.1　酒精与人类演化的时间线。从我们的第一批灵长类祖先适应含有酒精的水果（1000万年前），到现代人的出现（20万年前），间接证据表明葡萄酒或啤酒的生产（12000—11000年前），直接证据表明葡萄酒或啤酒的生产（9000年前），再到蒸馏酒的广泛出现（500年前）。

　　虽然16世纪的事情看起来像是古老的历史，但从演化的角度来看，它基本上是昨天。

　　蒸馏技术不仅是一种新的危险，它还助长了伴随的危险：在社交语境之外饮酒。现在让我们来考虑一下，不仅是街角商店出售的烈酒带来的酒精冲击，还有允许它被独自带回家的风险。

孤立：独自饮酒的危险

如果你曾经抱怨过周五晚上下班后在拥挤的酒吧要等很久才能喝到酒，你应该庆幸自己不是生活在古代中国。关于传统饮酒仪式的开始，中国早期的《仪礼》描述如下：

> 主人与宾三揖，至于阶，三让。主人升，宾升。主人
> 阼阶上当楣北面再拜。宾西阶上当楣北面答拜。主人坐取
> 爵于篚，降洗。宾降。主人坐奠爵于阶前，辞。宾对。[24]

正如汉学家蒲慕州所说："仪式本身是为了在饮酒的帮助下庆祝参与者之间的友谊，尽管真正的喝酒在这个漫长的过程结束后才开始。"即便这场由敬礼和洗杯组成的预备芭蕾终于结束，中国古代的饮酒者仍然不能随意喝酒：只要不敬酒，就不能饮酒，谁有权利或责任敬酒也是严格按照仪式规定的。

这意味着，传统饮酒宴会的主持人通过调整敬酒的频率，可以有效地调节客人的醉酒程度。如果谈话和良性互动滞后，敬酒频率就会上升；如果事情开始失控，现在就该专注于素菜了。对于早期的中国人来说，仪式化的酒宴是一般意义上的社会治理的隐喻，因为它通过仪式秩序来优雅地限制和调节酒精的使用，从而驯服酒精这种社会混乱的潜在来源。[25]正如中国古代历史学家司马迁所解释的：

　　夫粢豕为酒，非以为祸也；而狱讼益烦，则酒之流生祸也。是故先王因为酒礼，一献之礼，宾主百拜，终日饮酒而不得醉焉，此先王之所以备酒祸也。故酒食者，所以合欢也；乐者，所以象德也；礼者，所以闭淫也。[26]

　　在饮酒方面，"避免过量"的文化策略与酒精本身一样普遍。从古代苏美尔、古埃及、古希腊、古罗马到古代中国，在饮酒的文字和绘画记录里，它总是伴随着社会交往，并符合社会规范。例如，希腊会饮的主持人不仅控制了敬酒的时间和顺序，还控制了宴饮用酒的浓度，根据需要酌量调整。

　　这种社会调控也是许多当代文化的特征。生活在索诺兰沙漠的托霍诺奥德姆（Tohono O'odham）人通过发酵仙人掌汁自酿了一种酒精饮料，但"没有一个家庭可以喝自己的烈酒，以免房子被烧毁，［尽管］他们可以在其他人的房子里喝"——这个禁忌有效地使饮酒成为一种公共行为，因此受到社会控制。[27]在格鲁吉亚的传统家庭中，餐桌负责人（被称为tamada）控制酒精消费的方式非常像传统的中国宴会或古希腊会饮的主持人，明智地把控敬酒的间隔，并在每个人都喝得差不多时结束仪式。[28]在日本，某些神道教仪式要求参与者喝醉，但会仔细监测参与者的醉酒程度，仪式上饮酒过于热情的人会被体贴地护送回家。[29]

　　这种策略是有效的，因为在大多数社会和人类历史的大部分时间里，消费化学麻醉品，尤其是酒精，从根本上来说是一种社会行为。在绝大多数社会中，没有人独自喝酒。饮酒是社群行为，并且受到正式和非正式仪式的高度调节。正如德怀特·希思在他对跨文化背景下的饮酒行为调查中得出的结论："单独饮酒，通常被视为酗酒问题的一个重要症状，在大多数社会中几乎闻所未闻。"[30]只要发生单独沉迷于醉酒的情况，它都受到广泛谴责或怀疑。人类学家保罗·道蒂报告说，在秘鲁高地的混血社区中"饮酒是一种社交行为，几乎每一次社交聚会都少不了它。孤独的饮酒者被认为是离经叛道的，起码是不幸的，或者在最坏的情况下，被视为不友好或'冷酷'（seco）的"。[31]在大洋洲，"'单独喝卡瓦'是巫术的同义词"——单独沉迷于酒精的人一定图谋不轨。[32]即使在美国，这个也许是世界上饮酒文化最为个性化、也最为多样化的地方，单独饮酒也背负着一定的污名。1985年的热门歌曲《我独自喝酒》（I Drink Alone）讲述了一个失控的、孤独的人不停地喝着高度的蒸馏酒，这并非偶然；同样是这位歌手，乔治·索罗古德（George Thorogood），他还给了我们《坏到骨子里》（Bad to the Bone）。

就此而言，关于卡瓦酒的一个现象很有启发性：它已顺利融入某些文化的社会生活里，这些文化传统上一直在使用它；但在更晚近的时间里，当它被出口到其他地区，却日渐成为一种危险且被严重滥用的药物。例如，没有卡瓦酒饮用史的澳大利亚土著，他们的消费量比最初驯化卡瓦酒的太平洋岛屿文化里的人们要高50倍。这导致了巨大的个人和社会问题。研究人员将这种差异归因于卡瓦酒已脱离其传统的仪式和社会背景，消除了对个人消费的重要限制。[33]

正式的饮酒仪式或庆典场合，对个人应当如何饮酒有明显的规范。可能不太明显的是，即使是完全非正式的聚会，或者任何形式的公共饮酒，在本质上都涉及一定程度的社会监督和控制。挪威的一位民族志学者研究了一群20多岁的人，他指出，即使在相当混乱的饮酒派对上，年轻的挪威人会喝掉许多酒，但起码隐含着"强调健康饮酒，而且这是以集体观念和群体对个人消费负责为基础的"。如果哪个朋友在聚会开始之前独自在家喝酒，那这就是一个不好的迹象，有必要进行干预。[34]在酒会上，扔掉或回收空酒瓶也被认为是不好的，这些空瓶子应当堆放在每个饮酒者面前，让在场的每个人都能及时准确地知道这个人喝了多少。喝得太快或太多的人，会在朋友的注视下无意识地调节自己，放慢饮酒速度，以更好地匹配群体。

这种现象，有时被称为"匹配饮酒"，已在世界各地的文化环境中被广泛观察到，并且可以在实验室中得到复制。[35]然而，鉴于个人有时会"跟上"——即增加他们的消费以与同龄人保持一致——这可能会导致喝得更多而不是更少。确实，在病态的形式中，例如兄弟会的刁难仪式，这可能会引起可怕的后果。然而除了在大学或小说《蝇王》里，由远离家庭和社群的年轻人设计的文化相当罕见。大多数文化都对酒精消费设定了合理的限制，关键是个人的醉酒程度在集体饮酒时受到社会控制，即使是在非正式的饮酒场合。

实验室研究还表明，处于社交饮酒条件下的人报告"积极情绪、兴高采烈和友善"的水平有所提高，而被要求单独饮酒的受试者报告的抑郁、悲伤和消极情绪水平更高。[36]在群体中饮酒似乎防止了酒精引起的以下危险行为增加：集体意见似乎能够补偿饮酒引起的个体的认知近视带来的偏见。[37]正如一个研究小组指出的那样，在社交饮酒中发生的群体监控，意味着"饮酒者在群体中可能会受到一定程度的保护，他们也许能够'彼此照应'。相比之下，一个孤独的饮酒者可能会处于相对更不可预测和更脆弱的状态"。[38]同样，在不健康的兄弟会或其他欺凌文化中，这个过程可能会出现严重差错，但通常来说有助于减少饮酒、规范饮酒。

　　在现代世界，饮酒经常发生在社会真空中。[39]在郊区社区尤其如此，人们从家里长时间通勤去公司，在两者之间被困在他们的私家车里。郊区居民通常也缺乏步行距离内的社交饮酒场所，在那类场所里他们可以继续当天早些时候开始的对话，或者在工作和晚餐之间与其他经常光顾的客人一起喝酒放松。饮酒越来越多地只发生在私人住宅中，在社会控制或观察之外。在电视机前倒出一杯又一杯高酒精度的啤酒、伏特加或汤力水，即使有家人在身边也与传统饮酒习惯截然不同，后者以公共用餐和有仪式控制节奏的敬酒为中心。相反，它让人想起在那些酒精和压力实验中为过度拥挤的大鼠提供的无限量供应酒精的喂养管。个性化的、按需提供的烈酒，对人类和老鼠来说都不自然。

蒸馏与孤立：现代性的两重祸害

蒸馏酒的广泛供应和独自饮酒现象的增加是相对较新的发展，可能会从根本上改变酒精的利弊平衡。酗酒的大规模流行无不源于现代性祸害其一或二者，当蒸馏酒的容易获得撞上社会秩序或仪式调控的崩溃，烈酒就会变得特别有害。我们可以看到，苏联解体后伏特加在俄罗斯开始流行；我们也看到，美洲原住民中出现酗酒问题，这都是这两种力量在起作用。历史学家丽贝卡·厄尔（Rebecca Earle）撰写了大量文章，讲述了西班牙人对美洲殖民地里"醉酒的印第安人"的偏见，传教士和殖民者借用并夸大了这一标签，以论证他们压迫和剥夺当地人口是合理的。尽管如此，正如厄尔指出的那样，在后殖民时代酒精确实对土著来说变得更成问题，现代性的两重祸害似乎是主要原因。这个时代的特点是宗教仪式的式微，正是这些宗教仪式此前为南美文化提供了社会调节机制，把酒精饮料（如奇洽或龙舌兰酒）安全地融入日常生活。时代的另一个特点是，蒸馏酒也进来了，而且它比本土发酵的酒精饮料更强大。[40]

在这种背景下我们不难理解，在酗酒率方面处于世界领先地位的俄罗斯，仍然具有某种多样化的社会秩序，而且对蒸馏酒表现出几乎排他性的嗜好。美国人在酗酒方面也毫不逊色。这至少可以部分归因于极端的个人主义和分散的郊区生活方式，这是美国的特征，至少与欧洲国家相比是这样。工业化世界中小酒馆和咖啡馆稀缺的国家是少数，美国正是其中之一，并且在美国得来速商店允许个人获得香烟、枪支、肉干零食和足够瘫痪大象分量的酒精，而不必离开舒适的SUV。这是一种史无前例的生活方式，无论是在基因或文化水平，我们可能都没有做好演化的准备。

我们在上文提到，酗酒具有很强的遗传性，并提出了为什么易酗酒的基因仍然存在于人类基因库中的问题。一种可能性是，在蒸馏和不受管制的独自饮酒出现之前，酗酒的危险被饮酒给个人和社会带来的效益抵消了，但这种平衡发生了改变。在一个充斥着烈酒的世界里，饮酒越来越多地发生在自己家中，酒精可能不再有用，反而更加危险。蒸馏酒很有可能是一种新的威胁，新到遗传演化根本没有时间赶上。

在第一章中，我驳斥了残留理论，这些理论认为酒精在我们漫长的演化历程中可能具有适应性，但自从人类发明了农业并可以大量生产啤酒和葡萄酒，它就变得不适应了。但在确定蒸馏和孤立的新危险时，我基本上打开了修正残留理论的大门——在这个理论中，酒精提供的具有适应性的微醺感，在最近的几百年左右变成了恼人的头痛。如果这是真的，一个预测是我们将开始看到导致"亚洲人脸红"的基因，以及对酗酒有保护作用的基因，开始扩散到更广泛的地理范围。在这种情况下值得注意的是，东亚不仅是这些基因最集中的地区，而且在蒸馏酒广泛分布方面也比世界其他地区领先了300—400年。

人类需要适应的环境发生的快速而剧烈的变化，显然也为文化演化付诸行动提供了机会。蒸馏和孤立带来的挑战，可能要求我们认真地重新制定文化对策，以应对这种世界上最受欢迎的药物。就此而言，南方饮酒文化似乎相对很好地处理了这两种威胁，可以提供一个参考模式。我们将在本章末尾概述这种饮酒文化的一些有用特征。

　　然而在那之前，我们有必要在此集中讨论其他方面的问题，不是彻头彻尾地酗酒，而是当饮酒调节不力时，有些事情可能会严重偏离轨道。关于酒精给个人和社会带来的成本，之前在反对劫持或残留理论的辩论过程中出现过。到目前为止，这些成本只是顺便提到。在权衡我们应该如何看待酒精在现代世界中的适应性价值时，重要的是要更详细地探索它们，并详细说明第三章和第四章中讨论的一些适应性功能的阴暗面。

酒后驾车、酒吧斗殴和性病

　　在讨论饮酒成本时，经常会出现"死亡率贡献""酒精相关性死亡"和"酒精相关性危害"等短语。这些非常模糊的健康政策术语指的是远远超出肝脏受损的结果。酒精确实会伤害你的身体，尤其是过量饮酒，但酒精相关性危害"包括一系列负面后果，例如生产力下降、暴力、伤害、学业失败、意外怀孕、性传播疾病、心血管疾病、癌症等"。[41]酗酒最明显的负面行为后果可能是酒驾，[42]但世界卫生组织将酒精与多种死亡联系起来，包括肝损伤、癌症、自残、工业事故、中毒、溺水、跌倒以及相当宽泛的"其他意外伤害"类别（表5.1）。

表5.1　某些死亡、疾病和伤害的"酒精贡献度"

（alcohol-attributable fractions, AAF, 2016年全球的数据）[43]

原因	全球范围的死亡	伤残调整生命年
酒精使用综合征	100%	100%
肝硬化	48%	49%
其他咽部疾病	31%	31%
车祸	27%	27%
嘴唇和口腔	26%	26%
胰腺炎	26%	28%
喉癌	22%	22%
结核病	20%	21%
自残	18%	19%
人际暴力	18%	18%
食道癌	17%	17%
暴露于机械力	14%	15%
其他意外伤害	14%	13%
癫痫	13%	10%
中毒	12%	10%
溺水	12%	10%
坠落	11%	15%
结肠癌和直肠癌	11%	11%
烧伤、高温、烫伤	11%	11%
肝癌	10%	10%
出血性中风	9%	10%
高血压心脏病	7%	8%
心肌病、心肌炎、心内膜炎	7%	8%
乳腺癌	5%	5%
下呼吸道感染	3%	2%
HIV/艾滋病	3%	3%
缺血性心脏病	3%	2%
缺血性中风	−1%	−1%
糖尿病	−2%	−2%

大量饮酒造成的健康后果，以及醉酒司机给世界带来的苦难和悲伤，已被广泛讨论，此处无须赘述。[44]当我们评估酒精在人类社会中的作用时，单单是这两者就凸显了负面影响。在饮酒导致的许多其他负面后果中，这里我们单说两个特别突出的后果：攻击和一般的冒险行为。

除了冰毒等纯兴奋剂，酒精是已知的唯一一种会增加人身攻击和暴力倾向的药物。[45]大麻、卡瓦酒、MDMA和迷幻药都会产生温和内向的兴奋感。酒精的刺激作用，再加上它引起的认知近视和执行功能丧失，会诱发攻击或暴力行为，尤其是在认知控制水平已经很低的人中。[46]正如一位作家指出的那样，种种文化一直对群聚性饮酒持谨慎态度，这是有道理的，尤其是在可能引发强烈情绪的情况下，比如体育赛事。一位研究古希腊的古典学家描述了德尔菲体育场的铭文，其历史可追溯至公元前5年：禁止观众将葡萄酒带入竞技场。他还补充说，今天的哈佛和南卫理公会大学的足球场外，仍张贴着类似的警告。[47]正如任何欧洲足球迷所熟知的那样，在大量人群、强烈情绪和激烈的团队竞争中引入酒精，是大规模暴力和流氓行为的根源。

除了助长攻击性，酒精阻碍的认知控制还会增加一般的冒险行为。在一项研究中，[48]实验者招募了四组受试者——安慰剂对照组，另外三组喝的是酒精浓度不同的土良姜艾尔——他们的任务是玩一系列游戏，旨在测量他们直观地权衡回报选择的能力。有些选择会稳定地返回小额奖励，而另一项选择更刺激，风险也大，最终付出也更高。在每次实验开始时，他们一开始就有一小笔钱（6美元），他们被反复要求在两个支付选项之间进行选择，标记为"C"和"A"。C是安全的选择：点击它总是会带来0.01美元的小而可靠的收益。坐在电脑前反复点击"C"是一种相当沉闷的体验，但就受试者可以带回家的真钱而言，它给出了一个可预测且收获更高的结果。风险选项A带来了更多的兴奋，产生了随机的回报或付出，从0.25美元到1美元不等，但被游戏设计得总体成本更高。选择A将提供更令人兴奋的旅程，但在实验结束时，受试者在经济上会更吃亏。

图5.2显示了初始给药前阶段和第二阶段之间的风险反应相对于安全反应的变化，在第二阶段饮酒组的受试者达到了最高血酒浓度。

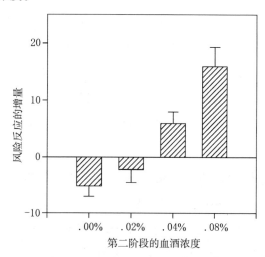

图5.2 从第一阶段(给药前)到第二阶段(酒精效果达到峰值)四组受试者,从安慰剂组(0%)到血酒浓度0.08%组,风险反应相对于安全反应的变化。衡量该变化的方法是用第二阶段的风险选择指数减去第一阶段的对应指数。[49]

处于安慰剂条件下的受试者和那些给予低剂量酒精（血酒浓度略低于0.02%）的受试者很快学会了避免冒险的选择，减少了选择它的次数，并最终比那些血酒浓度略高于0.04%或0.08%的人获得了更高的回报。随着血酒浓度水平的提高，受试者更青睐令人兴奋但成本更高昂的选择。我们不应该感到惊讶，这些实验者使用的风险任务脱胎于研究PFC损伤患者的风险任务，并且在这一人群中发现了同样的模式，他们都被看起来诱人但最终回报较少的选择吸引。

对酒精引起的负面反馈或长期后果的相对不敏感，会导致许多危险行为，从酒后驾车到不安全的性行为。后者把我们引向酒精催情特性的阴暗面话题。

啤酒眼与对女性的暴力行为

《圣经·创世纪》中令人不安的事件之一（这可不是小事情），是罗得的女儿们让他几乎不知不觉地喝醉，然后勾引他，并因此怀孕（19: 33）。这只是第一个将酒精当成约会强奸药物的文学记录，此后还有更多。[50] 本书第四章讨论了酒精对增强亲密关系的作用，允许陌生人彼此敞开心扉，让浪漫的情侣超越尴尬或无益的禁忌。在这里我们必须稍微纠正这一说法，饮酒，特别是过量饮酒，也会扭曲甚至伤害浪漫和性行为。"使用酒精来放松性抑制，或增进浪漫和性感觉，通常不是问题；这是一件乐事，"一篇关于酒精对性行为影响的评论文章的作者承认，"然而，必须指出，酒精也会引起许多不良后果，包括意外怀孕、性功能障碍、性侵犯和性传播疾病（包括艾滋病）。"[51]

"啤酒眼"这个词听起来有点滑稽，它指的是酒精增强了人们感知到的他人的吸引力，我们在第四章中讨论了这种效果。然而它也可能导致潜在的、非常有害的行为。在实验室中直接检查啤酒对人类性行为的影响，可能会遇到伦理上的挑战，但我们注意到，涉及酒精对认知和行为的影响时，果蝇为人类提供了一个相当好的模型。研究表明，醉酒的雄性果蝇会追求环境中的一切，包括其他雄性果蝇（它们通常不会这么干），表现出更强的性唤起以及更弱的辨识力。[52]在这种影响下，雌性果蝇同样表现出更少的挑剔和更弱的配偶偏好。[53]我们可以称之为"啤酒面具"现象，醉酒的人觉得自己更有吸引力这一事实显然也有阴暗面。研究表明，醉酒的异性恋男性更容易把女性的友好行为误读为性暗示。[54]值得注意的是，这种偏见具有明显的特殊性：在一项研究中，男性在区分一般友好和性兴趣的能力下降，但仍能准确处理其他相关信号，例如女性的穿着有多挑逗。[55]

最近的一项研究还表明，与清醒的对照组相比，酒精会使男性对女性采取更加物化的态度，导致他们更关注女性的身体而不是脸部。[56]这项研究的作者引用歌曲《都是酒精惹的祸》（Blame It [On the Alcohol] ）的歌词，观察到"对女性采取物化的凝视会导致感知者将女性非人化，这可能为许多负面后果奠定基础，例如性暴力和工作场所的性别歧视"。[57]另一项相关且令人特别不安的研究发现，如果向男性展示描述（虚构的）自愿性行为或强奸场面的色情片段，他们的生理唤醒测试显示：清醒的男性对象更容易被自愿性行为的片段唤醒，而喝醉的男性会被两者同样唤醒。根据他们的自我陈述，血酒浓度也增加了男子愿意以构成强奸的方式行事的意愿。因此我们不必惊讶，在性侵案例中经常会出现酒精。对被定罪的强奸犯的研究发现，有40%—63%的人在犯罪时喝醉了。[58] 大量饮酒在大学校园里的性侵犯中起着核心和可恶的作用，在校园外的世界则预示着伴侣虐待。[59]

由此很容易得出结论，酒精、男人和女人永远不应该混在一起。几乎可以肯定的是，把一大群正在经受前额叶挑战的年轻人扔进兄弟会的派对，将音乐、舞蹈和大量蒸馏酒装在不透明的红色塑料杯中，这会带来麻烦。对警方记录的分析发现，在高达72%的性侵犯案件中，犯罪者、受害者其一或两者都喝醉了，而酒精是熟人发起性侵犯的一个重要因素。[60] 增强性欲、减少抑制、削弱风险评估和诱发衰弱的认知近视，这些因素的混合潜在地是有毒的、危险的。但我们承认，酒神这一特殊的阴暗面是复杂的。这里记录的阴暗面与前几章记录的光明面是并存的，例如促进群体联系和增强信任。同样可以说，酒精与暴力侵害女性之间的联系，是由父权制或厌女的社会规范而非乙醇分子本身驱动的。酒精会解除抑制，但它本身并不会产生随后被释放的行为倾向。无论如何，当谈到酒精和性时，我们没有比这更好的例子来说明酒精的双面神本质，它是希思的"灵丹妙药、饮剂，或'魔鬼的工具'"。

现在，让我们转向酒精增强社交功能的另一个缺点，它的破坏性不那么直接但仍然有害：纽带和关系如何会导致派系和小圈子团体的延续。

外来者与滴酒不沾者勿入：强化老男孩俱乐部

正如我们看到的，学者们认为日本工薪阶层（几乎完全是男性）下班后喝酒几乎是必不可少的，这可能在化解等级制度和帮助业已僵化的日本公司在20世纪八九十年代的持续创新发挥了重要作用。一位观察者对这个主题几乎作了抒情的记录。与白天办公室枯燥乏味的世界相比，下班后的场景是：

> 一段"欢乐时光"，一个亲密、暧昧的黑暗世界，被霓虹灯招牌和姿色参差不齐的女主人的做作的微笑照亮，她们的工作是轻声说些甜蜜的废话，斟满客户的酒杯，同时恭维他们演唱的流行歌曲——通常最好什么都不说。这个世界被略带诗意地称为"水商卖"（みずしょうばい），据说它为正式严肃的商业谈判提供了一个轻松宜人的收尾。[61]

不幸的是，这种玫瑰色的说法反而忽略了这些"姿色参差不齐的女主人"所忍受的不受欢迎的评论和触摸，也没有提到整个系统如何强化了压迫性的性别角色规范、性骚扰文化以及日本劳动力市场中极少有女性参与。

对女性来说，中国的饭局同样是可怕的经历。作者颜歌写过一篇富有洞察力且不无幽默的评论，讲述了她在家乡成都参加一次职场饭局的不幸遭遇。[62]起初以为自己被邀请参加一个非正式的晚餐，却进入了一个正式的晚宴，她扑通一声坐到了似乎是男领导的旁边，并惊恐地意识到，她可能被安排到了传统上为"那个姑娘"保留的位置。正如她解释的那样，这是指"一位被安排来招待重要中年男客的年轻女子。坐在这个位子上的人可能会收到：多得离谱的二手烟，桌边男男女女们的上下打量，永远喝不完的白酒续杯，以及肩膀上偶尔的一捏，或落在背上的手"。颜歌描述了饭局的主要活动——马拉松式饮酒——所造成的生理伤害，以及它如何强化了传统的性别角色，特别是对年轻女性带来的痛苦，因为她们被期望来娱乐高级男性同事并和他们调情。她对中国饭局的要点做了一针见血的评论：

> 饭局的最终目的是把用餐者灌醉。只有大家都醉了，才能建立关系，成为朋友，互捏肩膀，讲荤笑话。饭局出问题时，情况可能会很糟糕：有人可能会打起来，女性可能被消遣、受到伤害。但如果饭局搞得好，各种错误都会被原谅；吃饭的人一起满头大汗，一起狼吞虎咽，一起痛饮，一起高歌。然后，而且只有然后，生意才会做成。

这很好地包含了第三章和第四章中谈过的酒精的积极功能

以及我们在这里关心的问题。严重受损的PFC可以为信任、宽恕和慷慨铺平道路；它同时也打开了敌意和厌女的闸门。

虽然我们在不列颠哥伦比亚大学的研究联盟成立的酒吧提供了比日本的酒吧或典型的中国饭局更健康的环境，但值得注意的是，后来周五下午被我们称为"中心会议"的与会者几乎仅限男性。我们能够温和地下调PFC，并借着几杯酒集思广益，因为我们的妻子同意在星期五照看孩子，并且如果我们晚了饭点或略带醉意回家或两者兼而有之，也不会对我们发火。我们也欢迎，甚至是鼓励女性同事加入，偶尔也的确有人会这样做。不过这些聚会通常与日本的水商卖一样，还是由男性主导。这背后的原因可能在于不公平的性别规范，无论是否有意，它让人们更容易接受男性（而非女性）因为待在酒吧而错过日托接送的事实。我们对时间和地点的选择，绝不是故意设计以营造一种对女性充满敌意的氛围，但很可能无意中还是这么做了。

目前尚不清楚我们应该如何思考这个问题。鉴于这种酒精驱动的头脑风暴有明显的好处，宣布它不应该发生似乎不近情理。然而，如果这种社交形式发生在不欢迎女性甚至被认为不欢迎女性的场所，则有明显的排斥女性和制造不平等的危险。第四章中描述的禁酒令和专利的研究发现，禁酒令的实施减少了男性的专利申请数量，但没有影响女性的专利申请数量。该研究的作者认为，这是一个额外的证据，表明这种下降是由于缺乏共同饮酒造成的，因为在20世纪30年代的美国，主要是男性聚集在沙龙里喝酒和交流思想。然而，它也指出了我们应该对酒吧或威士忌房间的社会功能产生的基本担忧之一：这些场所传统上由男性主导。自20世纪50年代以来，这种情况在大多数工业化社会中有所改善，但仍远没有完全平等。只要男女之间的育儿责任分担仍然不平等，女性就无缘参与并进而从这种交流方式中获益。倾斜的性别比例使这些事件更有可能变成性骚扰和性侵犯的促成因素，这反过来又会进一步加剧性别倾斜。

我们在上一章提到了一篇专栏文章哀叹欢乐轻骑兵酒吧倒闭，这是一个政治家、作家和社会活动人士经常光顾的伦敦苏活区的酒吧。这篇文章出色地突出了随着酒的影响逐渐淡出公共生活而一道淡出的东西。然而，文章开篇说，"对有一定年龄的政治记者来说，读到欢乐轻骑兵即将关闭的消息……不可能不涌起强烈的怀旧情绪"，人们不禁会认为，这些"有一定年龄的政治记者"中的绝大多数（如果不是全部）是白人男性。虽然醉酒的作用是把无关的人联系在一起，但它所产生的联系可能是非常部落化的。解除抑制导致诚实和健谈。然而那些有偏见或性别歧视观点却一直把嘴巴闭得紧紧的人，也有话要说。在清醒的PFC的注视下社交，可能是有点乏味，但它确实保留了抽象推理能力，可能让人们减少对隐性偏见的依赖，而更多地依赖客观品质和共同的抽象目标。总而言之，尽管作者有抱怨，但有一个"职业政治阶层"可不一定是件好事。

酒精驱动的社交活动也使那些出于各种原因不喝酒的人处于不利地位。那些一起喝醉的人会相互信任，我们在第三和第四章谈论过充分的理由。这就是一个没有加入酒局的人经常不被信任的原因。一位民族志学家在爱尔兰多家酒吧进行了"实地考察",目的是研究爱尔兰的饮酒文化。他指出,社会接受度取决于一起喝酒、痛饮:

> 在我进行博士研究时,我一度认为放弃"饮酒"是明智的,于是在酒吧里,我只点"苏打水和酸橙"。我的田野笔记有了明显改善,但与此同时,社会关系却开始恶化。一些关键线人,本来习惯了在酒吧与我分享信息,开始好奇我为什么不喝酒了,甚至怀疑我的动机。于是,我重新说服自己,为了科学,在中断了三个月之后,我被迫重新喝酒,此后,一度陷入危机的关系很快就恢复了。[63]

不难理解,当一群人在精神上解除了自己的武装,让他们的PFC掉线时,一个喝苏打水和酸橙的人可能会遭到冷遇。在前面提到的《权力的游戏》示例中,波顿勋爵避免饮酒,因为他要把PFC保持在最佳工作状态,以便指挥伏击和野蛮屠杀醉酒的客人。但是,如果他只是想保持清醒,以便做清楚的田野笔记,并完成他的论文呢?如果他是一个正在康复的酒鬼、一位穆斯林或摩门教徒、一位专职司机,或者一位需要早起并清醒地送孩子上学的单亲家长呢?

俄勒冈州波特兰市一家科技公司的社区经理卡拉·索尔斯(Kara Sowles)撰写了一篇文章,谈的是酒精在科技行业中的作用,阐述了当工作文化被酒精渗透时出现的包容性问题,值得详细引用。

在科技行业，酒精是一种货币。它用于增加活动出席率、贿赂参与者、奖励员工和社区成员。非正式访谈在酒吧进行，以了解潜在员工在社交环境中是否讨人喜欢，或者能否在与客户酗酒的情况下保持联系。同事们聚集在酒吧里以增加感情，并摆脱一天的挫败感。良好的表现会得到奖励，包括分享威士忌、龙舌兰酒派对、办公室一起喝酒一起买单。我们喝酒是为了表示感谢、达成交易、告别、结交新朋友、抱怨。

但……不是所有人都喝酒……

有一个神话认为不喝酒的人很少，因为滴酒不沾的人是少数（并不是）。这个神话忽略了人们避免饮酒的众多原因。人们可能因为怀孕了而不喝酒——对许多人来说，拒绝饮酒使女性暴露已经怀孕的事实，这可能会导致职业歧视。鉴于该行业对年轻人的追捧，以及对实习生的滥用和虐待，越来越多的科技员工尚未成年。他们可能正在服用要求忌酒的药物，而关于他们为什么不喝酒的问题使他们面临披露病史的风险。他们可能是正在康复的酗酒者，却进入了一个到处都是酒精的行业，而且对于酗酒问题不闻不问，也不提供充分的支持。那些指定的司机呢，或者即将要开车回家的人呢？"人人喝酒"的错觉，大大挤压了安全通勤的空间。

人们不喝酒，可能是因为他们感到不安全——在一个其他人越来越醉、骚扰很常见、酒精经常被用来促进性侵犯的空间里，这是可以理解的。他们出于宗教原因不喝酒，你问他们为什么不喝酒，这可能会要求他们披露他们的信仰。也许他们第二天一大早就有工作，或者他们可能对麸质不耐受，而你只供应啤酒。他们可能真的是一个滴酒不沾的人，一个从不喝酒的人。或者，他们可能只是那天晚上碰巧对喝酒不感兴趣。[64]

我们注意到科技产业等创意文化对酒精和其他麻醉品的依赖。这对于促进个人和集体创新以及加强联结非常有用。然而，正如索尔斯所观察到的，这也有代价。她在科技行业采访过的许多人都表示，酒精的核心作用使他们感到一种压力，不得不以一种不舒服的方式改变自己的饮酒方式，否则就会被社会排斥。当然，群体联结必然会制造局外人，这是题中之义。

快乐、醉酒的联结是一股强大的力量，也可以说是现代机构中的老男孩俱乐部持续存在的原因。当在深夜饮酒会上就着酒和雪茄达成交易时，女性和年轻男性——他们肩负着不成比例的育儿和家务负担，因此难以参加此类会议——往往被排除在外。在会议酒店的酒吧里交流学术专业知识，并在深夜喝酒时建立合作时也是如此，女性可能非常希望像避免瘟疫一样避免这种情况。与酒精本身相比，有毒的文化态度对酒后性骚扰的贡献更大，但这与性骚扰潜在的受害者无关，他们只是希望远离伤害。这意味着，只要将饮酒融入职业环境，那些不能喝酒、选择不喝酒或在醉酒的同事或上级身边感到不安全的人就会被边缘化。这显然是不公平的，并且有助于延续现有的等级制度。全社会以及各个组织都需要平衡联结与包容——或者说忠诚与公平——之间的张力，全面考虑他们对酒精的看法。

清除供人们聚在一起饮酒的非正式场所，确实会让社群失去一种诚实的沟通渠道。可以说，它还可以导致更健康的肝脏、更低的肥胖率以及更适合女性、不饮酒者和少数族裔的气氛。这种紧张的局面没有简单的解决办法。最安全的策略是彻底禁止饮酒，这或多或少是目前大多数公司和其他组织——至少在原则上——采用的方法。但这也是有代价的，因为你放弃了创造力和团队凝聚力的好处。要获得这种平衡，我们需要清楚地看到两方面的问题。

安慰还是离间：强化不良关系

人类学家德怀特·希思关于酒精和文化的早期田野工作，主要集中在坎巴人身上，这是一个生活在玻利维亚东部亚马孙河源头附近的孤立群体，希思跟他们交往了有几十年之久。

尽管在坎巴的经历启发了希思酒精之于人类社会重要性的观点，但这也提供了一个警示故事，说明酒精激发的纽带如何阻碍了更深层次或更健康的社会联结。在20世纪50年代，当希思第一次遇到他们时，坎巴人过着异常孤立的生活，他们或多或少地可以自给自足，每个家庭单元住在孤立的小屋里。他们只在周末和节假日聚在一起，进行堪称怪异激烈的饮酒会。参与者安静地围成一圈，一口一杯地喝着一种强效烈酒（ABV达89%），这是当地制糖业的副产品，口感很差，通常作为炉灶燃料出售。他们会喝这种肮脏的东西，直到昏倒，如果醒来发现酒局还在进行，他们就会重新参加仪式。在当时，希思将这种剧烈的饮酒活动解释为一种极富戏剧性的尝试，目的是在一个原本没有凝聚力的原子社会中建立某种群体凝聚。

在20世纪六七十年代，坎巴的土地通过铺设高速公路和铁路，与人口稠密的地区相连；大约在同一时间，土地改革开始打破以前主导该地区的大型甘蔗种植园。受这场革命解放运动的启发，坎巴开始组建当地农民联合会，亦即辛迪加（sindicato），更加频繁和亲密地合作。希思发现，这种新的社会团结意识和对集体事业的承诺，导致豪饮大幅减少。然而，后来的发展促使坎巴回到了他们的老路。与外部世界的连通性增加带来了新的移民，他们开始主导经济活动、新的农业和工业实践，如牧牛，还有毒贩生产可卡因，这些活动破坏了热带雨林生态并毒化了当地水道。一场军事政变导致农民领袖被杀或流放，并废除了辛迪加。"没有了以前在辛迪加中享受的社会关联感，他们又被日常生活中各种破坏性的变化困扰"，希思观察到，剩下的坎巴人"恢复了早期的间歇性酗酒模式"。[65]虽然回归酗酒可能减轻了坎巴人重新陷入的心理痛苦和失范，但它也是一种障碍，阻止了他们恢复在解放运动期间暂时享受的更健康、更有成效的社群意识。

在工业化社会中，酒精在人际关系方面可能扮演着类似的双刃角色。调查数据表明，一起喝酒且酒量相似的夫妇，报告的婚姻满意度较高、离婚率较低。[66]研究还表明，一起喝酒，而不是分开喝酒，对第二天的夫妻互动有积极的影响。[67]我们期望适量饮酒能帮助夫妻解决冲突或紧张的关系，同时更为诚实、专注当下、提升情绪，更容易提出和处理难以理解的情绪问题或深层的顾虑。

　　然而，一个潜在的担忧是，伴侣们可能会把酒精用作拐杖而不是辅助工具。凯瑟琳·费尔贝恩（Catherine Fairbairn）和玛丽亚·特斯塔（Maria Testa）的一项研究强化了这种担忧，该研究发现，在解决冲突的任务中，血酒浓度达到0.08%左右的浪漫情侣有更好的体验，并以更宽容、更富同情心的态度对待彼此。然而，这仅适用于那些在清醒时报告低质量关系的夫妇——报告高质量关系的夫妇，无论是清醒还是喝醉，都有类似的积极互动。这一结果，再加上关于该主题的先前研究的回顾，使作者得出结论："不满意的夫妇可能会喝得更多，因为他们从酒精中得到了更多的强化，或者简单地说，因为他们从饮酒中得到了更多。"[68]这种互动可能会使不满意的夫妇面临酒精依赖的风险。作者指出，在治疗有饮酒问题的夫妇时，成功的干预旨在提高关系质量并且增进亲密，这似乎可以有效减少对酒精的依赖。[69]饮酒提供的临时性的化学联系，可能会使处于不满意关系中的已婚夫妇脱敏或麻木，并阻止他们完成建立更深刻、更真诚的关系所需的工作。

天堂之醉：超越酒精？

　　鉴于酒精对个人和社会带来的这些严重问题，我们有必要考虑是否可能完全超越饮酒，通过其他做法来达到同样的目的。我们应该记得，为了使人类生活成为可能，使我们的物种克服各种困难，成为创造性、文化性和社群性的猿类，我们借助的那种醉酒的力量，本质上可能不依赖于化学物质，或者起码不是可摄入的化学物质的形式。在第二章中我们注意到，酒精和其他麻醉品的许多影响，包括情绪增强、自我意识丧失和认知控制能力下降，都可以通过不涉及药物的方式产生。

在《圣经·新约》中，旁观者惊讶于那些被圣灵附身并开始念念有词的基督徒，宣称这些信徒是给酒灌醉了。使徒彼得高声纠正了他们。"这些人并不像你们所想的喝醉了。因为现在才早晨九点钟!"[70]事实上，使徒保罗一度责备以弗所人，显然是一群嗜酒之徒，不要"醉酒……乃是要被圣灵充满"。[71]在中国早期的道教经典《庄子》中，也有一个类似的故事。"夫醉者之坠车，虽疾不死。"

> 骨节与人同，而犯害与人异，其神全也，乘亦不知也，坠亦不知也，死生惊惧不入乎其胸中，是故逆物而不慑。[72]

作为一名宗教教师，庄子的目标是帮助人们摆脱有意识的心智的控制——如果他了解现代认知神经科学，他会更明确地将敌人认定为PFC。在他看来，削弱心智的控制可以让一个人放松到一种"毫不费力的行动"的状态，在这种状态下，一个人可以自发、真实地回应物质世界和社会世界，而自己的精神却是"全"的。[73]从一个喝得酩酊大醉、从聚会被送回家的人身上,庄子至少看到了他所期望的某种形式的完整的存在。醉酒者失去了对自我的感知,并且认知处于极度近视的状态,没有自我监控,不会因预期与地面接触而变得僵硬,因此在一场可能会杀死清醒者的事故中安然无恙。尽管如此,文本的主旨清楚地表明,醉酒仅仅是一种更深刻和更持久的精神状态的隐喻。庄子要我们醉于天,而不醉于酒。故事最后道:"彼得全于酒而犹若是,而况得全于天乎!圣人藏于天,故莫之能伤也。"

我们注意到,世界各地的宗教传统和整个历史都广泛使用化学麻醉品。在这一点上,我们有必要继续讨论他们为实现出神的心智状态而开发的非药物方法。很明显,完全不沾酒的仪式涉及舞蹈,尤其是长时间、剧烈的舞蹈,最理想的状况是还有催眠音乐、感官刺激和睡眠剥夺,它们可以带来集体仪式的许多心理和社会效益,类似于药物驱动的出神。当然,这些做法不应被视为非化学行为,因为它们与一杯含有乙醇的葡萄酒或一片LSD一样,都是物理因果链的一部分。正如"每一步都离不开化学品"观点的捍卫者,奥尔德斯·赫胥黎所说:

　　巫医、药师和萨满的吟唱;基督教和佛教僧侣无尽的吟唱和诵经;宗教复兴运动者一刻不停的叫喊与呼号——在形形色色的神学信仰和审美习俗下,是一模一样的心理-化学-生理学意图。增加肺和血液中二氧化碳的浓度,从而降低大脑减压阀的效率,直到它接纳来自"整个心智"的生物无用物质——虽然喊叫者、歌手和喃喃自语的人不知道这一点，但这一直是魔法、咒语、祷文、诗篇和经文的真正目的与要义。[74]

赫胥黎所说的"大脑减压阀"当然是PFC，即认知控制和理性专注的中心。他的论点是，尽管神学观点多种多样，但所有这些宗教实践的目标在生理上是相同的：减少PFC的活动，增加内啡肽和其他"感觉良好"的激素，允许狭隘的自我对"整个心智"开放。

如果赫胥黎是对的，我们应该发现不依赖药物的宗教活动对身体-大脑系统的影响与酒精或其他麻醉品相同。这确实是我们在为数不多的相关研究中看到的。其中最有趣的也许是对念念有词或glossolalia现象的神经影像研究。[75]研究对象是五旬节派女性，她们报告说多年来每天都定期念念有词。在实验室里，她们一边念念有词，一边唱着相对柔和的福音歌曲，伴随着音乐和轻柔的动作，同时她们的神经被扫描。与歌唱状态相比，受试者"在舌音状态下PFC的活动减少"。换句话说，这些五旬节派似乎能够使用祈祷诱导的舌音让PFC掉线，就像喝了几杯霞多丽一样有效。我们可以在这里看到直接的线索，把这些妇女与彼得所捍卫的早期基督徒联系起来——她们是被圣灵充满，而不是酒。

另一项有趣的仪式研究表明，"萨满式体验"（例如与身体的分离，隧道体验）可以通过单调的鼓声在受试者中唤起，特别是在中度或高度催眠的个体中。[76]在20世纪70年代，精神科医生和灵媒大师斯坦尼斯拉夫·格罗夫（Stanislav Grof）开发了一种被称为"全向呼吸"（holotropic breathwork）的技术，通过强烈的过度换气来使大脑缺氧，并引发类似LSD的体验。[77, ①]在对非化学物质诱导的"催眠状态"或与清醒现实的梦境分离事件的回顾中，心理学家迪特尔·维特（Dieter Vaitl）及其同事列出了可以诱导这种状态的多种技术，包括极端温度、饥饿和禁食、性活动和性高潮、呼吸练习、清空感觉或者让感觉超载、节奏诱导的恍惚（打鼓和跳舞）、放松和冥想、催眠和生物反馈。[78]

对于研习过宗教史和比较宗教的学生来说，所有这些听起来都非常熟悉。例如，在苏菲派传统中，所谓的"回旋托钵僧"，使用极度累人的舞蹈和催眠音乐来制造出神的宗教状态。[79]18世纪末和19世纪初的宗教复兴主义美国基督教，他们的特色是举行无酒精的、大规模的活动，这些活动兼具出神的做法和集体的热情。例如，1801年8月在肯塔基州举行的甘蔗岭复兴活动（Cane Ridge Revival），被文化批评家哈罗德·布鲁姆（Harold Bloom）称为"第一届伍德斯托克"，这是一场规模庞大的帐篷大会，在一周内聚集了1万—2万人。其中设有多个舞台，配备了传教士、舞蹈和歌曲，以及诸如"摔倒""抽搐""吠叫"和"奔跑"等宗教"练习"——所有这些都没有外在化学麻醉品的帮助。[80]非洲南部的狩猎-采集群休昆族人（！Kung）的文化包含了建立纽带功能性质的围着篝火聊天，

---

① 即通过加快呼吸，吸入自身呼出的二氧化碳，诱导呼吸性碱中毒。

以及通过仪式性的歌唱和睡眠剥夺达到的治愈性的恍惚状态，两者都是在没有酒精或其他化学麻醉品的情况下进行的。[81]

因此，世界各地和整个历史上的宗教传统，在不借助毒素的情况下，都有许多方式来造福个人和社会。考虑到酒精等化学物质的各种危害与代价，人们可能想知道为什么它们没有被无毒替代品完全取代。然而，正如我们在第二章中所观察到的，这可能是因为这些替代做法耗时耗力，要么很困难或者很痛苦。考虑到一个社交目标——比如说感觉些许兴奋、向朋友敞开心扉、与他们建立更紧密的联系——以及实现该目标的一系列技巧，理性的选择很可能是选择两三个小时的饮酒时间，而不是一整天的仪式，包括剧烈的体力消耗、身体疼痛，或两者兼而有之。5个小时的迷幻蘑菇之旅提供的洞见，可能与我通过3天的静修从无意识中提炼出的见解一样有价值。此外，熬夜、用锋利的木桩刺穿脸颊，或者整天跳舞或冥想，而不是收割庄稼，都会给个人和文化带来不同的代价。

人类已经发明了各种各样的方法来下调PFC、上调情绪、帮助人们更有创造力和更开放，它们都有自己特定的成本和收益。为什么某些文化决定采用不摄入化学麻醉品的技术，这可能纯粹是随机文化差异的偶然结果，或者是由各种方法的相对成本和收益在特定情况下的权衡所驱动的。

话说回来，如果某个技术的成本增加，或者结果可以通过成本更低的方式实现，我们预计该技术就会逐渐被取代。例如，中国宗教历史学家吉尔·拉兹（Gil Raz）观察到，在中国道教的一个特定教派中，使用迷幻药草达到出神的洞察力和与神圣合一的做法，逐渐被刻意的冥想和复杂的呼吸技巧取代，这些技巧能够产生类似的灵修结果，而没有潜在的副作用。[82] 类似地，如果最近蒸馏和孤立确实增加了饮酒的潜在危险，那么这可能会为避开它的文化团体提供新的竞争优势。近几个世纪以来，伊斯兰教、摩门教和拒绝酗酒的某些基督教，它们的相对，完全有可能至少部分地受到这种因素的推动。

驯服狄奥尼索斯

在我们等待着滴酒不沾的宗教信仰传遍全球，以及全息呼吸大规模取代酒吧的同时，酒精和相关药物将继续成为我们的首选方法来下调PFC，提升我们的创造性、文化开放性以及社群感。不可否认，狄奥尼索斯是危险的。他可以把你变成一只动物，或者送你一件后来发现是一个诅咒的礼物，就像迈达斯国王的点石成金术一样。考虑到酒精给我们的生活带来的危险，以及我们为此付出的代价，我们需要谨慎考虑如何降低风险。事实上，这正是本书全部的论题。[83]在此，我想以我们的讨论中自然浮现的要点来结束本章。

清醒酒吧：利用安慰剂效应

鲁比·沃灵顿（Ruby Warrington）是一名记者，她惊恐地意识到与工作有关的定期饮酒对她的健康和心智造成的伤害。于是，她组织了一场运动，称之为"清醒的好奇心"，举办活

动和静修会。事实上，她只是更广泛运动的一部分，该运动被
描述为：

> 新一代的临时戒酒斗士，他们对烈酒的态度介于凯
> 丽·内申和凯莉·布雷萧之间。①对他们来说，清醒不只
> 是比临床确定的醉酒喝得更少。现在，它也指另一些很酷
> 和健康的东西，比如成为素食主义者，或者参加延加②瑜
> 伽课。[84]

这一运动催生了"清醒酒吧"，例如布鲁克林的盖特威
（Getaway）清醒酒吧，人们可以在酒吧般的环境中社交，同时
喝着美味别致的无酒精鸡尾酒。或者不妨这么理解，它是一种
让人不喝酒就能感到微醺的方法。

我们之前提到过酒精消费的预期效应。如果你喝了一些期
望它会让你醉的东西，它往往的确会让你有点醉，即使它只是
调味水。这与医学上众所周知的安慰剂效应有关。如果患者吃
了糖丸并被告知它是一种强效药物，他们的健康状况通常会出
现显著改善。与清醒酒吧现象更相关的是，仅仅通过与酒精相
关的关键词或与酒精相关的广告引导，想一想酒精，就可以让
你感觉和表现得有点醉了。[85]因此，清醒酒吧的顾客，尽管知
道他们正在享用无酒精鸡尾酒，但仍会无意识地接触到与酒精

---

① 凯丽·内申（Carrie Nation）是激进的禁酒斗士，凯莉·布雷萧是美剧"欲望都市"系
　列中的虚构角色，手里常拿着烈酒。
② 延加（Iyengar），即 B. K. S. Iyengar，印度瑜伽大师和教练，开创了延加瑜伽。

有关的线索。坐在类似酒吧的环境中，灯光变暗，音乐飘飘，喝着看起来和尝起来都非常像鸡尾酒的饮料，可以提供许多（如果不是大多数）醉酒的社会效益，而无须付出任何代价。一组研究人员利用预期效应向正面临酗酒风险的大学生证明，在他们认为自己喝醉了的环境中，他们可以享受到与实际饮用酒精饮料一样多的乐趣，这反过来又有助于训练他们在不需要酒精的情况下进行社交。[86]

这种影响的力量使一些评论家得出结论，酒精的心理和行为影响都是由文化期望产生的。在文化人类学等领域尤其如此，占主导地位的理论模型认为人类体验从头到尾都是社会建构出来的。[87]不过，正如我们上面提到的，很显然文化对酒精的期望在很大程度上取决于乙醇的实际药理作用，并受其驱动。综观历史和世界各地，类似的文化期望都与酒精息息相关，这不仅仅是一个巧合。醉酒在古代中国、古埃及和古希腊的概念化方式非常相似，因为它是同一种化学物质作用于同一种大脑-身体系统的产物。平衡安慰剂设计出现以来，人们也越来越清楚，预期效应并不像一些早期研究表明的那样强大。认为自己喝酒而其实没喝酒，与认为自己没喝酒而其实喝酒了——我们还是有能力区分上述两种结果的，这证明，许多心理和行为结果确实是由酒精的药理作用驱动的。[88]

另外这也表明，除了把人们聚集在一个更容易放松和交谈的环境，清醒酒吧真正增强社交能力的作用是有限的。清醒酒吧的力量，其实来自并依赖于真正酒吧的存在，这些酒吧确实可以提高你的血酒浓度。在一个只存在高仿啤酒和无酒精鸡尾酒的世界里，酒精的文化概念将逐渐失去力量。

正念饮酒

　　罗莎蒙德·迪恩（Rosamund Dean）在她有益且有趣的书《正念饮酒》（*Mindful Drinking*）中提到了一个重要的观察：我们的大部分饮酒都是"无意识的"，也就是说，我们习惯性地在一天结束时给自己倒一杯葡萄酒，或者在招待会上接受另一杯饮料，而不考虑我们是否真的想要它。事实上，简单地暂停一下并考虑我们是否确实想喝这杯酒，可以大大减少酒精消费。她为那些愿意更好地控制自己饮酒习惯的人提供了一套有用的原则，她称之为"蓝图"，换言之，有意识地监测一个人摄入的酒精，控制在小酌怡情的限度里。

　　除了采取适度和正念的一般态度，我们还可以采用一些简单的技巧来把饮酒量控制在适度的范围内。我最喜欢的一个例子来自古希腊，正如古典学家詹姆斯·戴维森（James Davidson）注意到的，酒杯故意设计得很浅，因此使用它们而不洒酒需要精细的运动控制。[89]反过来，一旦饮酒者的血酒浓度超过某个点，这个设计就会间接限制其葡萄酒的消费。此外，就像在较小的盘子上供应食物可以减少暴饮暴食一样，减少酒杯的容量有助于人们调节其饮酒量。外出喝酒或在家喝酒时，交替饮用苏打水或其他非酒精饮料也是如此。关于在工作场所或职业环境中饮酒，可以施加明显的合理限制：

　　避免完全开放的酒吧，使用饮酒券并限制酒量。大多数组织已经制定了这样的指导方针，尽管在某些情况下，只有在与工作相关的饮酒失控后才会实施它们。在办公室楼梯间发现香烟、啤酒杯和用过的避孕套之前，你应该知道自己的公司存在问题，有一家科技公司正是因此修改了工作场所的行为准则。[90]

当心烈酒，切莫独饮

我们是为喝酒而生的裸猿，但也扛不住100度的伏特加。如果没有社会帮助，我们也没有能力控制饮酒。蒸馏酒比啤酒和葡萄酒更烈也更危险，因此它们应该被归为一类单独的药物，并进行相应的监管。25岁以下的人应该避免它们；25岁以上的人可能也应该避免，但至少他们的PFC已经完全发育，因此可能稍稍更明智一点，会懂得如何使用自己的身体。无论如何，在大学校园里禁止烈酒似乎是一项非常明智的政策，事实上许多学校已经如此施行了。另外一个合理的措施是：对蒸馏酒比啤酒和葡萄酒征收更高的消费税，以限制其销售。

在古希腊，敬酒领袖或会饮的主持人是一个重要而光荣的角色，需要此人来评估参与者的醉酒状态、调整饮酒速度，并让那些喝多的人回家。在现代，调酒师和鸡尾酒服务员可以而且应该扮演这样的角色，尤其是当某人独自在酒吧喝酒时。我们可以考虑实施一些具体的措施，以使这些现代酒保能够更有效地开展工作。例如在美国，酒吧招待应该得到实际的基本工资，就像在欧洲和亚洲一样。这将有助于消除他们与作为社会监督者的角色之间的紧张关系——否则，就是在要求他们既要调节饮酒速度，切断过度醉酒的顾客，没收车钥匙，与此同时还要他们依赖顾客的小费——于是，他们每一次阻拦顾客饮酒都会让自己利益受损。在旧金山读大学和研究生的时候，我在餐馆、酒吧和夜总会打过零工。作为服务员，我工作的餐馆和酒吧给我支付的是"替代性最低工资"——每小时不到 2 美元——因此，我完全依赖小费来维持生计。这制造了一个不正当的激励系统。我记得很多个晚上，当我感觉某一桌或某位顾客已经喝得够多了，我担心如果贸然停止供酒会让气氛变得太尴尬。喝酒很容易让账单猛涨，从而增加小费。我预测，如果我们对调酒师和服务员适当加薪，会立即减少酒后驾车致死、聚众斗殴等诸多弊病。

当然，对于在家喝酒的人来说，一位训练有素、体贴入微的调酒师也帮不上忙。许多家庭都储备了大量的葡萄酒、啤酒和烈酒，人们甚至可以像压力研究中的大鼠一样，或多或少地无限制地摄入酒精，除非可能因为不得不打开第二个瓶塞觉得麻烦，或感到些许内疚并停下来。催眠治疗师乔治亚·福斯特（Georgia Foster）在英国经营一家诊所，旨在帮助客户（主要是三四十岁的女性）管理她们的饮酒习惯。她观察到，对于单身女性或全职妈妈来说，在家喝酒、为自己举办"个人派对"是多么危险："当你在家里，没有人盯着你，你也不必开车去任何地方，一杯酒完了，往往会喝第二杯，然后是第三杯，然后瓶子空了，你又打开第二瓶。这可能就停不下来了。"[91]

同样，在演化的意义上，我们可能根本没有很好地适应在传统的仪式和社会控制环境之外安全地饮酒。一种可能的解决方案是决定只在公共场合，在小酒馆老板的监视下，与其他人一起饮酒。或者，如果和家人一起在家吃饭，仅仅在餐桌上饮酒，就像意大利或西班牙等南方饮酒文化所做的那样。对于独居的人来说，现在可以通过应用程序进行虚拟社交饮酒，该应用程序允许任何拥有智能手机的人在饮酒时得到社交反馈。一些早期研究，利用应用程序把原本孤独的饮酒者连接到社交网络，结果显示，这在帮助他们控制饮酒方面取得了可喜的成果。[92]

常态化饮酒：学习南方模式

我们注意到，就欧洲范围来说，所谓的南方饮酒文化提供了一些保护，可以抵御蒸馏和孤立这两种新祸害。相比之下，病态的北方饮酒文化可能在美国达到了顶峰；事关享乐，美国的清教徒格外容易陷入两极。与北欧相比，美国文化中的饮酒更加分散。酒精很少在用餐时饮用，而且更有可能被妖魔化。美国是唯一一个试图完全禁止饮酒的非穆斯林工业化国家，这绝非偶然。正如人类学家珍妮特·赫然（Janet Chrzan）指出的那样，即使在今天，在非伊斯兰世界中，美国自我报告的禁酒率最高，约为33%。这比瑞典（9%）或挪威（11%）等典型的北方饮酒文化的禁酒率高出数倍。美国人对酒的匪夷所思的矛盾态度，在社会文化和宗教上保守的"红色"州最为明显。赫然讲述了她在南卡罗来纳州农村地区生活时经历的一个故事。她偶尔会在当地的酒铺遇到她认识的人，但当她试图与她们打招呼时，却发现自己完全被忽视了。几次之后，她咨询了当地的朋友，朋友笑着说："你肯定不是当地人！你不懂千万不要在酒铺里跟浸信会教徒打招呼的规矩吗？"如果你是南卡罗来纳州的浸信会教徒，你可以购买和饮酒，但前提是你必须保密，并私下饮酒。

正如赫然所言，与酒精的这种令人担忧的关系使美国成为一个"全有或全无饮酒的国家"，在禁欲和放纵之间疯狂摇摆，甚至醉到对那些本该受到谴责的暴力或放荡行为睁一只眼闭一只眼的程度。[93]在美国的大学里，这种极端的北方态度，加上大学生活的自由气息，以及把饮酒塑造成酷炫或英勇的广告业，产生了"几乎完美地设计成鼓励青少年酗酒的文化三重奏"。[94]

北方饮酒文化往往会导致问题。正如德怀特·希思所指出的，在酒精没有很好地融入日常社交生活的社会中，它可以呈现出一种"神秘感，仿佛能赋予权力、性感、社交技能或其他特殊品质"给饮用者，从而激励人们，尤其是年轻人，"喝得太多、太快，或出于不恰当和不切实际的原因而喝"。[95]平心而论，喝到自然醉一直是醉酒的魅力之一：《酒神的狂欢》描绘的酒神，并不是一个精心管理的晚宴，而且希腊的狄奥尼索斯最初的追随者也不是那种会控制好节奏，在喝酒的间隙穿插喝一些苏打水的主儿。但在健康的文化中，为了喝到自然醉是很少见的，而且通常只是作为特定的、被认可的仪式的一部分，比如狂欢节。在这些情况之外，饮酒是适度的，主要集中在葡萄酒和啤酒上，当众喝醉非常不受待见。

无论身在何处，培养南方饮酒态度不失为一种方法，比如，在家中吃饭时就向年轻人介绍适度饮酒的习惯。我自己的女儿，现在14岁了，可以品尝一点我喝的各种葡萄酒，并且已经发展出了相当精细的味觉，能够可靠地辨别霞多丽中的杏子或柠檬味。我的目的不是要把她变成一个令人难以忍受的自命不凡的人，而是向她介绍一种观念：葡萄酒可以成为审美愉悦之源。这比把酒视为仅仅是成年人用来喝醉的某种违禁物质要好得多。我也清楚地向她解释了饮酒的健康风险，并让她明白她还太年轻，不能像成人那样喝葡萄酒。这并不是因为它是一种奇异的禁忌灵药，而是因为她的PFC远远不够成熟，从发育的角度来看，现在对其进行强烈的刺激是非常愚蠢的。她有一半的意大利血统，这可能也有一点帮助，所以她童年的大部分时间在意大利度过，有机会接触到南方适度饮酒的习惯。我希望这会帮助她成长为一个负责任的成年人，可以在适当的地方，出于适当的原因享受酒精，并避免在大学里遇到任何酗酒的亚文化。

在这种情况下，降低葡萄酒和啤酒的法定饮酒年龄似乎是明智的，也许要有一个附加条件：年轻人要与父母一起饮酒。就像学驾车的过程中，拥有学习驾车许可证的年轻人只能在白天开车，乘客座位上必须有一位负责任的成年人一样。可以想象，在这种情况下，年龄较大的青少年被允许在餐厅和家人一起消费少量葡萄酒。另一方面，如上所述，烈酒的法定饮酒年龄应大大高于目前大多数司法管辖区的规定。

让饮酒者与非饮酒者公平竞争

这可能是实施起来最具挑战性的建议。如果酒精在社会和个人环境中继续发挥关键功能，那么我们应该如何适应不饮酒的人？比如说，如果在休闲酒吧畅饮狂欢时，喝龙舌兰酒确实为塑造一支团结的"海豹突击队"发挥了重要且不可替代的作用，那么虔诚的摩门教徒可能会被冷落。如果在学术会议的酒吧里让观点碰撞会激发新的合作和创新，那么关闭酒吧似乎会适得其反，即使这意味着不喝酒的人或那些对此类环境持怀疑态度的人因此处于不利地位。

上面提到，某科技公司的社区经理卡拉·索尔斯，总结了关于饮酒文化如何破坏包容性，并提出了一些关于如何将酒精融入职业聚会，同时不彻底边缘化非饮酒者的具体建议。她的五个建议是：

1. 提供同等数量和质量的酒精和非酒精饮料。

2. 在活动中同时展示酒精和非酒精饮料。

3. 在活动开始前平等地宣传酒精和非酒精饮料。

4. 如果提供了鸡尾酒清单，请列出相同数量的无酒精鸡尾酒清单。

5. 提供免费的、清晰可见且易于获取的水。[96]

特别是最后一条建议，非常重要和有用——在典型的欢迎会或社交场合中，如果没有清晰可见且易于获取的水，几乎肯定有人会过度饮酒。遵循这些简单的步骤可以大大帮助组织获得酒精增进社交的益处，同时最大限度地减少不喝酒的人的负担。

这样做可能变得越来越重要。像索尔斯这样不饮酒的人，在工业化社会的年轻人中变得越来越普遍。英国最近的一项调查发现，在千禧一代中，戒酒正变得越来越"主流"，16—24岁的人中戒酒者的比例从2005年的18%上升到了2015年的

29%。狂饮似乎也已经不太为社会所接受，并且不饮酒者在其他人都饮酒的社交环境中的耻辱也较少。[97]更普遍地说，在千禧一代和Z世代人中，似乎有一种席卷全球的趋势，那就是要么完全戒酒，要么每年专门有一段时间戒酒，比如"干燥1月"①。[98]因此，如何让饮酒者与非饮酒者有一个公平竞争的环境，可能会成为一个越来越紧迫的问题。

与狄奥尼索斯共存

我们始终需要牢记肆虐的女祭司的危险，她们喝得酩酊大醉，用牙齿撕裂任何不幸越过她们道路的人。为了使饮酒的利大于弊，我们需要减轻它潜在的成本，并防止危险。在我们的现代世界中，这样做尤其具有挑战性，因为我们面临着蒸馏和孤立的新危险。

本书的主旨是庆祝酒精的社会功能，然而最后一章我们却在大谈特谈酒如何以及为什么对我们有害，这似乎有点奇怪。然而，承认醉酒的负面后果和风险，对于全面捍卫醉酒带来的出神的兴奋至关重要。而且这种兴奋需要被捍卫。尽管在减少饮酒或采取节制的实际建议方面很有帮助，但上文提到的大多数"新清醒"自助书籍，都把酒精描绘成了一种彻底的恶习，贪婪的酿酒商和油滑的营销公司合谋劫持了我们的心智。无数

---

①流行于欧美和高加索地区的戒酒活动，参与者在每年的1月不饮酒。

关于酗酒或饮酒问题的当代文献都秉持这一观点。这是一种温和的禁欲主义：在原本健康、正念的生活方式中，酒精可以占有一席之地，但只是相当勉强，作为对我们固有的弱点——追逐快乐——的小恩小惠，或者因为我们已经参加了一定数量的日出瑜伽课，作为一种偶尔的、负罪的奖赏。

　　这是一种缺乏历史眼光的体现，而且在科学上也讲不通。归根结底，尽管狄奥尼索斯带来了潜在的混乱，但我们应该欢迎他进入我们的生活。我们应该这样做，部分原因是认识到他可以继续发挥的功能，帮助我们这个物种——部分开化的猿类——应对人工制造的现代蜂巢文化中所遭遇的诸多挑战。我们也应该接受这样一个事实，即快乐是好的，为了快乐而快乐，不需要进一步的辩护。我们需要驳斥这样一种观点，即酒精和类似的麻醉品是资本主义现代性的阴险发明，被邪恶的广告商卖给我们，只会导致宿醉、经济损失和腰围膨胀。的确，饮酒可能会使我们发胖，伤害我们的肝脏，让我们患上癌症，让我们花钱，并让我们第二天早晨变成无用的白痴，甚至对我们和我们身边的人都是致命的。尽管如此，饮酒始终与人类的社会性密切相关，并且出于正当的演化原因。此外，饮酒的重要功能很难，甚至不可能被其他物质或实践取代。因此，让我们带着适当的谨慎来拥抱狄奥尼索斯吧，当然，也要怀着应有的敬重。

结　语

　　耶稣遇到了点问题。他的母亲在迦拿参加一个婚宴，耶稣和他的门徒也被请去赴宴。酒已经用完了。人们开始恐慌。他的母亲用胳膊肘轻轻推了他一下，并用意味深长的眼神看了他一眼：嘿，上帝之子，做点什么吧。耶稣很不情愿，他还没有打算此时暴露自己的真实本性，但这是紧急情况。酒已经用完了。于是他让仆人往巨大的石缸里装满水。然后耶稣把水变成了上好的酒，当新酒被送到宴会总管手中时，他对新郎说："人家都说先摆上好酒，等客人喝够了才摆上次的，你倒把好酒留到现在！"门徒们目睹了耶稣所行的第一个神迹，感到很震惊。其他人都很高兴又有酒了，婚礼得以愉快地继续进行。[1]

　　当然，耶稣继续行了令人印象更深刻的几个神迹，包括在水上行走和使拉撒路死而复生。但值得注意的是，变水为酒的是他的第一个神迹。酒精与人类的社会性深刻地交织在一起，它甚至迫使上帝的儿子行了这个神迹。让我们暂且不提圣餐和基督的宝血之类的事情。在第五章对狄奥尼索斯的阴暗面进行了必要而重要的探索之后，是时候回到本书的主旨，醉酒的快乐和力量了。

正如我们所见，酒精在大多数文化中都具有神圣的品质。来自公元6世纪中国的文字解释了如何制作"神曲并酒"，制酒的水只能在每个月某一天的日出之前，由一个经过仪式洁净了的男孩以非常特定的方式收集，然后不能被另一只人手触摸。[2]作为一种神圣的物质，酒精也经常被视为具有神奇的力量，或将这种力量传递给饮用它的人。在日本最早的书面文字《古事记》中，天皇对一位来访的韩国贵族酿造的"八月重酒"赞叹不已，传说该贵族把一种清酒引入日本。"哦，我醉了！/驱邪，/欢笑的酒——/还有，哦，我醉了！"[3]皇帝醉醺醺地走出宫廷，用手杖敲打挡住去路的石头；石头立刻跳起来跑了。在前殖民时代的墨西哥，龙舌兰酒被认为是一种神圣的饮料；而它在基督教时代被称为"我们母亲（玛丽）的乳汁"，在亡灵节献祭给灵魂，浇在埋在坟墓四个角落的头骨上，以防盗墓贼。[4]在整个非洲，啤酒的神奇力量被视为宗教仪式和祭祀祖先的重要组成部分。尼日利亚北部的科夫亚人（Kofyar）相信，"［凡人］走向上帝的方式就是拿着啤酒"。[5]正如一位坦桑尼亚人所说，"没有啤酒，就不成仪式"。[6]由于酒精的特殊地位，不同文化通常以特定的酒来定义自己——想想法国人和葡萄酒、巴伐利亚人和啤酒、俄罗斯人和伏特加酒。正如人类学家托马斯·威尔逊（Thomas Wilson）指出的，"在许多社会中，也许是大多数社会中，饮酒是表达身份的一种关键做法，是构建和传播民族及其他文化的一个要素"。[7]

这些神圣的或承载着文化的酒，生产工艺、颜色、味道和质地却大相径庭。它们的共同点是拥有乙醇作为活性成分。为什么这种特殊的神经毒素会受到如此尊重？因为酒精是人类使用的化学麻醉品中的佼佼者，它是一种灵活、广谱和强大的技术，可以帮助我们适应奇怪的、极端的生态位。如果没有某种形式的麻醉，我们就不会拥有现在所知的文明，而酒精一直是文化为满足这种需求而提出的最常见的解决方案。除了其社会功能，对于地球上唯一受自我意识困扰的动物来说，醉酒也是一种急需的慰藉。"我们是拥有行星大小的大脑的黑猩猩，"托尼（瑞奇·热维斯［Ricky Gervais］在可爱的节目《来世》［Afterlife］中扮演的角色）感叹道，"难怪我们会喝醉。"[8]

明确承认并记录酒精和其他麻醉品提供的有益功能，包括对个人的慰藉和深度愉悦，是对当今关于该主题的一般意见的必要纠正。麻醉品不仅仅是大脑劫持者，或是需要消除或勉强容忍的恶习。它们是我们对抗PFC限制的重要工具，PFC是阿波罗控制的所在地，也是我们灵长类动物的局限。除非我们了解麻醉品对于塑造文明所起的作用，否则我们无法正确掌握人类社会生活的动态变化。正如狄奥尼索斯的伟大拥护者，弗里德里希·尼采，以他典型的神秘格言所宣称的那样："谁来讲述整个麻醉剂的历史？这几乎是'文化'的历史，是我们所谓的高等文化的历史。"[9]

本书大部分章节是在新冠大流行期间写成的，它戏剧性地证实了酒精在我们生活中不可抹杀的作用。大流行初期，当政府实施封锁时，出现了一场大辩论，什么是可以豁免关闭的"必需服务"？在美国，对这个问题的回答千奇百怪。一些州宣布是高尔夫球场，其他州则宣布是枪支商店。然而，每个司法管辖区都承认的一件事，而且似乎从未引起过争论，那就是酒铺是必不可少的。（宾夕法尼亚州一度试图关闭酒铺，但激起了极大的民愤，于是迅速改变了政策。）[10]在加拿大和美国，如果大麻在当地是合法的，必需服务豁免也囊括了非药用大麻店。值得注意的是，像斯里兰卡这样以新冠病毒大流行为借口尝试禁酒的少数几个国家，最终催生了巨大的家庭地下酿酒网络，用甜菜、菠萝等各种东西烹制出几乎难以下咽但绝对致人兴奋的饮料。[11]人们渴望喝酒，即使是全球流行的疫情也无法阻止他们。

理解其中的原委是非常重要的。如果不了解酒精在人类文明中的作用，我们就无法连贯地提出问题或回答问题。正如我们已经看到的，除了直接的享乐价值，从文化演化的角度来看，醉酒在认知和行为方面的效果代表了一种稳固、优雅的回应，它帮助自私、多疑、目标导向的狭隘的灵长类动物完成放松下来与陌生人建立联系的挑战。醉酒能够在人类社会生活中存在这么久，并占有如此重要的地位，这说明它在个人层面的益处，加上群体层面的社会效益，在人类历史进程中必然超过了更明显的代价。如果我们对醉酒的偏好仅仅是一个演化错误的话，所谓的酒精"问题"的遗传和文化"解决方案"就会像人们预期的那样迅速传播，但实情并非如此。

这究竟意味着什么？在我们这个极其复杂且以前所未有的速度变化的现代世界中，只有当我们采取广泛的历史、心理和演化观点，才能正确评估。这样做可能会让我们得出结论：在实现某些目标时，应该用更好、更安全的方法来代替饮酒。蒸馏和孤立构成了我们时代相对新的危险，此时非酒精替代品可能格外吸引人。例如，如果某公司的目标是增强团队凝聚力或归属感，那么一起去玩激光枪战或者密室逃脱，很可能会带来与饮酒派对同样的结果，而且没有任何负面作用。随着我们收集更多关于微剂量迷幻药的数据，我们可能会发现它们也能像酒精那样促进创造力，同时没有成瘾或肝损伤的风险。

另一些情况则更为复杂也更富争议，但即使在这里，提供一个科学上站得住脚的决策框架也是有用的。也许办公室派对不应该提供酒精，或者在早上举行并限制在一杯含羞草鸡尾酒的量。加拿大联邦拨款——即使是那些专门用于搭建人脉的拨款——也不能花在饮酒上，这也许是好的和正确的。以这种方式限制或消除酒精的成本和收益是什么？显然，适度饮酒似乎不像真正喝醉（高于0.10%血酒浓度）那样会引起争议，但过量饮酒总是不好的吗？在这里，局面似乎更加复杂和混乱。过量饮酒显然是危险的，会导致成本倍增，但不一定绝对有害。适时的过度，有时有助于把某类群体联系在一起，或帮助个人度过感情危机。一定是这样的，在我们的演化历程中，利用化学麻醉品来解除武装，袒露自己脆弱的一面，其实具有重要的社会效益，而且明显超过了其成本。

至少在科学方面，是时候超越演化劫持或醉酒的残留理论了；而在文化态度方面，是时候克服我们过时的流俗观念和道德洁癖了。要对关于麻醉品在我们生活中的适当作用展开辩论，我们需要以当前最好的科学、人类学和历史学术研究为依据，而这目前还远未实现。获得正确的观点将使我们能够更清楚地制定政策，以及在决定麻醉品在我们生活中的作用时理解我们有哪些具体事宜需要权衡。我们对酒精的渴望并不是一个演化错误。我们喝醉是有充分理由的。如果没有更好地理解醉酒在创造、增强和维持人类的社会性乃至文明本身方面所起的作用，就无法在个人或社会层面做出明智的决定。

然而，在当今同时存在技术官僚、禁欲主义和道德主义的氛围下，这样做尤其具有挑战性。《柳叶刀》上最近有一篇关于饮酒的历史和未来的文章指出，1990—2017年间，全球成年人人均饮酒量从5.9升增加到6.5升，终生戒酒率从46%下降到43%。[12]作者预测，这些趋势将继续下去，到2030年戒酒率将下降到40%。这篇文章的结论不是作为一种解释，而只是作为一个事实，即这显然是一场正在酝酿的公共卫生灾难，我们需要动员所有已知的措施来减少人们接触酒精，并扭转这一趋势。这种态度的出现依赖于一个思想背景：凡是不能直接延长个人寿命或降低癌症风险的事情，都是绝对不好的。这种现代的、世俗的禁欲主义，无论是基于医学建议还是以现代生活方式专家的教诲为基础，也充斥于关于饮酒的当代自助书籍。

这里几乎没有空间进行更广泛、更长远的考虑，即是什么让人类能够在富有成效的文明中共同生活和创造，或者什么赋予生活质感，让生活变得愉快和值得一过。

或许更深层次的问题是，我们这个时代的道德主义发展到了维多利亚时代以来从未见过的程度。在某种意义上，这是对自由放任态度的一种迟到且必要的纠正，这种态度对压迫性的性别规范和种族偏见听之任之，对20世纪50年代的《广告狂人》式的行为睁一只眼闭一只眼，对那种恶劣的"男孩就是男孩"的态度完全接纳。然而最令人窒息的是，新的道德主义使人们难以清楚客观地讨论人类核心经验的某些话题。酒精成了一种禁忌话题，几乎与"性"不相上下。饮酒在很大程度上被人类社会学的学者所忽视，于是它的益处在公共政策决策中也被忽视了。正如斯图尔特·沃尔顿抱怨的那样：

> 醉酒在几乎每个人的生活中都扮演着（或曾经扮演过）一定的角色，然而在整个西方基督教的历史中，它一直受到越来越多的宗教、法律和道德谴责。如今，我们几乎不能轻声说出它的名字，因为害怕违反法律，害怕自己妥协成为我们社会的多重祸害的一部分（无论多么次要），这些祸害包括了吸烟、酒驾、流氓行为、自我造成的疾病或与毒品有关的犯罪等。[13]

我们需要从欢快的新时代苦行僧和冷酷的新清教徒手中拯救酒精和一般性的化学麻醉品。

我一直担心的是，我只完成了一半，用实用的、功能性的词汇来为醉酒辩护——谈论成本和回报，并用演化演算来构建一切。我的希望是，我已经对酒精和麻醉品进行了全面的辩护，并且声援了"为快乐而快乐"的观念。说到这里，我想再谈谈陶渊明，当我还是一个年轻的汉学家时，我对醉酒这个话题的兴趣最初可能是从他身上开始的。在精彩的《饮酒》系列的第十四篇，陶渊明写道：

> 故人赏我趣，挈壶相与至。
>
> 班荆坐松下，数斟已复醉。
>
> 父老杂乱言，觞酌失行次。
>
> 不觉知有我，[14]安知物为贵？
>
> 悠悠迷所留，酒中有深味。[15]

　　这首诗的最后两个字很难流畅或准确地翻译成英文。"深味"的字面意思是"深刻的滋味/风味/意义"，它包括精神和享乐的寓意。酒既有意义，又令人愉悦。

　　在结束本书之前，不妨引用一首可追溯到公元前7世纪的荷马赞美诗，它讲述了我们最早的关于狄奥尼索斯的神话。[16]这位神以一个衣冠楚楚的年轻男子的形象出现，他被海盗俘虏，他们认为他父亲是一位富有的统治者，可以狠狠地敲诈一笔。只有舵手担心这个计划，因为他认出了狄奥尼索斯是神，因此倍感惊讶。一行人出海之后，各种神奇的灾难就降临了。海洋变成了酒，桅杆变成了巨大的葡萄藤，最后，狄奥尼索斯变成了狮子，水手们吓坏了，纷纷跳进了海里，在那里他们变成了海豚。最后，只有舵手得以幸免，狄奥尼索斯向他揭示了自己的真实身份。他继续过着长寿和繁荣的生活，得到了神亲自的祝福。

　　这个故事很精彩，也很有启发性。"很少有人承认狄奥尼索斯是神，这首赞美诗似乎告诉我们，"古典学家罗宾·奥斯本观察到，"除了那些确实保留了人性的人。"[17]这也是结束我们讨论的合适方式。古希腊人鄙视"饮水者"，认为后者拒绝饮酒反映的是一颗冰冷的心、一个缺乏想象力的心智，甚至是一套败坏的道德观。今天，我们当然更明白戒酒的价值，并且不太可能短期之内恢复对狄奥尼索斯的崇拜。然而，只有认识到醉酒的好处和危险，我们才能保持人性，谨慎地利用它的力量来帮助我们在自己创造的这个不稳定的生态位中存活。就像对狄奥尼索斯的赞美诗的结尾一样，"欢呼吧，美貌的塞墨勒的孩子！那些忘记你的人，再也无法创作出甜美的歌曲。"[18]让我们保留我们的人性，确保不要忘记狄奥尼索斯，而是把他清楚地视为神和威胁。只有这样，我们才能在生活中留下一个出神之所，保留"创作出甜美的歌曲"的能力，并继续作为人类——最奇怪、最成功的一种猿类——蓬勃发展。

致　谢

　　和所有人一样，没有他人的帮助，我就像洞穴四鳃鳗被扔进阳光照射下的溪流一样无助。这么多年来，我一直在思考这个项目，并与其他人交谈，我肯定会遗漏好多个影响了我对该主题的思考或引导我找到相关资源的人。为此，我提前道一声抱歉。

　　我们在不列颠哥伦比亚大学的核心研究团队的成员，Joe Henrich、Ara Norenzayan、Steve Heine 和 Mark Collard，都扮演了重要的角色——尤其是 Joe，在我们的岛屿皮划艇露营之旅以及真实和虚拟的酒吧会议期间。Michael Muthukrishna 关于第二章给了细致、周到的反馈，在整个写作过程中提出了有用的参考，并且在我写作过程中，源源不断地向我发送了相关的流行新闻和学术出版物。哈佛大学的 Tommy Flint 在研究的早期阶段提供了至关重要的帮助，指导我阅读乙醇脱氢酶和乙醛脱氢酶的文献，质疑我对遗传和文化演化动力学的推理，提醒我注意精彩的"酒吧谈话"经济学论文草稿，并提供了其他一系列建议，包括巴库俾格米人之间"夜间发声"[1]的相关性。耶鲁大

① 见本书第五章尾注81。

学的 Emily Pitek 进行了第三章提到的 HRAF 数据库的调查；非常感谢她在这个项目上的辛勤和周到的工作。Michael Griffin 向我慷慨介绍了他对早期《荷马史诗》中的狄奥尼索斯的理解，我以此作为本书的结尾。

不分先后，同时也要感谢 Hillary Lenfesty（五旬节派和念念有词）；Chris Kavanaugh（神道教仪式和动物醉酒）；Will Gervais（关于肯塔基波旁威士忌的广泛讨论）；Randy Nesse（一边讨论醉酒，一起享用精美的晚餐。并指出了手稿中的错误，推荐了相关文献）；Bob Fuller（慷慨地寄出一本他写的关于宗教和葡萄酒的书，非常有用）；Sam Mehr（音乐和沉醉）；John Shaver（卡瓦）；Polly Wiessner（昆族人和非化学麻醉）；Sarah Pennington（全息呼吸）；Gil Raz（道教实践）；Willis Monroe 以及 Kate Kelley（关于美索不达米亚啤酒的线索）；Amanda Cook 和 Pico Iyer（书籍推荐）；Jan Szaif；Leanne ten Brinke；Nate Dominy（有用的论文）。Dimitris Xygalatas 对极端仪式提供了有益的评论，并给我寄了有用的阅读材料，Alison Gopnik 慷慨地抽出一段时间，在亚利桑那州带我了解她关于童年和创造力的工作。我还收到了来自 Nathan Nunn、Lucy Aplin 和 Twitter 蜂巢心智的有用反馈，这些反馈帮助我追踪到了 Sarah Blaffer Hrdy 的文献。

我也非常感谢 Robin Dunbar，感谢他在这个话题上的开创性工作，并与我慷慨分享了相关的预印本文章，也非常感谢 Michael Ing 分享的关于陶渊明的章节，以及一系列关于古代中国对饮酒和醉酒态度的非常有用的参考资料。感谢 Jonathan

Schooler 对走神的讨论以及关于化学麻醉和洞察力的广泛聊天，以及 Azim Shariff 的广泛鼓励以及文献和结构建议。

　　Ian Williams 是一位才华横溢的诗人和作家，也是我长期的网球伙伴，他提供了必不可少的赛间对话、情感支持以及关于写作技巧和一般生活的智慧话语。（顺便说一句，他发球很棒。）Michael Sayette 在写作过程的早期提供了一些有用的参考资料，然后非常慷慨地就最终文稿给了我大量的深思熟虑的建设性的反馈，从高层次的理论考虑到细致的文本修订。如果我早些时候与 Michael 多谈一谈，这本书会变得更好；无论如何，我尽我所能来补充弱点并巩固论点。

　　一如既往地向妻子 Stefania Burk 和女儿 Sofia 致以深深的爱和感谢，感谢她们，但最重要的是，她们向我展示了家庭的力量、重要性和幸福。Stefania 还评论了一些早期的章节，Sofia 像往常一样，无意中提供了许多有用的现实生活示例。追查我有时对她的刻薄评论可能最终驱动她第一次读完了她父亲的一本书。

　　Marcos Alberti 非常慷慨地允许我使用他精彩的"3 Glasses Later"项目中的一些照片，Dick Osseman 允许我使用他来自 Nevali çori 的图片，Randall Munroe 允许我转载他的 xkcd 漫画，Kara Sowles 允许我广泛引用她关于为饮酒者和非饮酒者创造公平竞争环境的文章。还要感谢德国考古研究所（DAI），允许我重新使用他们的哥贝克力石阵图片。

　　感谢我在布罗克曼的经纪人 Katinka Matson 和编辑 Ian Straus 对这个项目的信任。在坦然接受了自己已经成为中年大叔之后，我承认一开始对跟似乎只有我一半年龄的 Ian 合作心存疑窦。事实上，这是一次令人谦卑的经历。Ian 凭借他惊人的敏锐洞察力、发现材料之间我没有意识到的联系，以及随时指出我的论点中的不一致和我行文中的错误，极大地改进了这份手稿，并帮助我更清楚地思考我到底想说什么。我还要感谢 Little, Brown Spark 的出版人兼主编 Tracy Behar 对这本书的热情；我的公关代表，Stephanie Reddaway；营销总监 Jess Chun；艺术总监 Lauren Harms 设计了我最喜欢的封面；制作编辑 Ben Allen；以及我的文稿编辑 Deri Reed，感谢他对本书的细致清理和核实。

最重要的是，我要感谢 Thalia Wheatley。从最早的草稿开始，她通读了整个手稿，提出了很好的例证；并迫使我在推理和行文上直面严重的问题。她还尝试纠正一些科学问题，但只部分取得了成功。剩下的错误应该完全归咎于我。最重要的是，Thalia 启发我更深入地思考醉酒、快乐和欢乐。如果没有她，本书将不会是现在的样子。

注 释

引 言

1. 作者Michael Pollan把这些药物称为"透明"药物，"它们对意识的影响太微妙，无法干扰一个人度过一天和履行义务的能力。在我们的文化中，咖啡、茶和烟草等药物，或在其他文化中的古柯或阿茶叶，不会改变使用者的时空坐标"（Pollan 2018:142）。Stephen Braun同样区分了咖啡因或尼古丁等"正常"药物和"令人陶醉"的药物（Braun 1996: 164）。

2. 尽管他们使用的"改变了的状态"（altered states）比我在本书中使用的"改变了的状态"（包括色情、赌博和其他形式的沉浸式娱乐，以及烟草或咖啡因等兴奋剂）要广泛得多，但《偷火》（Stealing Fire, Wheal and Kotler 2017）的作者们估计，在全球范围内，人类每年花费大约4万亿美元（2016年美元）来追求"狂热的刺激"。

3. McGovern 2009.

4. 关于兴奋史的精彩讲述，可以参见：Curry 2017; Forsyth 2017; Gately 2008; Guerra-Doce 2014; McGovern 2009, 2020; Sherratt 2005; Vallee 1998; Walton 2001。

5. 经典的"啤酒先于面包"的论点，参见：Braidwood et al. 1953; cf. Katz and Voight 1986，以及 Dietler 2006。我们在第三章还会再次讨

论到这一点。

6. 译自 http：//www2.latech.edu/~bmagee/103/gilgamesh.htm；另见 A. George 2003: 12-15。编者按：《吉尔伽美什》最早的版本中恩基杜是一个牧民，而非半人半兽。这种角色设定的转变本身，可能反映了酒精和农业文明的主导地位。参见：Scott, James C. (2017). Against the Grain: A Deep History of the Earliest States. New Haven, CT: Yale University Press. 62。

7. 认为苏摩是由 Amanita muscaria（一种迷幻蘑菇）制成的——这种理论是经一位名叫 Gordon Wasson（Wasson 1971）的业余真菌学家和语言学家热情推广而为人熟知的，他设法说服了许多早期吠陀文化的学者。Wendy Doniger（Doniger O'Flaherty 1968）对有关苏摩本质的各种理论进行了易于理解的回顾；另见 Staal 2001 年的讨论。

8. 吠陀经（Rig Veda）10.119，由 Wendy Doniger 翻译，由 Fritz Staal 修改（Staal 2001: 751-752）。

9. 上述作品中最有趣、可读性最强的是 Forsyth 2017，Gately 2008，Walton 2001。Gately 2008 可能是关于饮酒史的最全面的资源，对本书早期阶段的成形提供了很大的帮助。虽然 Gately 顺便提到了酒精的一些潜在的个人和社会层面的功能，但没有试图为这种现象提供严格的心理学、神经生物学、遗传学或文化演化解释。Forsyth 2017 出版于本书写作的早期，可以看作是 Gately 综合作品的更简短、更精练的幽默版本。Forsyth 确实从"我们为什么一开始想喝醉"的问题开始。然而，他很快——甚至相当不加批判地——接受了 Robert Dudley 的"醉猴"假说〔"我们人类是寻觅酒精的冠军，醉猴假说解释了原因"（2017: 15）〕，这与他继续讲述的醉酒历史不符，我将在第一章中解释。

下文我们还会讨论到，在学术界，一些人类学家和考古学家对于醉酒的功能提出了一些解释，最突出的是：Dietler 2006; O. Dietrich et al. 2012; Robin Dunbar 2014; Robin Dunbar et al. 2016; Guerra- Doce 2014; E. Hagen and Tushingham 2019; D. Heath 2000; Jennings and Bowser 2009; McGovern 2009; Wadley and Hayden 2015。关于该主题的最重要的文集也许是 Hockings and Dunbar 2020，它是在本书写作的最后阶段出版的；Heath 2000 第 6 章（"心有自己的理由：人们为什么喝酒？"）也强烈推荐。我们还将探讨 Robert Dudley 和 Matthew Carriga 等生物学家的演化假设；有关这些理论的简要调查，请参阅 M. Carrigan 2020: 24-25 或 McGovern 2020: 86-87。然而，更典型的是，化学麻醉品要么在人类学界被忽视，要么被视为文化"能指"，对人类的心理没有任何潜在影响。例如，请参阅 MacAndrew 和 Edgerton 的评论，即酒精摄入本身"很可能"没有抑制认知，只有一些运动效应，然后作为该文化中麻醉的可见社会象征（MacAndrew 和 Edgerton 1969）。Dietler 2006 概述了使用人类学方法探讨酒精的历史，尽管他认为最近的文化建构主义阶段是 20 世纪 70 年代和 80 年代功能主义的发展。最后，关于具有里程碑意义的人类学论文集，这些论文代表了从 20 世纪 80 年代到现在主导人类学的更为独特的饮酒文化观点，请参阅 Douglas 1987。

10. 在接下来的几页，你会清楚地看到，我将在各种所谓的基因文化共同演化（Richerson and Boyd 2005）或双重遗传理论（Henrich 和 McElreath 2007）的理论框架内工作，该理论将人类的认知和行为视为由两种不同的遗传模式驱动：遗传和文化。因此，我通常使用"演化"一词来指代遗传和文化演化，尽管在必要时我会更具体。Michael Dietler 等学者对"过于容易直接援引遗传或演化解释"（2020: 125）所表达的担忧，在谈到对酒精的文化态度时，错误地将"演化"与"遗传"混为一谈。虽然一些酒精使用的理论家可能从更狭隘、过时的"仅有基因"的角度工作，但基因文化共同演化框架可以说是当今人类行为演化方法的标准模型（例如：Henrich 2015; Norenzayan et al. 2016; Slingerland and Collard 2012）。

11. 例如，参见 Gerbault et al. 2011。

12. Griffith Edwards 2000: 56，他将酒精的成功归因于其相对适度的陶醉效果以及其被文化规范塑造和调节的能力，这与其他更强大的令人陶醉的药物不同（56-57）。另见 Sher 和 Wood 2005 年关于酒精独特的可预测的剂量效应（例如，与大麻相反；Kuhn and Swartzwelder 1998: 181）和 Mäkelä 1983 关于酒精易于与其他文化习俗融合。

第一章 我们为什么会喝醉？

1. Dietler 2020: 115.

2. 关于人类饮酒历史的概述，参见：Forsyth 2017; Gately 2008; McGovern 2009。

3. Vénus à la corne de Laussel from Collection Musée d'Aquitaine, 参见 McGovern 2009: 16-17 中的讨论。

4. McGovern et al. 2004; McGovern 2020. 还有证据表明，中国早期的啤酒酿造可以追溯到大约 5000 年前。这种小米、大麦和块茎的混合物不太可能在当代啤酒节上赢得任何奖项，但这些早期的酿酒师似乎在该地区广泛建立定居农业之前一直在改进配方（Wang et al, 2016）。

5. Gately 2008: 3.

6. Barnard et al. 2011.

7. Dineley 2004.

8. Kirkby 2006: 212.

9. Hagen and Tushingham 2019; Sherratt 2005.

10. Rucker, Iliff, and Nutt 2018.

11. 参见：Carod-Artal 2015; Furst 1972 on "mushroom stones"; Sharon 1972: 115-116 on "San Pedro" cactus on ceramic vessel from the Chavín culture (1200-600. BCE)。

12. 其中的毒素，被统称为"蟾毒素"或"蟾酥"（bufotoxins），是由蟾蜍属分泌的；参考Carod-Artal 2015。

13. Joseph Henrich（私人通讯）推测，鉴于有部分证据表明酒精会恶化拉美鱼肉毒（这种毒素由感染了岛礁鱼类的微生物分泌）引起的中毒症状，受此困扰的社会就转而使用卡瓦。事实上，卡瓦主导的文明的分布，与拉美鱼肉毒的分布的确有很大的重合。

14. Lebot, Lindstrom, and Merlin 1992: 13.

15. Long et al. 2016.

16. Hagen and Tushingham 2019.

17. 参见Sherratt 2005: 26-27。在当地，大麻很可能与鸦片一同使用。

18. Carmody et al. 2018.

19. 大部分本地部落种植的烟草品种Nicotiana rustica，比今天的商业品种Nicotiana attenuata更强烈；传统上与烟草一同吸食的致幻剂包括曼陀罗（datura）和大花曼陀罗（brugmansia）（Fuller 2000: 35; Carod-Artal 2015; Schultes 1972: 46-47）。

20. Dineley 2004.

21. Guerra-Doce 2014.

22. 比如Gately 2008; Forsyth 2017。

23. Weil 1972: 14.

24. Sherratt 2005: 33. 正如Sherratt的观察，在热带地区（农业和大规模的文明的滥觞之地），由谷物或水果发酵的酒精是首选的麻醉品。

更往北的地区，人们更偏爱鸦片、大麻或者烟草这样的麻醉剂，而往南的地区的人们更爱可卡因、卡特（qat）、咖啡或茶。无论哪里的人们，都会吸食从藤蔓植物、仙人掌或者蘑菇制成的迷幻药（Sherratt 2005: 32）。

25. 毋庸讳言，在人类学领域一直都有一种倾向，试图从功能的角度来解释饮酒的现象，大部分学者特别专注于缓解焦虑或压力。Patrick 1952: 45-47 为 20 世纪 20—40 年代中的经典人类学理论做了不错的总结。我们在下文中会讨论减压理论，以及人类学最近解释我们对酒精偏好的尝试。

26. R. Siegel 2005: 54.

27. 来自 1814，引自 Blocker 2006: 228。

28. Nesse and Berridge 1997: 63-64.

29. 正如平克观察到的，"人在本可以寻求配偶的时候去看色情作品，放弃食物去购买海洛因，卖血去买电影票（在印度），为了在公司升职上位而推迟养儿育女，胡吃海喝自损寿命。人类的恶习表明，生物适应的的确确是一种历史遗产（过时的产物）。我们的心智仍然适应于觅食为生的小规模部落社会，因为在过去99％的时间里，我们的祖先都是在那样的环境中生活，而不是农业和工业革命之后我们所创造的这个乾坤颠倒、意外迭出的现代社会"（Pinker 1997: 207）。关于劫持假说的其他表述，参见 Hyman 2005 and Wise 2000。

30. Heberlein et al. 2004.

31. Devineni and Heberlein 2009.

32. Shohat-Ophir et al. 2012.

33. 话说回来，果蝇能被酒精吸引以及能够代谢它，这显然具有演化适应性。追逐酒精会把它们引向过熟的水果，从而找到更多的食物；此外，如下文所述，它们有时也会利用自身代谢酒精的能力来对抗天敌，比如寄生蜂。

34. Dudley 2014, 2020.

35. 他补充道："事实上，有些人是被酒精滥用了，因为酒精激活的是古老的神经通路，这些通路曾经只在我们摄入有营养的物质时才被激活，而现在却会因为酗酒而发出奖赏的信号。"Dudley 2014: xii-xiii.

36. Steinkraus 1994; Battcock and Azam-Ali 1998.

37. https：//www.economist.com/middle-east-and-africa/2018/02/08/what-is-cheaper-than-beer-and-gives-you-energy

38. 玉米发酵成啤酒之后，核黄素和烟酸的含量几乎翻了一番，B族维生素的成分提高了3—4倍；将小麦制成啤酒可产生必需的氨基酸，提高B族维生素水平，并提供可促进人体吸收必需矿物质的物质。Platt 1955; Steinkraus 1994; Katz and Voight 1986.

39. Curry 2017.

40. 相关研究请参见Chrzan 2013: 53-55。

41. 相关研究请参见Dietler 2020: 118。

42. Milan, Kacsoh, and Schlenke 2012.

43. Rosinger and Bathancourt 2020: 147. Also see Vallee 1998; Arthur 2014.

44. 例如Sullivan, Hagen, and Hammerstein 2008争论说，植物神经毒素可以用作驱虫药物，这可能为我们的祖先提供了显著的适应性优势，他们的寿命较短，携带大量寄生虫，也没有现代医学的帮助。

45. 比如，可参见Dudley在伯克利大学的同事Katharine Milton的评论（Milton 2004），后者也指出，那些不以水果为食的哺乳动物，比如小鼠和大鼠，也会表现出类似人类的饮酒行为模式。不过，正如Dudley后来为自己辩护时观察到（2020: 10），一些最近的工作（Peris et al. 2017）的确暗示了发酵后的水果气味更香，也更吸引哺乳动物和鸟类。

46. 关于文化演化的力量，以及我们这个物种何其依赖它，最好的介绍作品是 Henrich 2015。同时，可参见本书第二章中关于文化积累与传承的重要性。

47. Dietler 2006，为了回应 Joffe 1998，留意到跨文化的调查表明，人们经常把酒和水混着喝，或者掺和到一起喝。一个著名的例子是希腊人特别喜欢在酒中兑水。

48. 关于其他一些具有演化适应性的动力的一个显著理论，参见 Norenzayan et al. 2016 以及附带评论。

49. 正如 Iain Gately 留意到的那样，当早期欧洲的探险家探索世界的时候，"在出海之前舾装船只时，酒是一个重要的部分。麦哲伦在雪莉酒上花的钱比在武器上花得还多；事实上，酒类的开销是他的旗舰（圣·安东尼号）的两倍"（Gately 2008: 95）。

50. 参见 Mandelbaum 1965: 284。在移民定居纽约的早期，州长 Edmund Andros 签署了一项部分禁酒的法令，除非是利用损坏的、不可食的谷物，否则不许酿酒，这是因为酿酒业消耗了太多当地的粮食供应，以至于有人买不到面包（Gately 2008: 153）。

51. Duke 2010.

52. Poo 1999: 127.

53. Guasch-Jané 2008.

54. Forsyth 2017: 171（新南威尔士州的第一座建筑）以及 173。

55. Forsyth 2017: 37.

56. Gately 2008: 215.

57. Gately 2008: 216.

58. Pollan 2001: 3-58.

59. Jennings and Bowser 2009.

60. 事实上，Dietler 2006 留意到，"大多数传统工艺酿制的酒是要马上喝掉的，否则发酵几天之后就会坏掉"（238）。比如大多数谷物啤酒，如果没有添加啤酒花，很快就会坏掉，但啤酒花这项创新直到9世纪才在欧洲出现。

61. Holtzman 2001.

62. Shaver and Sosis 2014. 正如作者发现的，考虑到卡瓦生产和消费的成本，它必须提供足以抗衡其代价的显著社会效益。

63. 据另一位历史学家的估算，到了法国大革命的时候，巴黎人平均用15％的收入购买酒类（引自 Mäkelä 1983）。

64. Wettlaufer et al. 2019.

65. Collaborators 2018: 12.

66. William Shakespeare, *Othello* (11, iii).

67. 如 Ronald Siegel 所观察，在整个动物世界，那些因为酒精或某些植物麻醉的个体，更容易发生意外、被天敌捕食或者成为糟糕的、不上心的父母（R. Siegel 2005）。一项研究（Sanchez et al. 2010）发现，有些水果发酵后会产生酒精度超过1％的饮料，这会让吃水果的蝙蝠喝醉，从而影响它们的飞行能力、回声定位以及与其他蝙蝠的交流，它们更容易受伤或被捕食。另外也可参见 Samorini 2002: 11, 22ff。

68. 正如 Steve Morris 和他的同事们观察到的（Morris, Humphreys, and Reynolds 2006），虽然有故事说，一群大象在野外会寻找过熟的、含酒精的水果，甚至喝到酩酊大醉，但是只要思考一下简单的生理学就知道这是不可能的。水果自然产生的酒精非常弱，而大象的体重相当巨大。他们分析道，"从人类的生理水平推测，一只体重达3000千克的大象需要喝掉相当于10—27升酒精度为7％的饮料，才能在短时间内达到醉酒的效果"。平心而论，这在野外是不可能的。一头大象只有获得大量的高浓度的酒精时，才有可能喝醉。换言之，没有喝醉的人，就不会有喝醉的大象。

69. Carrigan 2020; Carrigan et al. 2014; 同时参见 Gochman, Brown, and Dominy 2016，他们提供了证据表明，有两种灵长类动物——指猴和懒猴（名副其实!）——它们都具有 ADH4 基因，这使得它们更喜欢食用含有酒精的水果，而且酒精度越高的越喜欢。Hockings and Dunbar 推测，正是 AHD4 使得携带它的猿类挺过了猿类大灭绝，这发生在中新世的干旱期，距今 1060 万年到 500 万年前；当时的猴子能够消化不成熟的水果，这为它们提供了决定性的生存优势（2020: 197）。

70. 特别参考 Hagen, Roulette, and Sullivan 2013; E. Hagen and Tushingham 2019; Sullivan, Hagen, and Hammerstein 2008。

71. 值得注意的是，我们最亲的近亲大猩猩和黑猩猩似乎也喜欢吸食植物麻醉品。事实上，有些土著文化声称，他们是先观察到当地的猿猴吸食有神经活性的植物之后，才开始尝试这些植物的（Samorini 2002）。

72. 关于乳糖耐受，参见 Gerbault et al. 2011；关于西藏人适应高海拔地区，参见 Lu et al. 2016；关于水下的适应，参见 Ilardo et al. 2018。

73. 关于人类脚痛、关节痛和背痛的路径依赖导致的问题，参见 Gibbons 2013。

74. 这种药物是双硫仑（Disulfiram），它通过直接抑制体内的 ALDH 活性来模拟低效 ALDH 的作用。参见 Oroszi and Goldman 2004。

75. G. S. Peng et al. 2014; Y. Peng et al. 2010.

76. Goldman and Enoch 1990.

77. Park et al. 2014, Han et al. 2007. 同时参见 Polimanti and Gelernter 2017，他们争辩道，"ADH1B 位点（这是 ADH 的高效突变体）的选择特征，主要不是与酒精代谢有关"，而是反映了对传染性疾病的回应。

78. 值得注意的是，Carrigan et al. 2014 提出，这两种酶的组合是针对大规模农业社会里新出现的酒精问题的"早期适应"。至于这种万能解决方案的传播速度如何，在没有制衡的适应性压力的情况下，我们无法回答。不过，考虑到遗传演化的速度之快，以及酒精问题之严重，我们可以假定，这套复杂的基因机制之所以没有以燎原之势传播开，是因为制衡它的选择压力也相当大。我们接下来会进一步解释，无论是个体还是群体，饮酒都有哪些收益。无论如何，接下来讨论的这些文化演化因素，强化了这一论点：亚洲人脸红现象传播得非常之慢，虽然具体原因仍然是一个谜。

79. Frye 2005: 67.

80. Forsyth 2017: 121.

81. Gately 2008: 63.

82. Forsyth 2017: 127.

83. 分别选自《诗经》中的《小雅·桑扈之什·宾之初筵》和《大雅·荡之什·荡》。在长篇大论地描写了醉酒以及混乱的行为之后，诗歌总结道，"饮酒孔嘉，维其令仪"（编者按：有节制的前提下，饮酒也可以是件好事）（Waley 1996: 208）。

84.《尚书·周书·酒诰》，引自 Chan 2013: 16。正如 Robert Eno 观察到的，在我们有记录的资料中，第一次提到天命的时候就跟保护新的朝代避免醉酒有关，因为醉酒被认为是导致商代灭亡的最大恶习（Eno 2009: 101）。

85. 关于古代中国对饮酒的顾虑，参见 Poo 1999，以及 Sterckx 2006: 37-40。

86. Chan 2013: 16. 译者按：出自《战国策·魏策·魏二·梁王魏婴觞诸侯于范台》。

87. Poo 1999: ftn 23.

88. 比如，在207年，东汉著名将领曹操颁布了禁酒的法令，因为他担心过度饮酒会导致社会动荡，危及政权。同样值得注意的是，曹操本人以及他的朝廷中人是免受该禁令的，而且他们还开创了饮酒作诗的先河（N. M. Williams 2013）。

89. James Davidson, 引自 Chrzan 2013: 20。

90. Tlusty 2001: 71.

91. 来自 1898, 引自 Edwards 2000: 45。

92. Hall 2005: 79.

93. Hall 2005: 79.

94. Sherratt 2005: 21.

95. Matthee 2014: 101. Mark Forsyth 也提供了一份有用的记录，表明伊斯兰教对于饮酒也不无矛盾的态度（Forsyth 2017: 104-119）。

96. 引自 Matthee 2014: 100。

97. Fuller 1995.

98. Fuller 2000: 113; 同时参见 Fuller 1995: 497-498。

99. Sherratt 2005: 23.

100. Poo 1999: 135.

101.《诗经·颂·周颂·臣工之什·丰年》，引自 Kwong 2013: 46。

102. Poo 1999.

103. Chrzan 2013: 34-39.

104. Edwards 2000: 22-23. Also see T. Wilson 2005.

第二章　给狄奥尼索斯留门

1. 关于个人智力的极限，参见 Henrich 2015 的第二章；关于搁浅的欧洲探险家的不幸遭遇，这些故事说明了人类在没有文化知识的情况下试图生存的无奈，参见该书第三章。

2. 关于历史灾难的一个类似的观点，参见 Christakis 2019: 第二章；其中提到，根据海难幸存者的说法，成功最终取决于有效的合作和个人需求服从于团体的需求。值得注意的是，Christakis 指出酒精的存在是导致此类"无意社区"失败的一个原因（2019: 50, 95, 99），从表面上看这似乎与本书的一个主要论点相矛盾，也就是酒精帮助人类扩大了合作规模。事实上，这些例子实际上强化了我将在第五章中提出的一个论点：在没有任何文化或仪式规范管理其使用的情况下，蒸馏酒（一种演化上新颖且异常危险的酒精形式，对海难幸存者而言这几乎是唯一留下的酒）对社会群体和个人而言往往弊大于利。

3. 参见 Boyd, Richerson, and Henrich 2011; Laland 2000。

4. 再一次，关于这个主题的最有帮助、最好读的介绍是 Henrich 2015。特别是第 15 章（"When We Crossed the Rubicon"），第 16 章（"Why Us?"）和第 17 章（"A New Kind of Animal"）。同时参见 Boyd, Richerson, and Henrich 2011。

5. Wrangham 2009. 作者认为对火的这种适应从直立人就开始了，但是学界对此还有争论。

6. Hrdy 2009, 第一章（"Apes on a Plane"）。

7. Haidt, Seder, and Kesebir 2008.

8. 参见 Marino 2017 所作的综述。

9. 关于该主题的最新研究进展，参见 Heidt 2020。

10. Dally, Emery, and Clayton 2006; Emery and Clayton 2004.

11. B. Wilson, Mackintosh, and Boakes 1985. 尽管鸟类遵循与灵长类动物截然不同的演化轨迹，但通过趋同演化过程，鸦科动物似乎已经发育出一个大脑区域，即尾外侧神经节（NCL），其功能类似人类的前额叶皮层（PFC），即抽象推理和执行功能的所在地（Veit and Nieder 2013）。正如我们将看到的，在所有关于醉酒的适应功能的解释里，PFC 都是主要参与者。

12. Heinrich 1995.

13. Gopnik et al. 2017.

14. 另一个经历停经的物种是虎鲸，原因可能与人类非常相似——在饲养幼崽方面的大量投资。参见 Fox, Muthukrishna, and Shultz 2017。

15. Sophocles 1949, lines 173−181.

16. Huizinga 1955: 108.

17. Richerson and Boyd 2005.

18. Huizinga 1955: 110.

19. Hole。译者按：foxhole、manhole 和 peephole 分别意为散兵坑、沙井和窥视孔。

20. Gopnik et al. 2017，参见其中的参考文献。

21. 引自 Gopnik et al. 2017，图 2。

22. 引自 Sowell et al. 2002，图 3 和 4b。灰质和白质密度反映了灰质和白质的体积占颅内总体积的比例。

23. 正如 Gopnik 和同事们观察到的："强大的正面控制的代价是探索和学习的损失。经颅直流电刺激对前额叶控制区域的干扰会导致对'发散思维'任务的反应范围更广，并且在学习过程中会出现额叶控制的特征性释放。"参见其参考文献，特别是 Thompson-Schill, Ramscar, and Chrysikou 2009 和 E. G. Chrysikou et al. 2013。同时参见 Chrysikou 2019。

24. Limb and Braun 2008.

25. Chrysikou et al. 2013. 另见一个更新的研究，Hertenstein et al. 2019, 其中实验人员对左侧PFC的经颅进行去激活、对右侧PFC进行刺激，导致被试在各种创造力和横向思考任务上的表现更好。

26. Brown 2009: 55.

27. Brown 2009: 33.

28. Brown 2009: 44.

29. Zabelina and Robinson 2010.

30. Henrich 2015.

31. Muthukrishna et al. 2018.

32. 他们补充说："在集体大脑中连接的个体，有选择地传递和学习信息，通常远非有意为之，可以在没有设计师的情况下产生复杂的设计——就像自然选择在遗传演化中所做的那样。累积的文化演化过程，产生了任何一个人毕生都无法重现的技术和技巧，并且不需要其受益者了解它们的工作方式和原因。"（Muthu- krishna et al. 2018）

33. Henrich 2015: 97-99.

34. 同上。

35. Kline and Boyd 2010, Bettencourt and West 2010.

36. Henrich 2015: Ch. 15.

37. 引自 Muthukrishna et al. 2018, figure 9 (CC-BY)。

38. Gopnik 2009: 123.

39. Gopnik 2009: 115-119.

40. Gopnik 2009: 95-95, 105.

41. Skyrms 2004: xi; cf. Yanai and Lercher 2016.

42. Dawkins 1976/2006. 事实上，有性生殖本身代表了一种合作协议：只要特定基因被选中搭上性细胞（精子或卵子）的救生艇的过程是随机的，因此是公平的，每个人都同意一种情况：他们中的一半永远不会成功。因此，存在强大的选择压力，它确保选择保持公平，抵制各种作弊机制——这些机制试图偏袒一组基因而不是另一组基因。

43. 关于演化在各个层面——从基因到细胞再到群体中的个体——的合作过程的精彩介绍，参见 D. S. Wilson 2007。

44. 关于该主题的综述，参见 Hauert et al. 2002。他们留意到，"这个问题拥有这么多五花八门的名字，表明它是一个无处不在的问题"（1129）。

45. 举一个政治例子，2020 年民主党初选也是　种形式的囚徒困境。民主党温和派的公共利益显然需要围绕一个共识候选人团结起来，但是——至少在超级星期二之前——没有一个温和派愿意在其他竞争对手没有承诺围绕共识候选人团结起来的情况下牺牲自己的候选资格。石油卡特尔，如 OPEC 及其结盟国家，很容易受到流氓成员破坏，以牺牲其他成员为代价来提高产量。在撰写本文时（2020 年 3 月），在新冠肺炎暴发导致油价暴跌之后，沙特阿拉伯似乎已决定以牺牲俄罗斯为代价叛变。

46. Damasio 1994; R. Frank 1988, 2001; Haidt 2001.

47. R. Frank 1988.

48. 最能将我们的注意力转移到这些关系上，并认识到所有人类互动背后更深层次的信任背景的哲学家是 Annette Baier，特别是 Baier 1994。

49. Spinka, Newberry, and Bekoff 2001; Brown 2009: 181.

50. Brown 2009: 31-32.

51. Gopnik 2009: 11.

52. 值得称赞的是，Gopnik 和她的合作者认识到了这个问题，并指出："幼儿很少是复杂技术创新的源泉；例如，实际设计和生产一种有效的工具是一项具有挑战性的任务，需要创新和执行技能。"然而，他们仍然将真正的年轻视为文化创新的关键："在一代人中首次出现时费力且罕见的创新，可以毫不费力地被下一代广泛采用。事实上，在非人类动物中，文化创新往往首先由青少年产生、采用和传播。"（2017: 55-58）

53. Matthew 18: 3；《道德经》第10、20、28、55节。

54. Braun 1996: 40.

55. Braun 1996: 14.

56. 关于酒精的生理学后果，一个精彩的入门介绍来自 Sher and Wood 2005; Sher et al. 2005。

57. Olive et al. 2001, Gianoulakis 2004.

58. 值得注意的是，虽然有时也建议将酒精作为助眠剂，但这并不是最好的建议。它的镇静作用，通过抑制大脑活动，确实使人更容易入睡。然而，大脑总是试图适应和恢复平衡，有证据表明，它通过增强兴奋系统来响应酒精的抑制作用，从而产生反弹效应。这就是为什么酒精会很快引人进入深度睡眠，但也会让人在半夜醒来，然后难以重新入睡。

59. Olsen et al. 2007.

60. Miller and Cohen 2001.

61. Mountain and Snow 1993.

62. Heaton et al. 1993; Lyvers and Tobias-Webb 2010; Nelson et al. 2011; Easdon et al. 2005. Lyvers, Mathieson, and Edwards 2015 类似地表明，酒精对另一项实验任务的表现产生负面影响，爱荷华赌博任务，

更具体地取决于腹内侧前额叶皮层（vmPFC）的功能。

63. Nie et al. 2004.

64. Steele and Josephs 1990是提出醉酒的"近视"理论的先驱；关于这方面的文献综述，参见：Sayette 2009; Sher et al. 2005: 92ff; and Bègue et al. 2013。

65. Dry et al. 2012.

66. 关于解除抑制，参见Hirsch, Galinsky, and Zhong 2011；关于PFC和ACC受损，以及一般的认知控制，参见Lyvers 2000, Curtin et al. 2001, Hull and Slone 2004。Malcolm Gladwell（Gladwell 2010）将去抑制和近视描述为相互竞争的，而它们似乎更有可能是互补的，仅仅是酒精抑制PFC和相关系统的两个方面。

67. Easdon et al. 2005.

68. Carhart-Harris et al. 2012, 2014; Kometer et al. 2015; Pollan 2018: 303-5. Dominguez-Clave et al. 2016的研究表明，死藤水同样可以放松自上而下的约束以及"额叶皮质施加的认知控制"。

69. A. Dietrich 2003.

70. Kuhn and Swartzwelder 1998: 181.

71. 德国哲学家弗里德里希·尼采最突出和明确地指出了这种张力，特别是《悲剧的诞生》（1872）。

72. Laws II, 引自 Szaif 2019: 107。

73. Huxley 1954/2009: 77.

74. Fertel 2015.

第三章　沉醉、出神与文明的起源

1. Braidwood et al. 1953; Dietler 2006; Hayden, Canuel, and Shanse 2013; Katz and Voight 1986. 关于反对的观点，参见 Dominy 2015。

2. Arranz-Otaegui et al. 2018.

3. Hayden, Canuel, and Shanse 2013; Arrenze-Otaegui et al. 2018.

4. 例如，伊拉克北部一处遗址的黏土印章可追溯到公元前4000年，显示两个人用吸管从一个大罐子里饮用什么，罐子里肯定是比水更了不得的东西。苏美尔啤酒是我们现在所说的"未过滤"啤酒的一种严肃形式：酵母在发酵过程中留在罐中，并在啤酒表面形成固体外壳，然后人们通过将吸管插入酵母饼中来获取（Katz and Voight 1986）。

5. Fay and Benavides 2005. 95%的酿酒与酵母密切相关，表明葡萄酒生产来自单一源头，可能在美索不达米亚，然后传播到中东和欧洲（Sicard and Legras 2011）。

6. 有强有力的证据表明，从公元早期几个世纪开始，奇洽的生产广泛存在于整个南美洲（Jennings and Bowser 2009）。

7. P. L. Watson, Luanratana, and Griffin 1983.

8. 相关讨论参见 Carmody et al. 2018。

9. Friedrich Hölderlin, "Dichterberuf," Sämtliche Werke. 6. Bände, Band 2, Stuttgart 1953, S. 46–49.

10. 引自 Mattice 2011: 247。

11. 引自 Kwong 2013: 56。关于醉酒的诗歌中，我个人最爱的可能是陶渊明的作品。关于酒在古代中国和古希腊文化中的作用，参见 Mattice 2011, Kwong 2013, 以及 Ing 未发表作品第三章。

12. Gately 2008: 16.

13. Gately 2008: 56.

14. Roth 2005: 122.

15. Roth 2005: 108. 关于醉酒在从古至今的创意文化中的作用，同时参见 Djos 2010。

16. Lebot, Lindstrom, and Merlin 1992: 155.

17. 参见爵士乐单簧管演奏家 Mezz Mezzrow（1899—1972）的评论，他是 20 世纪中叶美国地下文化里的大麻大神，引自 Roth 2005: 130。

18. Eliade 1964 是跨文化语境中论述萨满的经典作品。关于最近的以现代演化视角展开的调查，参见 Winkelman 2002。

19. Lietava 1992; 不过，Sommer 1999 认为，植物的遗迹要晚于当地野生动植物的埋葬。

20. Harkins 2006.

21. Amabile 1979; 同时参见 Harkins 2006. 论及"评估与表现的关系"。

22. 参见 Aiello et al. 2012 和其中的参考文献，以及 Beilock 2010; DeCaro et al. 2011。

23. Gable, Hopper, and Schooler 2019; Mooneyham and Schooler 2013.

24. Haarmann et al. 2012.

25. 引自 Katz and Voight 1986。

26.《箴言》31: 6。

27. 引自 Sayette 1999。

28. 引自 Kwong 2013: 52。

29. 关于早期适应性理论的综述，参见 Patrick 1952: 45-47，绝大多数观点都围绕着逃离现实或者缓解焦虑。

30. Horton 1943: 223.

31. 比如，参见 Sher et al. 2005: 88，他们还强调了"期望效应"的重要性，或者在某些文化期望存在的情况下，酒精可以纯粹作为安慰剂的力量。

32. 特别参见：O. Dietrich et al. 2012; Dunbar 2017; Dunbar et al. 2016; Wadley 2016; Wadley and Hayden 2015。所有这些观点接下来都会谈到。

33. Nagaraja and Jeganathan 2003.

34. 引自 Nagaraja and Jeganathan 2003, 图 2。

35. Levenson et al. 1980.

36. Levenson et al. 1980; cf. Baum-Baicker 1985, Peele and Brodsky 2000, Müller and Schumann 2011.

37. 正如 Sayette 1999 观察到的，酒精诱发近视的作用使饮酒者将注意力集中在周围环境上，这意味着减压与愉快的分心相结合，尤其是社交互动，效果最佳。这就是为什么单独饮酒可能导致大部分负面结果，我们将在第五章讨论这个话题。

38. Bahi 2013; 同时参见其参考文献。

39. 与此相关的一个论点来自 MacAndrew and Edgerton（1969），他们认为，在历史上酒精的功能是让个人"出离"，这使得他们有机会从社会约束和规矩中获得个人自由。

40. 参见 Tooby and Cosmides 2008，他们提出了一个经典的观点，认为我们需要演化出更高的能力才能评估其他人的信任程度。

41. Willis and Todorov 2006; van't Wout and Sanfey 2008; Todorov, Pakrashi, and Oosterhof 2009.

42. Cogsdill et al. 2014, 以及其中的参考文献。

43. R. Frank, Gilovich, and Regan 1993.

44. 关于这方面的综述和相关文献，参见Sparks, Burleigh, and Barclay 2016。在一项不错的研究中，David DeSteno 及其同事专注于一组特定的、可预测的非语言线索，人们在判断某人在经济游戏中是否值得信赖时会参考这些线索：摸摸手、摸摸脸、交叉双臂和倾斜身体（DeSteno et al，2012）。我们至少隐含地认识到，坐立不安的人想得太多了，事实上，在经济信任游戏中往往会叛变的正是那些摸摸手的人。在一个奇妙的转折中，他们可以过滤掉其他潜在的混淆因素，他们发现当一个名为 Nexi 的机器人执行相同的行为暗示时，人们也不信任它。他们并没有更讨厌交叉手臂的 Nexi；人们根本不相信能把他们的钱托付给它。

45. Darwin 1872/1998; Ekman 2006; also cf. Bradbury and Vehrencamp 2000. 在中国，早期（大约公元前 300 年）儒家思想家将情绪表现、通过"色"、语气或瞳孔解读为判断他人真实道德状态的最可靠方法（Slingerland 2008a）。

46. Tracy and Robbins 2008.

47. Ekman and O'Sullivan 1991; M. G. Frank and Ekman 1997; Porter et al. 2011; ten Brinke, Porter, and Baker 2012; Hurley and Frank 2011.

48. 关于微笑，参见 Ekman and Friesen 1982, Schmidt et al. 2006; 关于大笑，参见 Bryant and Aktipis 2014。

49. Centorrino et al. 2015; 同时参见 Krumhuber et al. 2007，实验者能够在假定的信任游戏伙伴中创建动态的"假"与"真实"微笑，并发现 60% 的受试者选择与真正微笑的伙伴玩，33.3% 选择了假笑的伙伴，6.25% 选择了一个表现出中性表情的伙伴。另外参见 Tognetti et al. 2013，他们回顾了基于面部信号（特别是真诚微笑）的合作研究；Levine et al. 2018 发现，人们倾向于更加信任那些表现出真实情感信号的人。

50. Dijk et al. 2011 and op cit. 同时参见 Feinberg, Willer, and Kaltner 2011，尴尬是更值得信任的社交信号。

51. ten Brinke, Porter, and Baker 2012.

52. Boone and Buck 2003, and op cit.

53. Rand, Greene, and Nowak 2012; Capraro, Schulz, and Rand 2019; Rand 2019.

54. 也就是说，除了理性主义之外，"冷认知"的伦理模式在历史上非常罕见，但在几百年前或多或少地占领了西方哲学。有关自发性和信任的更多信息，参见 Slingerland 2014: Ch. 7。

55. Dawkins et al. 1979.

56. 比如，Silk 2002 的研究提示，黑猩猩使用非语言暗示，例如咳嗽或低声咕哝，向他人传达值得信赖和缺乏攻击性的信息。

57. Byers 1997.

58. Ekman 2003: Ch. 5; 同时参见 R. Frank 1988 里的讨论。

59. Porter et al. 2011.

60. Michael Sayette（私人通信）观察到，这种功能也有潜在的阴暗面，因为暴虐的统治者可以利用酒精的讲真话功能来使他们的下属保持一致。在这方面，值得注意的是，斯大林显然使他手下的官员一直处于恐惧和屈服的状态，无法有效地相互策划，有时在半夜随意召集他们开会，下属要大量饮酒，而斯大林本人却保持清醒。

61. 这句话出现在《成王为城濮之行》（Ma 2012: 148）中，这是一篇碎片化且难以解读的简文，是上海博物馆购买和出版的战国文本收藏的一部分。译者注：《上海博物馆藏战国楚竹书（九）》，马承源主编，上海古籍出版社，2012年。

62. 引自 Forsyth 2017: 95。

63. Gately 2008: 15, 同时参见 pp. 15–16 以及 Szaif 2019, 后者论

及了古希腊人关于饮酒与诚实的观点。

64. 关于古希腊的誓言，参见 Gately 2008: 12；关于维京人的誓言，参见 Forsyth 2017: 126-127；关于 17 世纪英格兰，参见 McShane 2014。

65. Lebot et al. 1992: 119.

66. Fuller 2000: 37.

67. Ode #174, translated by Waley 1996: 147. 译者按：出自《诗经·小雅·南有嘉鱼之什·湛露》。

68. 引自 Gately 2008: 452。

69. "啤酒桶以其独特的形状，在早期的印章和其他宴会场景中充当社会互动的象征性标志"（Michalowski 1994: 25）。

70. Chrzan 2013: 36.

71. Heath 1990: 268.

72. Powers 2006: 148.

73. Chrzan 2013: 30-31.

74. Austin 1979: 64.

75. Fray Bernardino de Sagagún, 引自 Carod-Artal 2015。

76. Price 2002, Fatur 2019.

77. Mandelbaum 1965, Gefou-Madianou 1992.

78. 正如 Mandelbaum 观察到的，"那些与外部环境作斗争的人，更经常考虑饮酒；反之，那些以进行和维持社会内部活动为任务的人更少饮酒。这种区别在印度古代被象征为因陀罗神（敌人的祸害、雷霆者、喧闹者和酗酒者）与瓦鲁纳（秩序和道德的清醒守护者）之间的区别"（1979: 17-18）。

79. Jennings and Bowser 2009, 引自 Weismantel 1988: 188。

80. D. Heath 1958; D. B. Heath 1994.

81. Madsen and Madsen 1979: 44.

82. Forsyth 2017: 28.

83. Jennings and Bowser 2009: 9.

84. Tlusty 2001: 1. 另请参阅她对早期现代德国（92-93）"合同饮料"的描述，它"在饮酒者之间建立了一种比口头承诺甚至书面协议更重要的纽带"。

85. Michalowski 1994: 35-36.

86.《论语·乡党》。古汉语中这个表达非常优美，只有四个字（唯酒无量），我经常幻想用它当我的墓志铭。

87. 引自 Roth 2005: 55。

88. Szaif 2019.

89. Mattice 2011: 246.

90. Mars 1987.

91. Shaver and Sosis 2014.

92. Osborne 2014: 60.

93. 引自 Pollan 2001: 23；正如 Pollan 观察到的，爱默生的读者会知道他称它们为"社交水果"，指的是苹果的酒精特性。

94. James 1902/1961.

95. Duke 2010: 266.

96. Bourguignon，1973.

97. Ehrenreich 2007: 5.

98. Radcliffe-Brown 1922/1964: 252, 引自 Rappaport 1999: 226。

99. Rappaport 1999: 227.

100. Tarr, Launay, and Dunbar 2016, 同时参考其中的参考文献。

101. Reddish, Bulbulia, and Fischer 2013.

102. 参阅 Earle 2014: 83。

103. Forsyth 2017: 44; 关于宴会的描述，参见 pp. 42–49。

104. McGovern 2020: 89.

105. Reinhart 2015; cf. Allan 2007.

106. Guerra-Doce 2014: 760.

107. Fuller 2000: 28. 同时参见 Tramacchi 2004，其中记录了亚马孙部落 Barasana 使用 yajé 的过程。

108. 参见 Mehr et al. 2019; 关于酒精的结果，并未成为论文的最终发表版本，来自与主要作者的个人交流。

109. Pitek 发现，在"eHRAF 世界文化"数据库中标记为"ecstatic religious practices"（出神的宗教活动）的 160 种文化中，只有 140 种符合我们的标准。这是因为之前的"orgies"（性狂欢）类别在 2000 年转变为"ecstatic religious practices"，导致后一类包括不一定涉及出神状态的性活动。当 Pitek 搜索"trance"（恍惚）时，出现了在最初搜索中未找到的另外 154 种文化，但时间考虑使我们无法探索这些文化，因此 71% 的估计几乎肯定偏低。非常感谢 Emily Pitek 在这个项目上的辛勤和深思熟虑的工作。

110. Fernandez 1972: 244.

111. Machin and Dunbar 2011; 关于酒精的特殊作用，请参见 Dunbar 2017。

112. Crockett et al. 2010, Wood et al. 2006; 参见 J. Siegel and Crockett 2013 的综述。

113. 关于现代的使用二亚甲基双氧苯丙胺的宗教，参见 St. John 2004 and Joe-Laidler, Hunt, and Moloney 2014。

114. Kometer et al. 2015.

115. Fr. Bernandino de Sahagún, *History of the Things of New Spain*, Book 10, 引自 Furst 1972: 136。

116. Furst 1972: 154-156.

117. "正是在这种文化混乱的背景下，幽灵舞宗教应运而生，并激起了广泛的热情。幽灵舞宗教预言了泛印度和谐的黄金时代即将到来。它强调了部落之间和平的必要性，并基于他们对白人文明的共同蔑视而形成了一种部落间的团结感。"（Fuller 200: 38ff; 同时参见Shonle 1925）

118. 引自 Smith 1964。

119. L. Dietrich et al. 2019; cf. O. Dietrich et al. 2012. 关于哥贝克力石阵、饮酒与早期文明的通俗记录，参见Curry 2017。

120. 关于"特别诱人"或"想象"仪式的类别和功能，参见Whitehouse 2004; cf. McCauley and Lawson 2002。

121. 公平地说，目前还没有以化学残留物等形式存在的直接证据表明该遗址的大桶和容器被用于装酒精饮料。在他们关于该主题的最新声明中，作者将在该地带使用"改变心智的饮料"的证据描述为"暂定"（Dietrich and Dietrich 2020: 105）。

122. Duke 2010: 265, and op cit. 将"Inka"改成了更常见的"Inca"。

123. 参见Poo 1999 的讨论。译者按：引自《诗经·小雅·白华之什·南有嘉鱼》。

124. Doughty 1979: 78-9. 另请参阅对minka的公共功能的描述，即安第斯山脉的当代正式仪式盛宴交流（Bray 2009; Jennings and Bowser 2009），其记载可追溯到16世纪的印加帝国。

125. 正如Dwight Heath 对酒精饮料所指出的那样，"作为经济商品，它们往往以小批量代表相对较高的价值，并在使用它们的社会的经济和声望系统中发挥各种作用"（D. Heath 1990: 272）。

126. Enright 1996. 127 Gately 2008: 4-5.

128. Nugent 2014: 128.

129. 关于在西非几内亚使用棕榈酒的记录，参见 Hockings, Ito, and Yamakoshi 2020，特别是第51页。

130. 参见 Shaver and Sosis 2014 and op cit, 以及 Bott 1987: 191。

131. 比如，Greg Wadley 和 Brian Hayden 谈到了本章调查的醉酒的许多功能。他们认为，精神药物的种植和生产通过以下方式支持了大规模社会的形成："（1）提供采用和维持种植的动机；（2）增强亲社会性，允许维护和治理更大、更协调的群体；（3）对下属灌输默许和安慰；（4）诱使人们参与劳动安排，提高他们的效率，并迫使他们继续工作"（Wadley and Hayden 2015, Wadley 2016 作了综述）。关于精神活性物质的早期现代经济学及其在创建和支持现代社会中的作用，参见 Courtwright 2019 and Smail 2007。

132. Katz and Voight 1986; Hayden 1987; Joffe 1998; Hayden, Canuel, and Shanse 2013。

第四章　现代社会中的醉酒

1. Klatsky 2004; Braun 1996: 62–68.

2. Lang et al. 2007; Britton, Singh–Manoux, and Marmot 2004.

3. O'Connor 2020.

4. Khazan 2020.

5. Jarosz, Colflesh, and Wiley 2012.

6. Sayette, Reichle, and Schooler 2009.

7. Gately 2008: 25.

8. Gately 2008: 445; also see Moeran 2005: 38.

9. Lalander 1997, reported in Heath 2000: 185. 同时参见 Heath 2000:

186，提到了北中非阿赞德人之间的啤酒舞，其中包括允许在不引起冒犯的情况下醉酒宣泄不满；Dennis 1979记载了瓦哈卡村宴会上醉酒的"真相讲述者"的角色，后者之所以获得这种特权，是因为他的状态受损，可以向来访的贵宾表达当地的抱怨。

10. Hunt 2009: 115.

11. 引自 Andrews 2017。

12. Allen 1983.

13. Bettencourt and West 2010.

14. Marshall 1890.

15. Andrews 2017; 引文来自 Dutton 1984: 11.

16. 正如 Andrews 所说，"从第一台电子数字计算机和MRI机器到《探索》频道的鲨鱼周，首次在酒吧中表达的发明例子不胜枚举。现代计算机行业的很大一部分来自在绿洲酒吧和烧烤店相遇的非正式团体……在高科技行业的最初几十年里，硅谷的其他几个酒吧已成为工程师们常见的聚会场所"。

17. Walton 2001: xiv, 他对这类事件中醉酒的作用作了杰出的记录。

18. Quoted in Roth 2005: 58.

19. James 1902/1961: 388.

20. Huxley 1954/2009: 17, 73.

21. Carhart-Harris and Friston 2019.

22. Markoff 2005; Pollan 2018.

23. Pollan 2018: 175-185; Markoff 2005: xix.

24. Florida 2002.

25. James Fadiman 的个人网站里有大量的参考文献, www.jamesfadiman.com.

26. Hogan 2017.

27. 2015接受CNN的采访，引自Hogan 2017。

28. Anderson et al. 2019. 最近，另外一些研究对轻量饮酒者进行了持续6周的追踪，并记录了他们的体验（Polito and Stevenson 2019），结果发现他们的创造力水平有所上升，但这是基于自我报告的创意水平而非实验数据。

29. Prochazkova et al. 2018.

30. "Estimating drug harms: A risky business," Centre for Crime and Justice Studies, Briefing 10, October 2009.

31. Pollan 2018: 318-9. 另请参阅他对"神经多样性"重要性的评论，以及驱动迷幻效应的植物毒素可能像"一种文化诱变剂，与辐射对基因组的影响一样"的想法。

32. Samorini 2002. 反过来，萨莫里尼受到Edward de Bono在20世纪60年代早期关于麻醉品的启发，将其作为"去模式化工具"，用于颠覆常规思维。de Bono反映了我们所描述的阿波罗与狄奥尼索斯之间的紧张关系，他写道："语言的功能是强化现有模型；［醉酒］的作用是帮助摆脱这些模型。"（de Bono 1965: 208, quoted in Samorini 2002: 85）

33. T. Leary 2008, quoted in Joe-Laidler, Hunt, and Moloney 2014: 63.

34. 参见 "On the road again: Companies are spending more on sending their staff out to win deals" 2015: 62。

35. L. ten Brinke, Vohs, and Carney 2016.

36. Giancola 2002; see Hirsch, Galinsky, and Zhong 2011 on general topic of intoxication and disinhibition.

37. "To your good stealth: A beery club of Eurospies that never spilt secrets" 2020.

38. 值得一提的是，在温哥华孵化的另一项跨国研究合作显然是由酒精催化的。Richard Beamish 现在是不列颠哥伦比亚省的退休渔业研究员，他是加拿大、美国和俄罗斯研究人员之间大规模合作研究太平洋鲑鱼洄游模式的组织者。报道该项目的一份报纸（C. Wilson 2019）将其起源追溯到温哥华研讨会后的一次伏特加饮用会议，在该研讨会上，Beamish 和一位俄罗斯科学家的 PFC 被充分下调，两人开始推测这种跨国合作的可能性。"只是为了好玩，"据报道 Beamish 宣称（当时他的 BAC 大概徘徊在至少 0.08%），"如果我来安排一下呢？"结果，我们就有了一个屡获殊荣的项目，改变了我们对重要渔业的理解。

39. "The 90 percent economy that lockdowns will leave behind," *The Economist*, April 30, 2020.

40. 在完成本章草稿时，我看到了 Carl Benedikt Frey（Frey 2020）的一篇短文，它对新冠病毒大流行对创新的寒蝉效应做出了类似的预测，主要是通过它对面对面社交的破坏。他引用了最近的一项研究，该研究表明面对面的互动对于建立研究合作至关重要（Boudreau et al. 2017），以及利用另一个精彩的天然实验——2012年，由于飓风艾萨克，本来计划在新奥尔良举行的美国政治科学协会年会在最后一刻被取消——表明，消除这种面对面的接触会导致随后的文章共同作者显著减少（Campos, Leon, and McQuillin 2018）。尽管这些研究都没有明确提到酒精的作用，但我们可以大胆地相信，错失的新奥尔良会议上的社交活动本该消耗相当多的酒精。

41. 任何参加过鸡尾酒会、办公室聚会或下班后酒吧会议的人都应该熟悉她对酒精和社交互动实验工作的临床总结："文献中的报告解释了提升的宜人性，指出对话似乎更灵活；人们表现出精神振奋；以及在低剂量的乙醇下，社会互动程度更高；低度和/或中度饮酒的人被描述为更健谈；声音更响亮、更喧闹。"（Baum-Baicker 1985: 311）

42. 特别参见 Hull and Slone 2004，以及 Peele and Brodsky 2000 和

Müller and Schumann 2011其中的参考文献。

43. Chrzan 2013: 137.

44. 比如 Horton 1943。

45. 正如 Sayette et al. 2012在他们研究介绍中观察到，"鉴于酒精在社交场合的广泛使用，值得注意的是，酒精研究人员和社会心理学家普遍忽视了酒精对社会联系的影响"。

46. Sayette et al. 2012.

47. Sayette et al. 2012, figure 1; permission to reproduce secured from Sage Publication via the Copyright Clearance Center (license # 4947120323569).

48. Kirchner et al. 2006.

49. Fairbairn et al. 2015.

50. Orehek et al. 2020: 110–111, 为便于阅读删除了引文；请参阅该研究以获取有关该主题的出色文献综述。值得注意的是，Orehek 等人进行的研究着眼于观察者对视频片段中显示的受试者个性的评分，发现有证据表明，酒精会增加观察者评分的积极性，但不会提高准确性。

51. 班固，《汉书》；关于饮酒在中国古代文学历史中的重要性，参见 Mattice 2011: 246–47。

52. 关于米德厅，参见 Gately 2008: 55; 关于英国的啤酒屋，参见 Martin 2006: 98。

53. Chrzan 2013: 65, op cit.

54. 参见 Martin 2006: 195; 在19世纪末20世纪初的俄国，卡巴克的功能类似于英国的酒屋或酒吧。"不仅仅是一个俱乐部和一个图书馆，不仅仅是一个喝酒的地方，kabak 是'乡村公共生活的中心'。"（2006: 195, op cit.）

55. 正如 Stuart Walton 所说，"对于大多数人来说，当晚的第一杯葡萄酒、一瓶啤酒或 G&T 最令人振奋地宣布了醉酒的精神功能，它与人类本身同时发生的作用，改变了大脑的工作方式"。（Walton 2001: 129）

56. Mass Observation 1943, 引自 Edwards 2000: 28–29。

57. Dunbar 自己写了一篇普及文章，为他们的研究（Dunbar et al. 2016）做了平易近人的介绍（Dunbar 2018）。

58. Dunbar 2017.

59. Dunbar and Hockings 2020: 1.

60. "Last Orders for Political Drinking, Waning Interest in Booze Is Transforming British Politics," Bagehot column, *The Economist*, June 2, 2018.

61. Peele and Brodsky 2000.

62. Rogers 2014: 163.

63. Hart 1930: 126, 引自 Patrick 1952: 46.

64. 引自 Walton 2001: 22。

65. 然后，他继续将在社交聚会上喝醉的成年人亲密的社交关系与真正人类做爱时的那种深刻的精神联系——而不仅仅是动物性的交配——进行比较。正如 Robin Osborne 解释的那样，"参加聚会而不喝醉……就像在没有对性伴侣有精神吸引力的情况下做爱。不喝醉，在这个比喻上，就等于不成熟：醉酒和适当的成熟的激情并存"。（Osborne 2014: 41）

66. 参见 W. H. George and Stoner 2000 的回顾。

67. 参见 Sher et al. 2005 的回顾。

68. Lee et al. 2008, Sher et al. 2005.

69.《麦克白》第二幕第三场。

70. 引自 Roth 2005: 52。

71. Lyvers et al. 2011, and Chen et al. 2014；与此对照的是，Maynard et al. 2015 发现结果并不显著。

72. Dolder et al. 2016, and op cit.

73. J. Taylor, Fulop, and Green 1999.

74. 引自 Bègue et al. 2013。

75. Van den Abbeele et al. 2015.

76. Courtesy of Marcos Alberti, The Wine Project: https://www.masmorrastudio.com/wine-project 获得了摄影师的转载许可；对于他的慷慨，我感激不尽。

77. Bègue et al. 2013. 该报告中的后续研究使用平衡安慰剂设计，发现这种自我增强效应也由酒精预期产生，而不仅仅是实际饮酒。

78. Hull et al. 1983.

79. Banaji and Steele 1988, 载于 Banaji and Steele 1989.

80. 引自 Roth 2015: 8。

81. Müller and Schumann 2011.

82. 来自 Ing 未发布的作品。

83. 正如 Peele 和 Brodsky 总结的那样："社交经常在调查中被提及为饮酒的主要动机和后果。在一项针对澳大利亚年轻人的日志研究中，男性和女性列出的两大饮酒原因是社交（30%—49%）和庆祝（15%—19%）。在四个斯堪的纳维亚国家的问卷调查中，饮酒的积极后果"首先表现在与他人相处时不再受到抑制，并且能够更好地与他人建立联系"。一项针对法裔加拿大人的调查发现，宜人性是酒精最普遍（64%）的感知益处"。（Peele and Brodsky 2000 and op cit.）

84. 正如 Müller and Schumann（2011）在回顾有关该主题的大量经验文献时得出的结论，"酒精可以减少社交抑制、社交场合中的不适和

社交焦虑；增加健谈；并增加谈论私人事务的倾向"。

85. Müller and Schumann 2011; cf. Booth and Hasking 2009.

86. Meade Eggleston, Woolaway-Bickel, and Schmidt 2004; Young et al. 2015.

87. Bershad et al. 2015; Dolder et al. 2016.

88. 参见 Baum-Baicker 1985 和 Müller and Schumann 2011 提到的参考文献。

89. Wheal and Kotler 2017: 14-15.

90. Nezlek, Pilkington, and Bilbro 1994: 350.

91. Turner 2009.

92. Hogan 2017; 对比 Wheal and Kotler 关于实行"群体心流"的出神技术的讨论（Wheal and Kotler 2017: 2ff）。

93. Ehrenreich 2007: 163.

94. Ehrenreich 2007: 21-22.

95. Haidt, Seder, and Kesebir 2008.

96. Durkheim 1915/1965: 428. 平心而论，涂尔干在其他地方确实承认"醉酒的仪式使用"（248），但在他对人类仪式和结合的描述中，化学麻醉品的作用很小。

97. Rappaport 1999: 202.

98. Forstmann et al. 2020. 应该指出的是，酒精虽然是最受欢迎的精神活性物质消费（80%），但其颠覆性体验的报告最少，甚至比不用任何物质的更低。正如作者所指出的，这可能归因于酒精的影响曲线，这在当下是积极的，但在第二天会导致令人不快的生理后果。换句话说，与其他药物不同，酒精通常会让你宿醉（补充材料，第8—9页）。然而，这个问题值得进一步研究，因为在这些活动中避免使用药物的人，在唱歌和同步舞蹈开始时也倾向于坐在场边。

99. Nemeth et al. 2011.

100. "人呐，理性的人呐，一定要喝醉；/生命中最美好的不过是陶醉：/荣耀、葡萄、爱情、黄金，都令人沉醉/这是每一个人和每一个国家的希望；/没有它们的浇灌，生命的树干是多么光秃秃的/生命这棵奇异的树，有时如此硕果累累！/话说回来——喝得酩酊大醉；当你/你因头痛醒来时，你就会看到真谛。"Stanza 179, Canto II, Don Juan (1819－1824).

101. 关于尼采和狄奥尼索斯的出神，参见 Luyster 2001。

102. Nietzsche 1872/1967: 37.

103. Nietzsche 1891/1961: 207.

104. 引自 N. M. Williams 2013。

105. 引自 Williams 2013; 同时参见 Kwong 2013 以及 Ing 关于古代中国诗歌中的酒会（尚未发表的）。

106. Ing, 尚未发表。

107. 视频地址：youtu.be/yYXoCHLqr4o; 关于动物和醉酒，参见 Samorini 2002。

108. R. Siegel 2005: 10.

109. Camus 1955: 38.

110. M. Leary 2004: 46. 同时参见 Baumeister 1991。

111. Huxley 1954/2009: 63.

112. 引自 Walton 2001: 119。

113. 耶稣受难日实验（Pahnke 1963），进行了 6 个月的随访，大多数受试者后来追踪了 20 多年的随访（Doblin 1991）。参见 Joe-Laidler, Hunt, and Moloney 2014，他们追踪调查了 MDMA 使用者以及"嗑药时的自我"对日常的自我的益处，以及 MacLean, Johnson, and Griffiths 2011; Rucker, Iliff, and Nutt 2018; 关于最新的精神活性药物与心

理和灵性益处的研究，参见 Studerus, Gamma, and Vollenweider 2010。同时，Pollan 2018 提供了一份精彩、可读的回顾。

114. Griffiths et al. 2011.

115. Anderson et al. 2019; Dominguez-Clave et al. 2016.

116. "Psychedelic Tourism Is a Niche But Growing Market," *The Economist*, International, June 8, 2019.

117. Talin and Sanabria 2017.

118. Sharon 1972: 131.

119. Walton 2001: 133.

120. 引自 Walton 2001: 256。

121. 引言来自 William Booth，救世军的创始人，第一章里也有提到。

122. Walton 2001, 新版题为 *Intoxicology: A Cultural History of Drink and Drugs*（2016）。

123. Walton 2001: xvii. 沃尔顿以类似的方式观察到，"自杀可能是悲剧性的或令人愤怒的，但其本身几乎不是一种邪恶的行为；手淫被积极地怂恿，有人号称它对健康有益。然而没有人光明正大地推崇醉酒。即使面对它实际上的普遍性，醉酒仍然是我们不得不假装没做的事情，或至少不是故意为之，或至少不经常，或至少是在我们完成了一天体面的工作之后"。（2001: 46）

124. Heath 2000: 67.

125. 引自 Roth 2005: xiii。

126. Walton 2001: 204. Cf. pp. 234-5："我们犯了一个根本性的错误，将醉酒视为真正满足的可悲替代品，而不是简单且不可简化的东西——完满生活的一个组成部分。或许还有更高尚的东西可以细细琢磨，比如美术、真爱或灵魂的沟通，但它们并没有被醉酒所打败，而且不管怎样，它们露面的次数还不够多。"

127. 尤其是 "Doxology C"，通常认为作者是 Arius Didymus（生卒日期不详，公元 1 至 3 世纪）。

128. Szaif 2019: 98.

129. 引自 Boseley 2018。

130. Müller and Schumann 2011.

131. "流行病学数据显示……大多数服用具有成瘾潜力的精神药物的人都不是成瘾者，也永远不会上瘾……根据 SAMHSA（2005）报告，在美国被归类为当前饮酒者的人（编者按：当前饮酒者指的是过去 12 个月内饮用过含酒精饮料的人）中，有 14.9％ 被诊断为成瘾者……在欧盟，大约 7.1％ 的日常饮酒者对酒精有依赖性……从此类调查中可以清楚地看出，大多数精神活性药物使用者不是，也永远不会是药物成瘾者。"（Müller and Schumann 2011, and op cit.）然而，本书第五章会提到，Grant et al. 2015 的工作表明，"轻度"酒精使用障碍的存在更为普遍。

132. Eliade 1964: 223, 401. 他声称，在萨满教实践中使用化学麻醉品"是最近的一项创新，并指出了萨满教技术的衰落。麻醉剂中毒被要求提供对萨满不再能够以其他方式达到的状态的模仿"（401）。面对广泛的考古证据这种指控微不足道，如上文所述，迷幻药从一开始就在萨满教实践中发挥了作用，人们不得不将这些陈述归功于一种非常强大的偏见。正如一位评论员相当敏锐地观察到的那样，Eliade 对化学麻醉品的驳斥并不是基于任何具体的学术研究，而是他的"对于宗教生活有关的醉酒的小资产阶级式的厌恶"。（Rudgley 1993: 38）

133. Roth 2005: xix.

134. Huxley, "Drugs That Shape Men's Minds," included in 1954/2009: 14.

135. Huxley, "Heaven and Hell," included in 1954/2009: 155.

136. 引自 Kwong 2013。

137. Kwong 2013.

138. Baudelaire 1869.

第五章　狄奥尼索斯的阴暗面

1. 在中国最古老的辞典《说文解字》中，有对我们翻译为"葡萄酒"的"酒"字的注释，它泛指所有酒精饮料，书中是这么记载的："酒：就也，所以就人性之善恶。"中国词典编纂者喜欢用同音字来定义字。在这种情况下，正如 Nicholas Williams 所说，这种同音的处理"点明了酒精的二元性。它就像一种催化剂，可以帮助实现人类的积极和消极潜力"（N. M. Williams 2013）。

2.《圣经·创世纪》5: 20。

3. 引自 Forsyth 2017: 144–145。

4. Heath 1976: 43.

5. Heath 2000.

6. World Health Organization 2018.

7. https://www.niaaa.nih.gov/publications/brochures-and-fact-sheets/alcohol-facts-and-statistics

8. Lutz 1922：105, 引自 Mandelbaum 1965。

9. Grant et al. 2015. "轻度"酒精使用障碍被定义为存在 2013 年修订的《精神疾病诊断和统计手册》（DSM-5）中提到的两到三种酒精使用障碍症状，其中包括对一些问题的肯定回答，例如在过去一年有没有"你最终喝得比你预期的更多或更长的时候？"或"不止一次想要减少或停止饮酒，或者尝试过但做不到？"。

10. 参见 George Koob 关于"allostasis"的工作（Koob 2003; Koob and Le Moal 2008）。

11. Sher and Wood 2005; Schuckit 2014.

12. Sher and Wood 2005.

13. 关于该主题的精彩回顾，参见 Yong 2018。

14. 关于南方饮酒文化与北方饮酒文化的对比，参见 Ruth Engs 的论文（Chrzan 2013: 39–41）。

15. Lemmert 1991. 还值得注意的是，在美国，犹太人的酗酒率也远低于全国平均水平，这可能反映了饮酒与膳食和家庭常规宗教仪式的关系（Glassner 1991）。

16. "根据公共卫生研究所酒精研究小组的高级科学家 William Kerr 的说法，平均而言，啤酒的 ABV 为 4.5%，葡萄酒的 ABV 是 11.6%，烈酒的 ABV 是 37%。"（Bryner 2010）

17. Rogers 2014: 84.

18. 关于蒸馏酒的历史，可参见 Rogers 2014: 84–93。

19. Gately 2008: 71–72.

20. Kwong 2013, ftn. 32.

21. Smail 2007: 186.

22. Edwards 2000: 38–39.

23. Edwards 2000: 197.

24. 《仪礼·乡饮酒礼》，引自 Poo 1999。

25. Schaberg 2001: 230；同时参见 228–229。

26. 《史记·书·乐书》，引自 Poo 1999: 138。

27. 引自 Fuller 2000: 30。

28. Mars and Altman 1987: 272.

29. Chris Kavanaugh, 私人通信。

30. Heath 1987: 49.

31. Doughty 1979: 67；对比 Mars and Altman 关于格鲁吉亚的论述："男人独自喝酒是闻所未闻的——酒的作用本质上是社交、仪式，并服务于特定的宴会。"（1987: 275）

32. Toren 1988: 704.

33. 参见 Lebot, Lindstrom, and Merlin 1992: 200。

34. Garvey 2005: 87.

35. Collins, Parks, and Marlatt 1985; Borsari and Carey 2001; Sher et al. 2005.

36. Sher et al. 2005.

37. Abrams et al. 2006; Frings et al. 2008.

38. Abrams et al. 2006.

39. Elisa Guerra-Doce 将欧洲和美国从社交到单独饮酒的显著转变归因于工业革命，引用了 Schivelbusch 1993 的研究，该论文提出，在各处饮酒场所突然出现的柜台和酒吧是反映这种变化传播的一个良好指标。被迫站着喝酒，或独自半坐在面向酒保的不舒服的高凳上，这跟与其他人围坐在桌子旁是截然不同的体验。Schivelbusch 提出，"酒吧加速了饮酒，就像铁路加速了旅行，机械织布机加速了纺织生产"（1993: 202, 引自 Guerra-Doce 2020: 69）。

40. Earle 2014.

41. "Global status report on alcohol and health 2018" 2018: 261.

42. 涉及机动车和非机动车伤害时，"风险……随着饮酒量的增加呈非线性增加"——即随着血酒浓度的升高，它不是一条平坦的线，而是一条相当富有戏剧性的曲线。（B. Taylor et al. 2010）

43. "Global status report on alcohol and health 2018," 2018: 89.

44. 关于该问题的最新综述，以及可能的对策参见 "Getting to Ze-

ro Alcohol-Impaired Driving Fatalities: A Comprehensive Approach to a Persistent Problem"2018。

45. MacAndrew and Edgerton 1969.

46. Bushman and Cooper 1990; Sher et al. 2005.

47. McKinlay 1951, 引自 Mandelbaum 1965.

48. Lane et al. 2004.

49. 结合了 Lane et al. 2004 中的图 1 和图 2，并把血酒浓度四舍五入到了最接近的百分比；实际血酒浓度低于0.02%，高于0.04%和0.08%。Original figures copyright © 2003, Springer-Verlag, permission to reuse secured through Copyright Clearance Center, license # 4938450772781.

50. 例如 *Anthony and Cleopatra*, Shakespeare。

51. W. H. George and Stoner 2000.

52. Lee et al. 2008.

53. Archer et al. Under consideration.

54. Abbey, Zawacki, and Buck 2005.

55. Farris, Treat, and Viken 2010.

56. Riemer et al. 2018.

57. Riemer et al. 2018. 请参见原始论文中的参考文献。

58. Barbaree et al. 1983; Norris and Kerr 1993; Markos 2005.

59. 这方面的综述，参见 Testa et al. 2014。

60. Farris, Treat, and Viken 2010: 427, op cit.

61. Moeran 2005: 26.

62. Yan 2019.

63. T. Wilson 2005: 6.

64. Sowles 2014. Excerpt reprinted with permission.

65. Heath 2000: 164.

66. Testa et al. 2014: 249.

67. Ash Levitt and Cooper 2010; Levitt, Derrick, and Testa 2014.

68. Fairbairn and Testa 2016: 75.

69. Fairbairn and Testa 2016: 74, op cit.

70.《圣经·新约·使徒行传》2: 15。正如 Aldous Huxley 的观察：
"不仅是按照'清醒时刻的干巴巴的批评者'，醉于上帝的状态和醉酒
有关。在努力表达无法表达的东西时，伟大的神秘主义者自己也做了
同样的事情。因此，阿维拉的圣特蕾莎告诉我们，她'将我们灵魂的
中心视为一个地窖，上帝在他喜欢的时候接纳我们进入，以便让我们
醉于他恩典的美酒'。"（*Drugs That Shape*, in Huxley 1954/ 2009: 8）

71.《圣经·新约·以弗所书》5: 18。

72.《庄子·外篇·达生》；B. Watson 1968: 198–199。

73. Slingerland 2014: Ch. 6.

74. *Heaven and Hell*, in Huxley 1954/2009: 144–145.

75. Newberg et al. 2006.

76. Maurer et al. 1997.

77. See www.stangrof.com/index.php.

78. Vaitl et al. 2005.

79. 参见 Osborne 2014: 196–203。

80. Bloom 1992: 59. 另请参阅 Frederick Law Olmsted 对 19 世纪美国
出神的黑人基督教教堂礼拜（引自 Ehrenreich 2007: 3）或非洲奴隶表
演的"绕圈呼喊舞"现象（Ehrenreich 2007: 127. 编者按：即 ring-
shout，参与者绕成一个圈一起舞蹈，常包含拍手、跺脚和跳跃等动
作，发源于非洲传统宗教舞蹈）的观察。同样值得注意的是，在
Dwight Heath 研究的坎巴人大多放弃豪饮的时期，他们不仅新融入了农
民集体，而且还融入了福音派基督教（Mandelbaum 1965）。

81. Wiessner 2014. 感谢 Polly Wiessner 就此主题进行的个人交流。类似地，巴库俾格米人（Baku pygmies）是另一个避免饮酒和其他化学麻醉品的群体，他们有"夜间发声"（nighttime voices）的做法，在半夜部落成员可以表达有争议或少数派的观点而不承担后果，这可能是因为半睡半醒会产生一种催眠状态的接受能力（来自 Tommy Flint 的个人交流）。

82. Raz 2013.

83. 参见 Dean 2017; Warrington 2018; and Willoughby, Tolvi, and Jaeger 2019. 还有大量由 Alan Marlatt 和他的学生开创的关于饮酒"降低危害"的学术文献（例如：Larimer and Cronce 2007; Marlatt, Larimer, and Witkiewitz 2012）。

84. A. Williams 2019.

85. 参见 Bègue et al. 2013 的综述。

86. Fromme et al. 1994.

87. 关于这个主题以及相关的批评观点，参见 Slingerland 2008b。

88. 参见 Sher et al. 2005 的综述。

89. Davidson 2011, 引自 Chrzan 2013: 20。

90. O'Brien 2016, 2018.

91. 引自 Dean 2017: 24。

92. 例如，参见 Berman et al. 2020。

93. Chrzan 2013: 82.

94. Chrzan 2013: 6.

95. Heath 2000: 197.

96. Sowles 2014.

97. Ng Fat, Shelton, and Cable 2018: 1090.

98. Koenig 2019.

结　语

1.《圣经·约翰福音》2: 1–11。

2.《齐民要术》，引自 Poo 1999: 134。

3. Kojiki no. 49, Miner 1968: 12.

4. Madsen and Madsen 1979: 43.

5. Netting 1964.

6. Quoted in Dietler 2020: 121.

7. T. Wilson 2005: 3. 值得注意的是，像很多研究酒精的文化人类学家一样，威尔逊宣称"饮酒本质上是文化性的"，却对跨文化的基于人类生物学特性的要素轻描淡写。

8. "Afterlife," Season 2, Episode 2.

9. Nietzsche 1882/1974: 142. Stuart Walton 在他的"Cultural history of intoxication"（2001）中引用了这一段作为结语，非常恰当。

10. 丹佛市显然还试图关闭酒铺和大麻药房，这是一次失败的努力，持续了不到一天（感谢 Deri Reed 的观察）。

11. *The Economist*, "Worth a Shot: A Ban on Sale of Alcohol Begets a Nation of Brewers," April 25, 2020.

12. Manthey et al. 2019.

13. Walton 2000: ix–x.

14. 字面意义上是"甚至不知道我们有自我"。

15. 陶渊明，《饮酒其十四》。

16. https: //www.perseus.tufts.edu/hopper/text？doc=Perseus: text: 1999.01.0138

17. Osborne 2014: 34.

18. 正如古典学者 Michael Griffin 所说（私人通信，2020 年 8 月 24 日），这首赞美诗的结尾代表了吟游诗人本人的誓言，承诺让狄奥尼索斯在他的记忆中活着，这样他就可以继续（原字面上是）"'宇宙化'（cosmify）甜美的歌曲"；这里的"宇宙化"有美化、整顿、装饰或准备的意思。这个想法是，如果没有直接从狄奥尼索斯酒神处获得的灵感，吟游诗人的歌曲将缺乏某种美感或连贯性。

参考文献

Abbey, Antonia, Tina Zawacki, and Philip Buck. (2005). "The effects of past sexual assault perpetration and alcohol consumption on men's reactions to women's mixed signals." *Journal of Social and Clinical Psychology*, 24, 129–155.

Abrams, Dominic, Tim Hopthrow, Lorne Hulbert, and Daniel Frings. (2006). "'Groupdrink'? The effect of alcohol on risk attraction among groups versus individuals." *Journal of Studies on Alcohol*, 67(4), 628–636.

Aiello, Daniel A., Andrew F. Jarosz, Patrick J. Cushen, and Jennifer Wiley. (2012). "Firing the executive: When an analytic approach to problem solving helps and hurts." *Journal of Problem Solving*, 4(2).

Allan, Sarah. (2007). "Erlitou and the formation of Chinese civilization: Toward a new paradigm." *Journal of Asian Studies*, 66(2), 461–496.

Allen, Robert. (1983). "Collective invention." *Journal of Economic Behavior & Organization*, 4(1), 1–24.

Amabile, Teresa M. (1979). "Effects of external evaluation on artistic creativity." *Journal of Personality and Social Psychology*, 37(2), 221–233.

Anderson, Thomas, Rotem Petranker, Daniel Rosenbaum, Cory R. Weissman, Le-Anh Dinh-Williams, Katrina Hui,...Norman A. S. Farb. (2019). "Microdosing psychedelics: Personality, mental health, and creativity differences in microdosers." *Psychopharmacology*, 236(2), 731–740.

Andrews, Michael. (2017). "Bar talk: Informal social interactions, alcohol prohibition, and invention." (Unpublished manuscript.)

Archer, Ruth, Cleo Alper, Laura Mack, Melanie Weedon, Manmohan Sharma, Andreas Sutter, and David Hosken. (Under consideration). "Alcohol alters female sexual behavior." *Cell Press.* https://papers.ssrn.com/sol3/papers.cfm?abstract_id=3378006.

Arranz-Otaegui, Amaia, Lara Gonzalez Carretero, Monica N. Ramsey, Dorian Q. Fuller, and Tobias Richter. (2018). "Archaeobotanical evidence reveals the origins of bread 14,400 years ago in northeastern Jordan." *Proceedings of the National Academy of Sciences*, 115(31), 7925–7930.

Arthur, J. W. (2014). "Beer through the ages." *Anthropology Now*, 6, 1–11.

Austin, Gregory. (1979). *Perspectives on the History of Psychoactive Substance Use.* Department of Health, Education, and Welfare, Public Health Service, Alcohol, Drug Abuse, and Mental Health Administration, National Institute on Drug Abuse.

Bahi, Amine. (2013). "Increased anxiety, voluntary alcohol consumption and ethanol-induced place preference in mice following chronic psychosocial stress." *Stress,* 16(4), 441–451.

Baier, Annette. (1994). *Moral Prejudices: Essays on Ethics.* Cambridge, MA: Harvard University Press.

Banaji, Mahzarin, and Claude M. Steele. (1989). "Alcohol and self-evaluation: Is a social cognition approach beneficial?" *Social Cognition* (Guilford Press Periodicals), 7(2), 137–151.

Banaji, Mahzarin, and Claude M. Steele. (1988). *Alcohol and Self-Inflation.* (Unpublished manuscript.) Yale University, New Haven, CT.

Barbaree, H. E., W. L. Marshall, E. Yates, and L. O. Lightfoot. (1983). "Alcohol intoxication and deviant sexual arousal in male social drinkers." *Behavior Research and Therapy,* 21(4), 365–373.

Barnard, Hans, Alek N. Dooley, Gregory Areshian, Boris Gasparyan, and Kym F. Faull. (2011). "Chemical evidence for wine production around 4000 BCE in the late Chalcolithic Near Eastern highlands." *Journal of Archaeological Science,* 38(5), 977–984.

Battcock, Mike, and Sue Azam-Ali. (1998). *Fermented Fruits and Vegetables: A Global Perspective.* Rome: FAO Agricultural Services.

Baudelaire, Charles. (1869). "Enivrez-vous," in *Le Spleen de Paris (Petits poèmes en prose).* Paris: Calmann-Lévy.

Baum-Baicker, Cynthia. (1985). "The psychological benefits of moderate alcohol consumption: A review of the literature." *Drug and Alcohol Dependence,* 15(4), 305–322.

Baumeister, Roy. (1991). *Escaping the Self: Alcoholism, Spirituality, Masochism, and Other Flights from the Burden of Selfhood.* New York: Basic Books.

Bègue, Laurent, Brad J. Bushman, Oulmann Zerhouni, Baptiste Subra, and Medhi Ourabah. (2013). "'Beauty is in the eye of the beer holder': People who think they are drunk also think they are attractive." *British Journal of Psychology,* 104(2), 225–234.

Beilock, Sian. (2010). *Choke: What the Secrets of the Brain Reveal About Getting It Right When You Have To.* New York: Free Press.

Berman, A. H., O. Molander, M. Tahir, P. Törnblom, K. Gajecki, K. Sinadinovic, and C. Andersson. (2020). "Reducing risky alcohol use via smartphone app skills training among adult internet help-seekers: A randomized pilot trial." *Front Psychiatry,* 11, 434.

Bershad, Anya K., Matthew G. Kirkpatrick, Jacob A. Seiden, and Harriet de Wit. (2015). "Effects of acute doses of prosocial drugs methamphetamine and alcohol on plasma oxytocin levels." *Journal of Clinical Psychopharmacology,* 35(3), 308–312.

Bettencourt, Luis, and Geoffrey West. (2010). "A unified theory of urban living." *Nature,* 467(7318), 912–913.

Blocker, Jack. (2006). "Kaleidoscope in Motion: Drinking in the United States, 1400–2000." In Mack Holt (Ed.), *Alcohol: A Social and Cultural History* (pp. 225–240). Oxford: Berg.

Bloom, Harold. (1992). *The American Religion: The Emergence of the Post-Christian Nation.* New York: Simon & Schuster.

Boone, R. Thomas, and Ross Buck. (2003). "Emotional expressivity and trustworthiness: The role of nonverbal behavior in the evolution of cooperation." *Journal of Nonverbal Behavior,* 27(3), 163–182.

Booth, C., and P. Hasking. (2009). "Social anxiety and alcohol consumption: The role of alcohol expectancies and reward sensitivity." *Addictive Behaviors,* 34(9), 730–736.

Borsari, B., and K. B. Carey. (2001). "Peer influences on college drinking: A review of the research." *Journal of Substance Abuse,* 13(4), 391–424.

Boseley, Sarah. (2018, August 23). "No Healthy Level of Alcohol Consumption, Says Major Study." *The Guardian.*

Bott, Elizabeth. (1987). "The Kava Ceremonial as a Dream Structure." In Mary Douglas (Ed.), *Constructive Drinking: Perspectives on Drink from Anthropology* (pp. 182–204). Cambridge: Cambridge University Press.

Boudreau, K. J., T. Brady, I. Ganguli, P. Gaule, E. Guinan, A. Hollenberg, and K. R. Lakhani. (2017). "A field experiment on search costs and the formation of scientific collaborations." *Review of Economics and Statistics,* 99(4), 565–576.

Bourguignon, Erika. (1973). *Religion, Altered States of Consciousness, and Social Change.* Columbus: Ohio State University Press.

Boyd, Robert, Peter Richerson, and Joseph Henrich. (2011). "The cultural niche: Why social learning is essential for human adaptation." *Proceedings of the National Academy of Sciences,* 108 (Supplement 2), 10918–10925.

Bradbury, Jack W., and Sandra L. Vehrencamp. (2000). "Economic models of animal communication." *Animal Behaviour,* 59(2), 259–268.

Braidwood, Robert J., Jonathan D. Sauer, Hans Helbaek, Paul C. Mangelsdorf, Hugh C. Cutler, Carleton S. Coon,...A. Leo Oppenheim. (1953). "Symposium: Did man once live by beer alone?" *American Anthropologist,* 55(4), 515–526.

Braun, Stephen. (1996). *Buzzed: The Science and Lore of Alcohol and Caffeine.* London: Penguin.

Bray, Tamara. (2009). "The Role of Chicha in Inca State Expansion: A Distributional Study of Inca Aríbalos." In Justin Jennings and Brenda Bowser (Eds.), *Drink, Power, and Society in the Andes* (pp. 108–132). Gainesville: University Press of Florida.

Britton, A., A. Singh-Manoux, and M. Marmot. (2004). "Alcohol consumption and cognitive function in the Whitehall II Study." *American Journal of Epidemiology,* 160(3), 240–247.

Brown, Stuart. (2009). *Play: How It Shapes the Brain, Opens the Imagination, and Invigorates the Soul.* New York: Penguin.

Bryant, G., and C. A. Aktipis. (2014). "The animal nature of spontaneous human laughter." *Evolution and Human Behavior,* 35, 327–335.

Bryner, Michelle. (2010, July 29). "How much alcohol is in my drink?" *Live Science.* Retrieved from https://www.livescience.com/32735-how-much-alcohol-is-in-my-drink.html.

Bushman, Brad J., and Harris M. Cooper. (1990). "Effects of alcohol on human aggression: An integrative research review." *Psychological Bulletin,* 107(3), 341–354.

Byers, John. (1997). *American Pronghorn: Social Adaptations and the Ghosts of Predators Past.* Chicago: University of Chicago Press.

Campos, Raquel, Fernanda Leon, and Ben McQuillin. (2018). "Lost in the storm: The academic collaborations that went missing in hurricane ISAAC." *Economic Journal*, 128(610), 995–1018.

Camus, Albert. (1955). *The Myth of Sisyphus and Other Essays* (Justin O'Brien, Trans.). New York: Vintage.

Capraro, Valerio, Jonathan Schulz, and David G. Rand. (2019). "Time pressure and honesty in a deception game." *Journal of Behavioral and Experimental Economics*, 79, 93–99.

Carhart-Harris, R. L., and K. J. Friston. (2019). "REBUS and the anarchic brain: Toward a unified model of the brain action of psychedelics." *Pharmacological Reviews*, 71, 316–344. 10.1124/pr.118.017160.

Carmody, S., J. Davis, S. Tadi, J. S. Sharp, R. K. Hunt, and J. Russ. (2018). "Evidence of tobacco from a Late Archaic smoking tube recovered from the Flint River site in southeastern North America." *Journal of Archaeological Science: Reports*, 21, 904–910.

Carod-Artal, F. J. (2015). "Hallucinogenic drugs in pre-Columbian Mesoamerican cultures." *Neurología* (English edition), 30(1), 42–49.

Carrigan, Matthew. (2020). "Hominoid Adaptation to Dietary Ethanol." In Kimberley Hockings and Robin Dunbar (Eds.), *Alcohol and Humans: A Long and Social Affair* (pp. 24–44). New York: Oxford University Press.

Carrigan, Matthew, Oleg Uryasev, Carole B. Frye, Blair L. Eckman, Candace R. Myers, Thomas D. Hurley, and Steven A. Benner. (2014). "Hominids adapted to metabolize ethanol long before human-directed fermentation." *Proceedings of the National Academy of Sciences*, 112(2), 458–463.

Centorrino, Samuele, Elodie Djemai, Astrid Hopfensitz, Manfred Milinski, and Paul Seabright. (2015). "Honest signaling in trust interactions: Smiles rated as genuine induce trust and signal higher earning opportunities." *Evolution and Human Behavior*, 36(1), 8–16.

Chan, Tak Kam. (2013). "From Conservatism to Romanticism: Wine and Prose-Writing from Pre-Qin to Jin." In Isaac Yue and Siufu Tang (Eds.), *Scribes of Gastronomy* (pp. 15–26). Hong Kong: Hong Kong University Press.

Chen, X., X. Wang, D. Yang, and Y. Chen. (2014). "The moderating effect of stimulus attractiveness on the effect of alcohol consumption on attractiveness ratings." *Alcohol and Alcoholism*, 49(5), 515–519.

Christakis, Nicholas. (2019). *Blueprint: The Evolutionary Origins of a Good Society*. New York: Little, Brown Spark.

Chrysikou, Evangelia. (2019). "Creativity in and out of (cognitive) control." *Current Opinion in Behavioral Sciences*, 27, 94–99.

Chrysikou, Evangelia, Roy H. Hamilton, H. Branch Coslett, Abhishek Datta, Marom Bikson, and Sharon L. Thompson-Schill. (2013). "Noninvasive transcranial direct current stimulation over the left prefrontal cortex facilitates cognitive flexibility in tool use." *Cognitive Neuroscience*, 4(2), 81–89.

Chrzan, Janet. (2013). *Alcohol: Social Drinking in Cultural Context*. New York: Routledge.

Cogsdill, E. J., A. T. Todorov, E. S. Spelke, and M. R. Banaji. (2014). "Inferring character from faces: A developmental study." *Psychological Science*, 25(5), 1132–1139.

Collaborators, GDB Alcohol. (2018). "Alcohol use and burden for 195 countries and territories, 1990–2016: A systematic analysis for the Global Burden of Disease Study 2016." *The Lancet*, 392(10152), 1015–1035.

Collins, R. Lorraine, George A. Parks, and G. Alan Marlatt. (1985). "Social determinants of alcohol consumption: The effects of social interaction and model status on the self-administration of alcohol." *Journal of Consulting and Clinical Psychology*, 53(2), 189–200.

Courtwright, David. (2019). *The Age of Addiction: How Bad Habits Became Big Business*. Cambridge, MA: Harvard University Press.

Crockett, Molly J., Luke Clark, Marc D. Hauser, and Trevor W. Robbins. (2010). "Serotonin selectively influences moral judgment and behavior through effects on harm aversion." *Proceedings of the National Academy of Sciences*, 107(40), 17433.

Curry, Andrew. (2017, February). "Our 9,000-Year Love Affair with Booze." *National Geographic*.

Curtin, John, Christopher Patrick, Alan Lang, John Cacioppo, and Niels Birnbaumer. (2001). "Alcohol affects emotion through cognition." *Psychological Science*, 12(6), 527–531.

Dally, Joanna, Nathan Emery, and Nicola Clayton. (2006). "Food-caching Western scrub jays keep track of who was watching when." *Science*, 312(5780), 1662–1665.

Damasio, Antonio. (1994). *Descartes' Error: Emotion, Reason, and the Human Brain*. New York: G. P. Putnam's Sons.

Darwin, Charles. (1872/1998). *The Expression of Emotions in Man and Animals (With Introduction, Afterword and Commentaries by Paul Ekman)*. New York: Oxford University Press.

Davidson, James. (2011). *Courtesans and Fishcakes: The Consuming Passions of Classical Athens*. Chicago: University of Chicago Press.

Dawkins, Richard. (1976/2006). *The Selfish Gene* (30th Anniversary Edition). Oxford: Oxford University Press.

Dawkins, Richard, John Richard Krebs, J. Maynard Smith, and Robin Holliday. (1979). "Arms races between and within species." *Proceedings of the Royal Society B: Biological Sciences*, 205(1161), 489–511.

de Bono, Edward. (1965). "Il cervello e il pensiero." In Angelo Majorana (Ed.), *Il cervello: organizzazione e funzioni* (pp. 203–208). Milan: Le Scienze.

Dean, Rosamund. (2017). *Mindful Drinking: How Cutting Down Can Change Your Life*. London: Orion Publishing Group.

DeCaro, Marci, Robin Thomas, Neil Albert, and Sian Beilock. (2011). "Choking under pressure: Multiple routes to skill failure." *Journal of Experimental Psychology*, 140(3), 390–406.

Dennis, Philip. (1979). "The Role of the Drunk in a Oaxacan Village." In Mac Marshall (Ed.), *Beliefs, Behaviors, and Alcoholic Beverages: A Cross-Cultural Survey* (pp. 54–63). Ann Arbor: University of Michigan Press.

DeSteno, D., C. Breazeal, R. H. Frank, D. Pizarro, J. Baumann, L. Dickens, and J. J. Lee. (2012). "Detecting the trustworthiness of novel partners in economic exchange." *Psychological Science*, 23(12), 1549–1556.

Devineni, A. V., and U. Heberlein. (2009). "Preferential ethanol consumption in Drosophila models features of addiction." *Current Biology*, 19(24), 2126–2132.

Dietler, Michael. (2006). "Alcohol: Anthropological/archaeological perspectives." *Annual Review of Anthropology*, 35, 229–249.

Dietler, Michael. (2020). "Alcohol as Embodied Material Culture: Anthropological Reflections of the Deep Entanglement of Humans and Alcohol." In Kimberley Hockings and Robin Dunbar (Eds.), *Alcohol and Humans: A Long and Social Affair* (pp. 115–129). New York: Oxford University Press.

Dietrich, Arne. (2003). "Functional neuroanatomy of altered states of consciousness: The transient hypofrontality hypothesis." *Consciousness and Cognition*, 12, 231–256.

Dietrich, Laura, Julia Meister, Oliver Dietrich, Jens Notroff, Janika Kiep, Julia Heeb,…Brigitta Schütt. (2019). "Cereal processing at Early Neolithic Göbekli Tepe, southeastern Turkey." *PLOS ONE*, 14(5), e0215214.

Dietrich, Oliver, and Laura Dietrich. (2020). "Rituals and Feasting as Incentives for Cooperative Action at Early Neolithic Göbekli Tepe." In Kimberley Hockings and Robin Dunbar (Eds.), *Alcohol and Humans: A Long and Social Affair* (pp. 93–114). New York: Oxford University Press.

Dietrich, Oliver, Manfred Heun, Jens Notroff, Klaus Schmidt, and Martin Zarnkow. (2012). "The role of cult and feasting in the emergence of Neolithic communities. New evidence from Göbekli Tepe, south-eastern Turkey." *Antiquity*, 86(333), 674–695.

Dijk, Corine, Bryan Koenig, Tim Ketelaar, and Peter de Jong. (2011). "Saved by the blush: Being trusted despite defecting." *Emotion*, 11(2), 313–319.

Dineley, Merryn. (2004). *Barley, Malt and Ale in the Neolithic Near East, 10,000–50,000*. Oxford: BAR Publishing.

Djos, Matts. (2010). *Writing Under the Influence: Alcoholism and the Alcoholic Perception from Hemingway to Berryman*. London: Palgrave Macmillan.

Doblin, Rick. (1991). "Pahnke's 'Good Friday Experiment': A long-term follow-up and methodological critique." *Journal of Transpersonal Psychology*, 23(1), 1–28.

Dolder, Patrick, Friederike Holze, Evangelia Liakoni, Samuel Harder, Yasmin Schmid, and Matthias Liechti. (2016). "Alcohol acutely enhances decoding of positive emotions and emotional concern for positive stimuli and facilitates the viewing of sexual images." *Psychopharmacology*, 234, 41–51.

Dominguez-Clave, E., J. Soler, M. Elices, J. C. Pascual, E. Alvarez, M. de la Fuente Revenga,…J. Riba. (2016). "Ayahuasca: Pharmacology, neuroscience and therapeutic potential." *Brain Research Bulletin*, 126(Part 1), 89–101.

Dominy, Nathaniel J. (2015). "Ferment in the family tree." *Proceedings of the National Academy of Sciences*, 112(2), 308.

Doniger O'Flaherty, Wendy. (1968). "The Post-Vedic History of the Soma Plant." In R. Gordon Wasson (Ed.), *Soma: Divine Mushroom of Immortality* (pp. 95–147). New York: Harcourt Brace.

Doughty, Paul. (1979). "The Social Uses of Alcoholic Beverages in a Peruvian Community." In Mac Marshall (Ed.), *Beliefs, Behaviors, and Alcoholic Beverages: A Cross-Cultural Survey* (pp. 64–81). Ann Arbor: University of Michigan Press.

Douglas, Mary (Ed.). (1987). *Constructive Drinking: Perspectives on Drink from Anthropology*. Cambridge: Cambridge University Press.

340   我们为什么爱喝酒

Dry, Matthew J., Nicholas R. Burns, Ted Nettelbeck, Aaron L. Farquharson, and Jason M. White. (2012). "Dose-related effects of alcohol on cognitive functioning." *PLOS ONE*, 7(11), e50977–e50977.
Dudley, Robert. (2014). *The Drunken Monkey: Why We Drink and Abuse Alcohol.* Berkeley: University of California Press.
Dudley, Robert. (2020). "The Natural Biology of Dietary Ethanol, and Its Implications for Primate Evolution." In Kimberley Hockings and Robin Dunbar (Eds.), *Alcohol and Humans: A Long and Social Affair* (pp. 9–23). New York: Oxford University Press.
Duke, Guy. (2010). "Continuity, Cultural Dynamics, and Alcohol: The Reinterpretation of Identity Through Chicha in the Andes." In L. Amundsen-Meyer, N. Engel, and S. Pickering (Eds.), *Identity Crisis: Archaeological Perspectives on Social Identity* (pp. 263–272). Calgary: University of Calgary Press.
Dunbar, Robin. (2014). "How conversations around campfires came to be." *Proceedings of the National Academy of Sciences*, 111(39), 14013–14014.
Dunbar, Robin. (2017). "Breaking bread: The functions of social eating." *Adaptive Human Behavior and Physiology*, 3(3), 198–211.
Dunbar, Robin. (2018, August 9). "Why Drink Is the Secret to Humanity's Success." *Financial Times.*
Dunbar, Robin, and Kimberley Hockings. (2020). "The Puzzle of Alcohol Consumption." In Kimberley Hockings and Robin Dunbar (Eds.), *Alcohol and Humans: A Long and Social Affair* (pp. 1–8). New York: Oxford University Press.
Dunbar, Robin, Jacques Launay, Rafael Wlodarski, Cole Robertson, Eiluned Pearce, James Carney, and Pádraig MacCarron. (2016). "Functional benefits of (modest) alcohol consumption." *Adaptive Human Behavior and Physiology*, 3(2), 118–133.
Durkheim, Émile. (1915/1965). *The Elementary Forms of the Religious Life* (Joseph Ward Swain, Trans.). New York: George Allen and Unwin Ltd.
Dutton, H. I. (1984). *The Patent System and Inventive Activity During the Industrial Revolution, 1750–1852.* Manchester: Manchester University Press.
Earle, Rebecca. (2014). "Indians and drunkenness in Spanish America." *Past and Present*, 222(Supplement 9), 81–99.
Easdon, C., A. Izenberg, M. L. Armilio, H. Yu, and C. Alain. (2005). "Alcohol consumption impairs stimulus- and error-related processing during a Go/No-Go Task." *Brain Research. Cognitive Brain Research*, 25(3), 873–883.
Edwards, Griffith. (2000). *Alcohol: The World's Favorite Drug.* New York: Thomas Dunne Books.
Ehrenreich, Barbara. (2007). *Dancing in the Streets: A History of Collective Joy.* New York: Metropolitan Books.
Ekman, Paul. (2003). *Emotions Revealed: Recognizing Faces and Feelings to Improve Communication and Emotional Life.* New York: Times Books.
Ekman, Paul. (2006). *Darwin and Facial Expression: A Century of Research in Review.* Los Altos, CA: Malor Books.
Ekman, Paul, and Wallace V. Friesen. (1982). "Felt, false, and miserable smiles." *Journal of Nonverbal Behavior*, 6(4), 238–252.
Ekman, Paul, and M. O'Sullivan. (1991). "Who can catch a liar?" *American Psychologist*, 46, 913–920.

Eliade, Mircea. (1964). *Shamanism: Archaic Techniques of Ecstasy* (Revised and Enlarged Edition). New York: Bollingen Foundation.

Emery, Nathan, and Nicola Clayton. (2004). "The mentality of crows: Convergent evolution of intelligence in corvids and apes." *Science,* 306(5703), 1903–1907.

Eno, Robert. (2009). "Shang State Religion and the Pantheon of the Oracle Texts." In John Lagerwey and Marc Kalinowski (Eds.), *Early Chinese Religion: Part One: Shang Through Han (1250 BC–22 AD)* (pp. 41–102). Leiden: Brill.

Enright, Michael. (1996). *Lady with a Mead Cup: Ritual, Prophecy, and Lordship in the European Warband from La Tène to the Viking Age.* Portland, OR: Four Courts Press.

Fairbairn, C. E., M. Sayette, O. Aelen, and A. Frigessi. (2015). "Alcohol and emotional contagion: An examination of the spreading of smiles in male and female drinking groups." *Clinical Psychological Science,* 3(5), 686–701.

Fairbairn, C. E., and M. Testa. (2016). "Relationship quality and alcohol-related social reinforcement during couples interaction." *Clinical Psychological Science,* 5(1), 74–84.

Farris, Coreen, Teresa A. Treat, and Richard J. Viken. (2010). "Alcohol alters men's perceptual and decisional processing of women's sexual interest." *Journal of Abnormal Psychology,* 119(2), 427–432.

Fatur, K. (2019). "Sagas of the Solanaceae: Speculative ethnobotanical perspectives on the Norse berserkers." *Journal of Ethnopharmacology,* 244, 112151.

Fay, Justin C., and Joseph A. Benavides. (2005). "Evidence for domesticated and wild populations of saccharomyces cerevisiae." *PLOS Genetics,* 1(1), e5.

Feinberg, Matthew, Robb Willer, and Dacher Kaltner. (2011). "Flustered and faithful: Embarrassment as a signal of prosociality." *Journal of Personality and Social Psychology,* 102(1), 81–97.

Fernandez, James. (1972). "*Tabernanthe Iboga*: Narcotic Ecstasis and the Work of the Ancestors." In Peter Furst (Ed.), *Flesh of the Gods: The Ritual Use of Hallucinogens* (pp. 237–260). New York: Praeger.

Fertel, Randy. (2015). *A Taste for Chaos: The Art of Literary Improvisation.* New Orleans: Spring Journal Books.

Florida, Richard. (2002). *The Rise of the Creative Class: And How It's Transforming Work, Leisure, Community and Everyday Life.* New York: Basic Books.

Forstmann, M., D. A. Yudkin, A. M. B. Prosser, S. M. Heller, and M. J. Crockett. (2020). "Transformative experience and social connectedness mediate the mood-enhancing effects of psychedelic use in naturalistic settings." *Proceedings of the National Academy of Sciences,* 117(5), 2338–2346.

Forsyth, Mark. (2017). *A Short History of Drunkenness.* New York: Viking.

Fox, K. C. R., M. Muthukrishna, and S. Shultz. (2017). "The social and cultural roots of whale and dolphin brains." *Nature Ecology and Evolution,* 1(11), 1699–1705.

Frank, Mark G., and Paul Ekman. (1997). "The ability to detect deceit generalizes across different types of high-stake lies." *Journal of Personality and Social Psychology,* 72(6), 1429–1439.

Frank, Robert. (1988). *Passions Within Reason: The Strategic Role of the Emotions.* New York: W. W. Norton & Company.

Frank, Robert. (2001). "Cooperation Through Emotional Commitment." In

Randolph M. Nesse (Ed.), *Evolution and the Capacity for Commitment* (pp. 57–76). New York: Russell Sage Foundation.

Frank, Robert, T. Gilovich, and D. T. Regan. (1993). "The evolution of one-shot cooperation: An experiment." *Ethology and Sociobiology,* 14, 247–256.

Frey, Carl Benedikt. (2020, July 8). "The Great Innovation Deceleration: Our response to the Covid-19 pandemic could damage the world's collective brain." *MIT Sloan Management Review.*

Frings, Daniel, Tim Hopthrow, Dominic Abrams, Lorne Hulbert, and Roberto Gutierrez. (2008). "'Groupdrink': The effects of alcohol and group process on vigilance errors." Group Dynamics: Theory, Research, and Practice, 12(3), 179–190.

Fromme, Kim, G. Alan Marlatt, John S. Baer, and Daniel R. Kivlahan. (1994). "The alcohol skills training program: A group intervention for young adult drinkers." *Journal of Substance Abuse Treatment,* 11(2), 143–154.

Frye, Richard. (2005). *Ibn Fadlan's Journey to Russia.* Princeton, NJ: Markus Wiener.

Fuller, Robert. (1995). "Wine, symbolic boundary setting, and American religious communities." *Journal of the American Academy of Religion,* 63(3), 497–517.

Fuller, Robert. (2000). *Stairways to Heaven: Drugs in American Religious History.* Boulder, CO: Westview Press.

Furst, Peter. (1972). "To Find Our Life: Peyote Among the Huichol Indians of Mexico." In Peter Furst (Ed.), *Flesh of the Gods: The Ritual Use of Hallucinogens* (pp. 136–184). New York: Praeger.

Gable, Shelly L., Elizabeth A. Hopper, and Jonathan W. Schooler. (2019). "When the muses strike: Creative ideas of physicists and writers routinely occur during mind wandering." *Psychological Science,* 30(3), 396–404.

Garvey, Pauline. (2005). "Drunk and (Dis)orderly: Norwegian Drinking Parties in the Home." In Thomas Wilson (Ed.), *Drinking Cultures: Alcohol and Identity* (pp. 87–106). Oxford: Berg.

Gately, Iain. (2008). *Drink: A Cultural History of Alcohol.* New York: Gotham Books.

Gefou-Madianou, Dimitra (Ed.). (1992). *Alcohol, Gender and Culture.* London: Routledge.

George, Andrew. (2003). *The Epic of Gilgamesh.* New York: Penguin.

George, W. H., and S. A. Stoner. (2000). "Understanding acute alcohol effects on sexual behavior." *Annual Review of Sex Research,* 11, 92–124.

Gerbault, Pascale, Anke Liebert, Yuval Itan, Adam Powell, Mathias Currat, Joachim Burger,…Mark G. Thomas. (2011). "Evolution of lactase persistence: An example of human niche construction." *Philosophical Transactions of the Royal B: Biological Sciences,* 366(1566), 863–877.

Getting to Zero Alcohol-Impaired Driving Fatalities: A Comprehensive Approach to a Persistent Problem. (2018). Washington, DC: National Academies Press.

Giancola, Peter R. (2002). "The influence of trait anger on the alcohol-aggression relation in men and women." *Alcoholism: Clinical and Experimental Research,* 26(9), 1350–1358.

Gianoulakis, Christina. (2004). "Endogenous opioids and addition to alcohol and drugs of abuse." *Current Topics in Medical Chemistry,* 4, 39–50.

Gibbons, Ann. (2013, February 16). "Human Evolution: Gain Came with Pain." *Science News.*

Gladwell, Malcolm. (2010, February 8). "Drinking Games: How Much People Drink May Matter Less Than How They Drink It." *The New Yorker.*

Glassner, Barry. (1991). "Jewish Sobriety." In David Pittman and Helene Raskin White (Eds.), *Society, Culture, and Drinking Patterns Reexamined* (pp. 311–326). New Brunswick, NJ: Rutgers Center of Alcohol Studies.

Gochman, Samuel R., Michael B. Brown, and Nathaniel J. Dominy. (2016). "Alcohol discrimination and preferences in two species of nectar-feeding primate." *Royal Society Open Science,* 3(7), 160217.

Goldman, D., and M. A. Enoch. (1990). "Genetic epidemiology of ethanol metabolic enzymes: A role for selection." *World Review of Nutrition and Dietetics,* 63, 143–160.

Gopnik, Alison. (2009). *The Philosophical Baby: What Children's Minds Tell Us About Truth, Love, and the Meaning of Life.* New York: Farrar, Straus and Giroux.

Gopnik, Alison, S. O'Grady, C. G. Lucas, T. L. Griffiths, A. Wente, S. Bridgers, . . . R. E. Dahl. (2017). "Changes in cognitive flexibility and hypothesis search across human life history from childhood to adolescence to adulthood." *Proceedings of the National Academy of Sciences,* 114(30), 7892–7899.

Grant B. F., R. B. Goldstein, T. D. Saha, S. P. Chou, J. Jung, H. Zhang, R. P. Pickering, W. J. Ruan, S. M. Smith, B. Huang, and D. S. Hasin. (2015). "Epidemiology of DSM-5 alcohol use disorder: Results from the national epidemiologic survey on alcohol and related conditions III." *JAMA Psychiatry,* 72(8), 757–766.

Griffiths, R. R., M. W. Johnson, W. A. Richards, B. D. Richards, U. McCann, and R. Jesse. (2011). "Psilocybin occasioned mystical-type experiences: Immediate and persisting dose-related effects." *Psychopharmacology,* 218(4), 649–665.

Guasch-Jané, Maria Rosa. (2008). *Wine in Ancient Egypt: A Cultural and Analytical Study.* Oxford: Archaeopress.

Guerra-Doce, Elisa. (2014). "The origins of inebriation: Archaeological evidence of the consumption of fermented beverages and drugs in prehistoric Eurasia." *Journal of Archaeological Method and Theory,* 22(3), 751–782.

Guerra-Doce, Elisa. (2020). "The Earliest Toasts: Archeological Evidence for the Social and Cultural Construction of Alcohol in Prehistoric Europe." In Kimberley Hockings and Robin Dunbar (Eds.), *Alcohol and Humans: A Long and Social Affair* (pp. 60–80). New York: Oxford University Press.

Haarmann, Henk, Timothy George, Alexei Smaliy, and Joseph Dien. (2012). "Remote associates test and alpha brain waves." *Journal of Problem Solving,* 4(2).

Hagen, E. H., C. J. Roulette, and R. J. Sullivan. (2013). "Explaining human recreational use of 'pesticides': The neurotoxin regulation model of substance use vs. the hijack model and implications for age and sex differences in drug consumption." *Front Psychiatry,* 4, 142.

Hagen, E., and Shannon Tushingham. (2019). "The Prehistory of Psychoactive Drug Use." In Tracy Henley, Matthew Rossano, and Edward Kardas (Eds.), *Cognitive Archaeology: Psychology in Prehistory.* New York: Routledge.

Haidt, Jonathan. (2001). "The emotional dog and its rational tail: A social intuitionist approach to moral judgment." *Psychological Review,* 108(4), 814–834.

Haidt, Jonathan, J. Patrick Seder, and Selin Kesebir. (2008). "Hive psychology, happiness, and public policy." *Journal of Legal Studies,* 37, 133–156.

Hall, Timothy. (2005). "Pivo at the Heart of Europe: Beer-Drinking and Czech

Identity." In Thomas Wilson (Ed.), *Drinking Cultures: Alcohol and Identity* (pp. 65–86). Oxford: Berg.

Han, Y., S. Gu, H. Oota, M. V. Osier, A. J. Pakstis, W. C. Speed,... K. K. Kidd. (2007). "Evidence of positive selection on a class I ADH locus." *American Journal of Human Genetics*, 80(3), 441–456.

Harkins, Stephen G. (2006). "Mere effort as the mediator of the evaluation-performance relationship." *Journal of Personality and Social Psychology*, 91(3), 436–455.

Hart, H. H. (1930). "Personality factors in alcoholism." *Archives of Neurology and Psychiatry*, 24, 116–134.

Hauert, C., S. De Monte, J. Hofbauer, and K. Sigmund. (2002). "Volunteering as Red Queen mechanism for cooperation in public goods games." *Science*, 296(5570), 1129–1132.

Hayden, Brian. (1987). "Alliances and ritual ecstasy: Human responses to resource stress." *Journal for the Scientific Study of Religion*, 26(1), 81–91.

Hayden, Brian, Neil Canuel, and Jennifer Shanse. (2013). "What was brewing in the Natufian? An archaeological assessment of brewing technology in the Epipaleolithic." *Journal of Archaeological Method and Theory*, 20(1), 102–150.

Heath, Dwight. (1958). "Drinking patterns of the Bolivian Camba." *Quarterly Journal of Studies on Alcohol*, 19(3), 491–508.

Heath, Dwight. (1976). "Anthropological Perspectives on Alcohol: An Historical Review." In Michael Everett, Jack Waddell, and Dwight Heath (Eds.), *Cross-Cultural Approaches to the Study of Alcohol: An Interdisciplinary Perspective*. The Hague: Mouton Publishers.

Heath, Dwight. (1987). "A Decade of Development in the Anthropological Study of Alcohol Use, 1970–1980." In Mary Douglas (Ed.), *Constructive Drinking: Perspectives on Drink from Anthropology* (pp. 16–69). Cambridge: Cambridge University Press.

Heath, Dwight. (1990). "Anthropological and Sociocultural Perspectives on Alcohol as a Reinforcer." In W. Miles Cox (Ed.), *Why People Drink: Parameters of Alcohol as a Reinforcer* (pp. 263–290). New York: Gardner Press.

Heath, Dwight (1994). "Agricultural changes and drinking among the Bolivian Camba: A longitudinal view of the aftermath of a revolution." *Human Organization*, 53(4), 357–361.

Heath, Dwight. (2000). *Drinking Occasions: Comparative Perspectives on Alcohol and Culture*. New York: Routledge.

Heaton, R., G. Chelune, J. Talley, G. Kay, and G. Curtiss. (1993). *Wisconsin Card Sorting Test Manual: Revised and Expanded*. Lutz, FL: Psychological Assessment Resources.

Heberlein, Ulrike, Fred W. Wolf, Adrian Rothenfluh, and Douglas J. Guarnieri. (2004). "Molecular genetic analysis of ethanol intoxication in drosophila melanogaster1." *Integrative and Comparative Biology*, 44(4), 269–274.

Heidt, Amanda. (2020, June 8). "Like Humans, These Big-Brained Birds May Owe Their Smarts to Long Childhoods." *Science News*.

Heinrich, Bernd. (1995). "An experimental investigation of insight in common ravens (Corvus corax)." *The Auk*, 112(4), 994–1003.

Henrich, Joseph. (2015). *The Secret of Our Success: How Culture Is Driving Human*

Evolution, Domesticating Our Species, and Making Us Smarter. Princeton, NJ: Princeton University Press.

Henrich, Joseph, and Richard McElreath. (2007). "Dual Inheritance Theory: The Evolution of Human Cultural Capacities and Cultural Evolution." In Robin Dunbar and Louise Barrett (Eds.), *Oxford Handbook of Evolutionary Psychology* (pp. 555–570). Oxford: Oxford University Press.

Hertenstein, Elisabeth, Elena Waibel, Lukas Frase, Dieter Riemann, Bernd Feige, Michael Nitsche,…Christoph Nissen. (2019). "Modulation of creativity by transcranial direct current stimulation." *Brain Stimulation,* 12(5), 1213–1221.

Hirsch, Jacob, Adam Galinsky, and Chen-bo Zhong. (2011). "Drunk, powerful, and in the dark: How general processes of disinhibition produce both prosocial and antisocial behavior." *Perspectives on Psychological Science,* 6(5), 415–427.

Hockings, Kimberley, and Robin Dunbar (Eds.). (2020). *Alcohol and Humans: A Long and Social Affair.* New York: Oxford University Press.

Hockings, Kimberley, Miho Ito, and Gen Yamakoshi. (2020). "The Importance of Raffia Palm Wine to Coexisting Humans and Chimpanzees." In Kimberley Hockings and Robin Dunbar (Eds.), *Alcohol and Humans: A Long and Social Affair* (pp. 45–59). New York: Oxford University Press.

Hogan, Emma. (2017, August 1). "Turn On, Tune In, Drop by the Office." *The Economist 1843.*

Holtzman, Jon. (2001). "The food of elders, the 'ration' of women: Brewing, gender, and domestic processes among the Samburu of Northern Kenya." *American Anthropologist,* 103(4), 1041–1058.

Horton, Donald. (1943). "The functions of alcohol in primitive societies: A cross-cultural study." *Quarterly Journal of Studies on Alcohol,* 4, 199–320.

Hrdy, Sarah Blaffer. (2009). *Mothers and Others: The Evolutionary Origins of Mutual Understanding.* Cambridge, MA: Belknap Press.

Huizinga, Johan. (1955). *Homo Ludens: A Study of the Play Element in Culture.* Boston: Beacon Press.

Hull, Jay G., Robert W. Levenson, Richard David Young, and Kenneth J. Sher. (1983). "Self-awareness-reducing effects of alcohol consumption." *Journal of Personality and Social Psychology,* 44(3), 461–473.

Hull, Jay G., and Laurie B. Slone. (2004). "Alcohol and Self-Regulation." In Roy F. Baumeister and Kathleen D. Vohs (Eds.), *Handbook of Self-Regulation: Research, Theory, and Applications* (pp. 466–491). New York: Guilford Press.

Hunt, Tristan. (2009). *The Frock-Coated Communist: The Revolutionary Life of Friedrich Engels.* London: Penguin.

Hurley, C., and Mark G. Frank. (2011). "Executing facial control during deception situations." *Journal of Nonverbal Behavior,* 35, 119–131.

Huxley, Aldous. (1954/2009). *The Doors of Perception.* New York: HarperCollins.

Hyman, S. E. (2005). "Addiction: A disease of learning and memory." *American Journal of Psychiatry,* 168(8), 1414–1422.

Ilardo, Melissa A., Ida Moltke, Thorfinn S. Korneliussen, Jade Cheng, Aaron J. Stern, Fernando Racimo,…Eske Willerslev. (2018). "Physiological and genetic adaptations to diving in sea nomads." *Cell,* 173(3), 569–580.e515.

Ing, Michael. (In preparation). *What Remains: Grief and Resilience in the Thought of Tao Yuanming.*

James, William. (1902/1961). *The Varieties of Religious Experience: A Study in Human Nature*. New York: Collier Books.

Jarosz, A. F., G. J. Colflesh, and J. Wiley. (2012). "Uncorking the muse: Alcohol intoxication facilitates creative problem solving." *Consciousness and Cognition*, 21(1), 487–493.

Jennings, Justin, and Brenda Bowser. (2009). "Drink, Power, and Society in the Andes: An Introduction." In Justin Jennings and Brenda Bowser (Eds.), *Drink, Power, and Society in the Andes* (pp. 1–27). Gainesville: University Press of Florida.

Joe-Laidler, Karen, Geoffrey Hunt, and Molly Moloney. (2014). "'Tuned Out or Tuned In': Spirituality and Youth Drug Use in Global Times." In Phil Withington and Angela McShane (Eds.), *Cultures of Intoxication, Past and Present* (Vol. 222, pp. 61–80). Oxford: Oxford University Press.

Joffe, Alexander. (1998). "Alcohol and social complexity in Ancient Western Asia." *Current Anthropology*, 39(3), 297–322.

Katz, Solomon, and Mary Voight. (1986). "Bread and beer." *Expedition*, 28(2), 23–35.

Khazan, Olga. (2020, January 14). "America's Favorite Poison: Whatever Happened to the Anti-Alcohol Movement?" *The Atlantic*.

Kirchner, T. R., M. A. Sayette, J. F. Cohn, R. L. Moreland, and J. M. Levine. (2006). "Effects of alcohol on group formation among male social drinkers." *Journal of Studies on Alcohol and Drugs*, 67(5), 785–793.

Kirkby, Diane. (2006). "Drinking 'The Good Life': Australia c.1880–1980." In Mack Holt (Ed.), *Alcohol: A Social and Cultural History* (pp. 203–224). Oxford: Berg.

Klatsky, Arthur L. (2004). "Alcohol and cardiovascular health." *Integrative and Comparative Biology*, 44(4), 324–328.

Kline, Michelle A., and Robert Boyd. (2010). "Population size predicts technological complexity in Oceania." *Proceedings of the Royal Society B: Biological Sciences*, 277(1693), 2559–2564.

Koenig, Debbie. (2019, December 21). "Not Just January: Alcohol Abstinence Turns Trendy." *WebMD*. https://www.webmd.com/mental-health/addiction/news/20191231/not-just-january-alcohol-abstinence-turns-trendy.

Kometer, M., T. Pokorny, E. Seifritz, and F. X. Vollenweider. (2015). "Psilocybin-induced spiritual experiences and insightfulness are associated with synchronization of neuronal oscillations." *Psychopharmacology*, 232(19), 3663–3676.

Koob, George F. (2003). "Alcoholism: Allostasis and Beyond." *Alcoholism: Clinical and Experimental Research*, 27(2), 232–243.

Koob, George F., and Michel Le Moal. (2008). "Addiction and the brain antireward system." *Annual Review of Psychology*, 59, 29–53.

Krumhuber, Eva, Antony S. R. Manstead, Darren Cosker, Dave Marshall, Paul Rosin, and Arvid Kappas. (2007). "Facial dynamics as indicators of trustworthiness and cooperative behavior." *Emotion*, 7(4), 730–735.

Kuhn, Cynthia, and Scott Swartzwelder. (1998). *Buzzed: The Straight Facts About the Most Used and Abused Drugs from Alcohol to Ecstasy*. New York: Penguin.

Kwong, Charles. (2013). "Making Poetry with Alcohol: Wine Consumption in Tao Qian, Li Bai and Su Shi." In Isaac Yue and Siufu Tang (Eds.), *Scribes of Gastronomy* (pp. 45–67). Hong Kong: Hong Kong University Press.

Laland, Kevin, John Odling-Smee, and Marcus Feldman. (2000). "Niche construction, biological evolution, and cultural change." *Behavioral and Brain Sciences*, 23(1), 131–175.

Lalander, Philip. (1997). "Beyond everyday order: Breaking away with alcohol." *Nordic Studies on Alcohol and Drugs*, 14(1_supplement), 33–42.

Lane, Scott, Don Cherek, Cynthia Pietras, and Oleg Tcheremissine. (2004). "Alcohol effects on human risk taking." *Psychopharmacology*, 172(1), 68–77.

Lang, I., R. B. Wallace, F. A. Huppert, and D. Melzer. (2007). "Moderate alcohol consumption in older adults is associated with better cognition and well-being than abstinence." *Age and Ageing*, 36(3), 256–261.

Larimer, Mary, and Jessica Cronce. (2007). "Identification, prevention, and treatment revisited: Individual-focused college drinking prevention strategies 1999–2006." *Addictive Behaviors*, 32(11), 2439–2468.

Leary, Mark. (2004). *The Curse of the Self: Self-Awareness, Egotism, and the Quality of Human Life*. New York: Oxford University Press.

Leary, Timothy. (2008). *Leary on Drugs: Writings and Lectures from Timothy Leary (1970–1996)*. San Francisco: Re/Search Publications.

Lebot, Vincent, Lamont Lindstrom, and Mark Merlin. (1992). *Kava: The Pacific Drug*. New Haven, CT: Yale University Press.

Lee, H. G., Y. C. Kim, J. S. Dunning, and K. A. Han. (2008). "Recurring ethanol exposure induces disinhibited courtship in Drosophila." *PLOS ONE*, 3(1), e1391.

Lemmert, Edwin. (1991). "Alcohol, Values and Social Control." In David Pittman and Helene Raskin White (Eds.), *Society, Culture, and Drinking Patterns Reexamined* (pp. 681–701). New Brunswick, NJ: Rutgers Center of Alcohol Studies.

Levenson, Robert W., Kenneth J. Sher, Linda M. Grossman, Joseph Newman, and David B. Newlin. (1980). "Alcohol and stress response dampening: Pharmacological effects, expectancy, and tension reduction." *Journal of Abnormal Psychology*, 89(4), 528–538.

Levine, E. E., A. Barasch, D. Rand, J. Z. Berman, and D. A. Small. (2018). "Signaling emotion and reason in cooperation." *Journal of Experimental Psychology: General*, 147(5), 702–719.

Levitt, A., and M. Lynne Cooper. (2010). "Daily alcohol use and romantic relationship functioning: Evidence of bidirectional, gender-, and context-specific effects." *Personality and Social Psychology Bulletin*, 36(12), 1706–1722.

Levitt, A., J. L. Derrick, and M. Testa. (2014). "Relationship-specific alcohol expectancies and gender moderate the effects of relationship drinking contexts on daily relationship functioning." *Journal of Studies on Alcohol and Drugs*, 75(2), 269–278.

Lietava, Jan. (1992). "Medicinal plants in a Middle Paleolithic grave Shanidar IV?" *Journal of Ethnopharmacology*, 35(3), 263–266.

Limb, Charles J., and Allen R. Braun. (2008). "Neural substrates of spontaneous musical performance: An fMRI study of jazz improvisation." *PLOS ONE*, 3(2), e1679.

Long, Tengwen, Mayke Wagner, Dieter Demske, Christian Leipe, and Pavel E. Tarasov. (2016). "Cannabis in Eurasia: Origin of human use and Bronze Age trans-continental connections." *Vegetation History and Archaeobotany*, 26(2), 245–258.

Lu, Dongsheng, Haiyi Lou, Kai Yuan, Xiaoji Wang, Yuchen Wang, Chao Zhang, . . . Shuhua Xu. (2016). "Ancestral origins and genetic history of Tibetan Highlanders." *American Journal of Human Genetics,* 99(3), 580–594.

Lutz, H. F. (1922). *Viticulture and Brewing in the Ancient Orient.* Leipzig: J. C. Hinrichs.

Luyster, Robert. (2001). "Nietzsche/Dionysus: Ecstasy, heroism, and the monstrous." *Journal of Nietzsche Studies,* 21, 1–26.

Lyvers, Michael. (2000). "'Loss of control' in alcoholism and drug addiction: A neuroscientific interpretation." *Experimental and Clinical Psychopharmacology,* 8(2), 225–245.

Lyvers, Michael, Emma Cholakians, Megan Puorro, and Shanti Sundram. (2011). "Beer goggles: Blood alcohol concentration in relation to attractiveness ratings for unfamiliar opposite sex faces in naturalistic settings." *Journal of Social Psychology,* 151(1), 105–112.

Lyvers, Michael, N. Mathieson, and M. S. Edwards. (2015). "Blood alcohol concentration is negatively associated with gambling money won on the Iowa gambling task in naturalistic settings after controlling for trait impulsivity and alcohol tolerance." *Addictive Behaviors,* 41, 129–135.

Lyvers, Michael, and Juliette Tobias-Webb. (2010). "Effects of acute alcohol consumption on executive cognitive functioning in naturalistic settings." *Addictive Behaviors,* 35(11), 1021–1028.

Ma, Chengyuan (Ed.). (2012). *Shanghai Bowuguan Cang Zhanguo Chu Zhushu IX* 上海博物馆藏战国楚竹书(九). Shanghai: Shanghai Guji.

MacAndrew, Craig, and Robert B. Edgerton. (1969). *Drunken Comportment: A Social Explanation.* Chicago: Aldine.

Machin, A. J., and R. I. M. Dunbar. (2011). "The brain opioid theory of social attachment: A review of the evidence." *Behavior,* 148, 985–1025.

MacLean, Katherine, Matthew Johnson, and Roland Griffiths. (2011). "Mystical experiences occasioned by the hallucinogen psilocybin lead to increases in the personality domain of openness." *Journal of Psychopharmacology,* 25(11), 1453–1461.

Madsen, William, and Claudia Madsen. (1979). "The Cultural Structure of Mexican Drinking Behavior." In Mac Marshall (Ed.), *Beliefs, Behaviors, and Alcoholic Beverages: A Cross-Cultural Survey* (pp. 38–53). Ann Arbor: University of Michigan Press.

Mäkelä, Klaus. (1983). "The uses of alcohol and their cultural regulation." *Acta Sociologica,* 26(1), 21–31.

Mandelbaum, David. (1965). "Alcohol and culture." *Current Anthropology,* 6(3), 281–288 + 289–293.

Manthey, Jakob, Kevin D. Shield, Margaret Rylett, Omer S. M. Hasan, Charlotte Probst, and Jürgen Rehm. (2019). "Global alcohol exposure between 1990 and 2017 and forecasts until 2030: A modelling study." *The Lancet,* 393(10190), 2493–2502.

Marino, L. (2017). "Thinking chickens: A review of cognition, emotion, and behavior in the domestic chicken." *Animal Cognition,* 20(2), 127–147.

Markoff, John. (2005). *What the Dormouse Said: How the Sixties Counterculture Shaped the Personal Computer Industry.* New York: Viking.

Markos, A. R. (2005). "Alcohol and sexual behaviour." *International Journal of STD and AIDS,* 16(2), 123–127.

Marlatt, Alan, Mary Larimer, and Katie Witkiewitz (Eds.). (2012). *Harm Reduction, Second Edition: Pragmatic Strategies for Managing High-Risk Behaviors.* New York: Guilford Press.

Mars, Gerald. (1987). "Longshore Drinking, Economic Security and Union Politics in Newfoundland." In Mary Douglas (Ed.), *Constructive Drinking: Perspectives on Drink from Anthropology* (pp. 91–101). Cambridge: Cambridge University Press.

Mars, Gerald, and Yochanan Altman. (1987). "Alternative Mechanism of Distribution in a Soviet Economy." In Mary Douglas (Ed.), *Constructive Drinking: Perspectives on Drink from Anthropology* (pp. 270–279). Cambridge: Cambridge University Press.

Marshall, Alfred. (1890). *Principles of Economics.* London: MacMillan and Co.

Martin, A. Lynn. (2006). "Drinking and Alehouses in the Diary of an English Mercer's Apprentice, 1663–1674." In Mack Holt (Ed.), *Alcohol: A Social and Cultural History* (pp. 93–106). Oxford: Berg.

Mass Observation. (1943). *The Pub and the People: A Worktown Study.* London: Victor Gollancz.

Matthee, Rudolph. (2014). "Alcohol in the Islamic Middle East: Ambivalence and ambiguity." *Past and Present*, 222, 100–125.

Mattice, Sarah. (2011). "Drinking to get drunk: Pleasure, creativity, and social harmony in Greece and China." *Comparative and Continental Philosophy*, 3(2), 243–253.

Maurer, Ronald L., V. K. Kumar, Lisa Woodside, and Ronald J. Pekala. (1997). "Phenomenological experience in response to monotonous drumming and hypnotizability." *American Journal of Clinical Hypnosis*, 40(2), 130–145.

Maynard, Olivia M., Andrew L. Skinner, David M. Troy, Angela S. Attwood, and Marcus R. Munafò. (2015). "Association of alcohol consumption with perception of attractiveness in a naturalistic environment." *Alcohol and Alcoholism*, 51(2), 142–147.

McCauley, Robert N., and E. Thomas Lawson. (2002). *Bringing Ritual to Mind: Psychological Foundations of Cultural Forms.* Cambridge: Cambridge University Press.

McGovern, Patrick. (2009). *Uncorking the Past: The Quest for Wine, Beer, and Other Alcoholic Beverages.* Berkeley: University of California Press.

McGovern, Patrick. (2020). "Uncorking the Past: Alcoholic Fermentation as Humankind's First Biotechnology." In Kimberley Hockings and Robin Dunbar (Eds.), *Alcohol and Humans: A Long and Social Affair* (pp. 81–92). New York: Oxford University Press.

McKinlay, Arthur. (1951). "Attic temperance." *Quarterly Journal of Studies on Alcohol*, 12, 61–102.

McShane, Angela. (2014). "Material Culture and 'Political Drinking' in Seventeenth-Century England." In Phil Withington and Angela McShane (Eds.), *Cultures of Intoxication, Past and Present* (Vol. 222, pp. 247–276). Oxford: Oxford University Press.

Meade Eggleston, A., K. Woolaway-Bickel, and N. B. Schmidt. (2004). "Social anxiety and alcohol use: Evaluation of the moderating and mediating effects of alcohol expectancies." *Journal of Anxiety Disorders*, 18(1), 33–49.

Mehr, Samuel A., Manvir Singh, Dean Knox, Daniel M. Ketter, Daniel Pickens-Jones,

S. Atwood, . . . Luke Glowacki. (2019). "Universality and diversity in human song." *Science*, 366(6468), eaax0868.

Michalowski, Piotr. (1994). "The Drinking Gods: Alcohol in Early Mesopotamian Ritual and Mythology." In Lucio Milano (Ed.), *Drinking in Ancient Societies: History and Culture of Drinks in the Ancient Near East* (pp. 27–44). Padua: Sargon.

Milan, Neil F., Balint Z. Kacsoh, and Todd A. Schlenke. (2012). "Alcohol consumption as self-medication against blood-borne parasites in the fruit fly." *Current Biology*, 22(6), 488–493.

Miller, Earl, and Jonathan Cohen. (2001). "An integrative theory of prefrontal cortex function." *Annual Review of Neuroscience*, 24, 167–202.

Milton, Katharine. (2004). "Ferment in the family tree: Does a frugivorous dietary heritage influence contemporary patterns of human ethanol use?" *Integrative and Comparative Biology*, 44(4), 304–314.

Miner, Earl. (1968). *An Introduction to Japanese Court Poetry*. Palo Alto, CA: Stanford University Press.

Moeran, Brian. (2005). "Drinking Country: Flows of Exchange in a Japanese Valley." In Thomas Wilson (Ed.), *Drinking Cultures: Alcohol and Identity* (pp. 25–42). Oxford: Berg.

Mooneyham, Benjamin W., and Jonathan W. Schooler. (2013). "The costs and benefits of mind-wandering: A review." *Canadian Journal of Experimental Psychology = Revue Canadienne de Psychologie Experimentale*, 67(1), 11–18.

Morris, Steve, David Humphreys, and Dan Reynolds. (2006). "Myth, marula, and elephant: An assessment of voluntary ethanol intoxication of the African elephant (Loxodonta africana) following feeding on the fruit of the marula tree (Sclerocarya birrea)." *Physiological and Biochemical Zoology: Ecological and Evolutionary Approaches*, 79(2), 363–369.

Mountain, Mary A., and William G. Snow. (1993). "Wisconsin Card Sorting Test as a measure of frontal pathology: A review." *Clinical Neuropsychologist*, 7(1), 108–118.

Müller, Christian, and Gunter Schumann. (2011). "Drugs as instruments: A new framework for non-addictive psychoactive drug use." *Behavioral and Brain Sciences*, 34, 293–310.

Muthukrishna, Michael, Michael Doebeli, Maciej Chudek, and Joseph Henrich. (2018). "The Cultural Brain Hypothesis: How culture drives brain expansion, sociality, and life history." *PLOS Computational Biology*, 14(11), e1006504.

Nagaraja, H. S., and P. S. Jeganathan. (2003). "Effect of acute and chronic conditions of over-crowding on free choice ethanol intake in rats." *Indian Journal of Physiology and Pharmacology*, 47(3), 325–331.

Nelson, L. D., C. J. Patrick, P. Collins, A. R. Lang, and E. M. Bernat. (2011). "Alcohol impairs brain reactivity to explicit loss feedback." *Psychopharmacology*, 218(2), 419–428.

Nemeth, Z., R. Urban, E. Kuntsche, E. M. San Pedro, J. G. Roales Nieto, J. Farkas, . . . Z. Demetrovics. (2011). "Drinking motives among Spanish and Hungarian young adults: A cross-national study." *Alcohol*, 46(3), 261–269.

Nesse, Randolph, and Kent Berridge. (1997). "Psychoactive drug use in evolutionary perspective." *Science*, 278(5335), 63–66.

Netting, Robert. (1964). "Beer as a locus of value among the West African Kofyar." *American Anthropologist*, 66, 375–384.

Newberg, Andrew, Nancy Wintering, Donna Morgan, and Mark Waldman. (2006). "The measurement of regional cerebral blood flow during glossolalia." *Psychiatry Research,* 148, 67–71.

Nezlek, John, Constance Pilkington, and Kathryn Bilbro. (1994). "Moderation in excess: Binge drinking and social interaction among college students." *Journal of Studies on Alcohol,* 55, 342–351.

Ng Fat, Linda, Nicola Shelton, and Noriko Cable. (2018). "Investigating the growing trend of non-drinking among young people: Analysis of repeated cross-sectional surveys in England 2005–2015." *BMC Public Health,* 18(1), 1090.

Nie, Zhiguo, Paul Schweitzer, Amanda J. Roberts, Samuel G. Madamba, Scott D. Moore, and George Robert Siggins. (2004). "Ethanol augments GABAergic transmission in the central amygdala via CRF1 receptors." *Science,* 303(5663), 1512–1514.

Nietzsche, Friedrich. (1872/1967). *The Birth of Tragedy* (Walter Kaufmann, Trans.). New York: Vintage.

Nietzsche, Friedrich. (1882/1974). *The Gay Science: With a Prelude in Rhymes and an Appendix of Songs* (Walter Kaufmann, Trans.). New York: Vintage.

Nietzsche, Friedrich. (1891/1961). *Thus Spoke Zarathustra* (R. J. Hollingdale, Trans.). New York: Penguin.

Norenzayan, Ara, Azim Shariff, William Gervais, Aiyana Willard, Rita McNamara, Edward Slingerland, and Joseph Henrich. (2016). "The cultural evolution of prosocial religions." *Behavioral and Brain Sciences,* 39, e1 (19 pages).

Norris, J., and K. L. Kerr. (1993). "Alcohol and violent pornography: Responses to permissive and nonpermissive cues." *Journal of Studies on Alcohol, Supplement,* 11, 118–127.

Nugent, Paul. (2014). "Modernity, Tradition, and Intoxication: Comparative Lessons from South Africa and West Africa." In Phil Withington and Angela McShane (Eds.), *Cultures of Intoxication, Past and Present* (Vol. 222, pp. 126–145). Oxford: Oxford University Press.

O'Brien, Sara Ashley. (2016, February 26). "Zenefits Lays Off 250 Employees." *CNN.*

O'Brien, Sara Ashley. (2018, October 31). "WeWork to Limit Free Beer All-Day Perk to Four Glasses." *CNN.*

O'Connor, Anahad. (2020, July 10). "Should We Be Drinking Less? Scientists Helping to Update the Latest Edition of the Dietary Guidelines for Americans Are Taking a Harder Stance on Alcohol." *New York Times.*

Olive, M. Foster, Heather N. Koenig, Michelle A. Nannini, and Clyde W. Hodge. (2001). "Stimulation of endorphin neurotransmission in the nucleus accumbens by ethanol, cocaine, and amphetamine." *Journal of Neuroscience,* 21(23), RC184.

Olsen, Richard W., Harry J. Hanchar, Pratap Meera, and Martin Wallner. (2007). "GABA$_A$ receptor subtypes: The 'one glass of wine' receptors." *Alcohol,* 41(3), 201–209.

"On the Road Again: Companies Are Spending More on Sending Their Staff Out to Win Deals." (2015, November 21). *The Economist.*

Orehek E., L. Human, M. A. Sayette, J. D. Dimoff, R. P. Winograd, and K. J. Sher. (2020). "Self-expression while drinking alcohol: Alcohol influences personality expression during first impressions." *Personality and Social Psychology Bulletin,* 46(1), 109–123.

Oroszi, Gabor, and David Goldman. (2004). "Alcoholism: Genes and mechanisms." *Pharmacogenomics,* 5(8), 1037–1048.

Osborne, Robin. (2014). "Intoxication and Sociality: The Symposium in the Ancient Greek World." In Phil Withington and Angela McShane (Eds.), *Cultures of Intoxication, Past and Present* (Vol. 222, pp. 34–60). Oxford: Oxford University Press.

Pahnke, Walter. (1963). *Drugs and Mysticism: An Analysis of the Relationship Between Psychedelic Drugs and the Mystical Consciousness.* (Ph.D. dissertation.) Cambridge, MA: Harvard University Press.

Park, Seung Kyu, Choon-Sik Park, Hyo-Suk Lee, Kyong Soo Park, Byung Lae Park, Hyun Sub Cheong, and Hyoung Doo Shin. (2014). "Functional polymorphism in aldehyde dehydrogenase-2 gene associated with risk of tuberculosis." *BMC Medical Genetics,* 15(1), 40.

Patrick, Clarence H. (1952). *Alcohol, Culture and Society.* Durham, NC: Duke University Press.

Peele, Stanton, and Archie Brodsky. (2000). "Exploring psychological benefits associated with moderate alcohol use: A necessary corrective to assessments of drinking outcomes?" *Drug and Alcohol Dependence,* 60(3), 221–247.

Peng, G. S., Y. C. Chen, M. F. Wang, C. L. Lai, and S. J. Yin. (2014). "ALDH2*2 but not ADH1B*2 is a causative variant gene allele for Asian alcohol flushing after a low-dose challenge: Correlation of the pharmacokinetic and pharmacodynamic findings." *Pharmacogenetics and Genomics,* 24(12), 607–617.

Peng, Yi, Hong Shi, Xue-bin Qi, Chun-jie Xiao, Hua Zhong, Run-lin Z. Ma, and Bing Su. (2010). "The ADH1B Arg47His polymorphism in East Asian populations and expansion of rice domestication in history." *BMC Evolutionary Biology,* 10(1), 15.

Pinker, Steven. (1997). *How the Mind Works.* New York: W. W. Norton & Company.

Platt, B. S. (1955). "Some traditional alcoholic beverages and their importance in indigenous African communities." *Proceedings of the Nutrition Society,* 14, 115–124.

Polimanti, Renato, and Joel Gelernter. (2017). ADH1B: "From alcoholism, natural selection, and cancer to the human phenome." *American Journal of Medical Genetics,* 177(2), 113–125.

Polito, V., and R. J. Stevenson. (2019). "A systematic study of microdosing psychedelics." *PLOS ONE,* 14(2), e0211023.

Pollan, Michael. (2001). *The Botany of Desire: A Plant's-Eye View of the World.* New York: Random House.

Pollan, Michael. (2018). *How to Change Your Mind.* New York: Penguin.

Poo, Mu-chou. (1999). "The use and abuse of wine in ancient China." *Journal of the Economic and Social History of the Orient,* 42(2), 123–151.

Porter, Stephen, Leanne ten Brinke, Alysha Baker, and Brendan Wallace. (2011). "Would I lie to you? 'Leakage' in deceptive facial expressions relates to psychopathy and emotional intelligence." *Personality and Individual Differences,* 51, 133–137.

Powers, Madelon. (2006). "The Lore of the Brotherhood: Continuity and Change in the Urban American Saloon Cultures, 1870–1920." In Mack Holt (Ed.), *Alcohol: A Social and Cultural History* (pp. 145–160). Oxford: Berg.

Price, N. (2002). *The Viking Way: Religion and War in Late Iron Age Scandinavia.* Uppsala: University of Uppsala Press.

Prochazkova, L., D. P. Lippelt, L. S. Colzato, M. Kuchar, Z. Sjoerds, and B. Hommel. (2018). "Exploring the effect of microdosing psychedelics on creativity in an open-label natural setting." *Psychopharmacology,* 235(12), 3401–3413.

Radcliffe-Brown, A. R. (1922/1964). *The Andaman Islanders.* New York: Free Press.

Rand, David. (2019, May 17). "Intuition, deliberation, and cooperation: Further meta-analytic evidence from 91 experiments on pure cooperation." *Social Science Research Network.* Available at SSRN: https://ssrn.com/abstract=3390018.

Rand, David, Joshua Greene, and Martin Nowak. (2012). "Spontaneous giving and calculated greed." *Nature,* 489(7416), 427–430.

Rappaport, Roy A. (1999). *Ritual and Religion in the Making of Humanity.* Cambridge: Cambridge University Press.

Raz, Gil. (2013). "Imbibing the universe: Methods of ingesting the five sprouts." *Asian Medicine,* 7, 76–111.

Reddish, Paul, Joseph Bulbulia, and Ronald Fischer. (2013). "Does synchrony promote generalized prosociality?" *Religion, Brain and Behavior,* 4(1), 3–19.

Reinhart, Katrinka. (2015). "Religion, violence, and emotion: Modes of religiosity in the Neolithic and Bronze Age of Northern China." *Journal of World Prehistory,* 28(2), 113–177.

Richerson, Peter J., and Robert Boyd. (2005). *Not by Genes Alone: How Culture Transformed Human Evolution.* Chicago: University of Chicago Press.

Riemer, Abigail R., Michelle Haikalis, Molly R. Franz, Michael D. Dodd, David DiLillo, and Sarah J. Gervais. (2018). "Beauty is in the eye of the beer holder: An initial investigation of the effects of alcohol, attractiveness, warmth, and competence on the objectifying gaze in men." *Sex Roles,* 79(7), 449–463.

Rogers, Adam. (2014). *Proof: The Science of Booze.* Boston: Houghton Mifflin.

Rosinger, Asher, and Hilary Bathancourt. (2020). "*Chicha* as water: Traditional fermented beer consumption among forager-horticulturalists in the Bolivian Amazon." In Kimberley Hockings and Robin Dunbar (Eds.), *Alcohol and Humans: A Long and Social Affair* (pp. 147–162). New York: Oxford University Press.

Roth, Marty. (2005). *Drunk the Night Before: An Anatomy of Intoxication.* Minneapolis: University of Minnesota Press.

Rucker, James J. H., Jonathan Iliff, and David J. Nutt. (2018). "Psychiatry and the psychedelic drugs. Past, present and future." *Neuropharmacology,* 142, 200–218.

Rudgley, Richard. (1993). *Alchemy of Culture: Intoxicants in Society.* London: British Museum Press.

Samorini, Giorgio. (2002). *Animals and Psychedelics: The Natural World and the Instinct to Alter Consciousness.* Rochester, VT: Park Street Press.

Sanchez, F., M. Melcon, C. Korine, and B. Pinshow. (2010). "Ethanol ingestion affects flight performance and echolocation in Egyptian fruit bats." *Behavioural Processes,* 84(2), 555–558.

Sayette, Michael (1999). "Does drinking reduce stress?" *Alcohol Research and Health,* 23(4), 250–255.

Sayette, Michael, K. G. Creswell, J. D. Dimoff, C. E. Fairbairn, J. F. Cohn, B. W. Heckman,… R. L. Moreland. (2012). "Alcohol and group formation: A multimodal investigation of the effects of alcohol on emotion and social bonding." *Psychological Science*, 23(8), 869–878.

Sayette, Michael A., Erik D. Reichle, and Jonathan W. Schooler. (2009). "Lost in the sauce: The effects of alcohol on mind wandering." *Psychological Science*, 20(6), 747–752.

Schaberg, David. (2001). *A Patterned Past: Form and Thought in Early Chinese Historiography*. Cambridge, MA: Harvard University Press.

Schivelbusch, Wolfgang. (1993). *Tastes of Paradise: A Social History of Spices, Stimulants, and Intoxicants* (David Jacobson, Trans.). New York: Vintage Books.

Schmidt, K. L., Z. Ambadar, J. F. Cohn, and L. I. Reed. (2006). "Movement differences between deliberate and spontaneous facial expressions: Zygomaticus major action in smiling." *Journal of Nonverbal Behavior*, 30(1), 37–52.

Schuckit, Marc A. (2014). "A brief history of research on the genetics of alcohol and other drug use disorders." *Journal of Studies on Alcohol and Drugs*, 75(Supplement 17), 59–67.

Sharon, Douglas. (1972). "The San Pedro Cactus in Peruvian Folk Healing." In Peter Furst (Ed.), *Flesh of the Gods: The Ritual Use of Hallucinogens* (pp. 114–135). New York: Praeger.

Shaver, J. H., and R. Sosis. (2014). "How does male ritual behavior vary across the lifespan? An examination of Fijian kava ceremonies." *Human Nature*, 25(1), 136–160.

Sher, Kenneth, and Mark Wood. (2005). "Subjective Effects of Alcohol II: Individual Differences." In Mitch Earleywine (Ed.), *Mind-Altering Drugs: The Science of Subjective Experience* (pp. 135–153). New York: Oxford University Press.

Sher, Kenneth, Mark Wood, Alison Richardson, and Kristina Jackson. (2005). "Subjective Effects of Alcohol I: Effects of the Drink and Drinking Context." In Mitch Earleywine (Ed.), *Mind-Altering Drugs: The Science of Subjective Experience* (pp. 86–134). New York: Oxford University Press.

Sherratt, Andrew. (2005). "Alcohol and Its Alternatives: Symbol and Substance in Pre-Industrial Cultures." In Jordan Goodman, Andrew Sherratt, and Paul E. Lovejoy (Eds.), *Consuming Habits: Drugs in History and Anthropology* (pp. 11–46). New York: Routledge.

Shohat-Ophir, G., K. R. Kaun, R. Azanchi, H. Mohammed, and U. Heberlein. (2012). "Sexual deprivation increases ethanol intake in Drosophila." *Science*, 335(6074), 1351–1355.

Shonle, Ruth. (1925). "Peyote: The giver of visions." *American Anthropologist*, 27, 53–75.

Sicard, Delphine, and Jean-Luc Legras. (2011). "Bread, beer and wine: Yeast domestication in the Saccharomyces sensu stricto complex." *Comptes Rendus Biologies*, 334(3), 229–236.

Siegel, Jenifer, and Molly Crockett. (2013). "How serotonin shapes moral judgment and behavior." *Annals of the New York Academy of Sciences*, 1299(1), 42–51.

Siegel, Ronald. (2005). *Intoxication: The Universal Drive for Mind-Altering Substances*. Rochester, VT: Park Street Press.

Silk, Joan. (2002). "Grunts, Girneys, and Good Intentions: The Origins of Strategic Commitment in Nonhuman Primates." In Randolph M. Nesse (Ed.),

Evolution and the Capacity for Commitment (pp. 138–157). New York: Russell Sage Foundation.

Skyrms, Brian. (2004). *The Stag Hunt and the Evolution of Social Structure*. Cambridge: Cambridge University Press.

Slingerland, Edward. (2008a). "The problem of moral spontaneity in the Guodian corpus." *Dao: A Journal of Comparative Philosophy*, 7(3), 237–256.

Slingerland, Edward. (2008b). *What Science Offers the Humanities: Integrating Body and Culture*. New York: Cambridge University Press.

Slingerland, Edward. (2014). *Trying Not to Try: Ancient China, Modern Science and the Power of Spontaneity*. New York: Crown Publishing.

Slingerland, Edward, and Mark Collard. (2012). "Creating Consilience: Toward a Second Wave." In Edward Slingerland and Mark Collard (Eds.), *Creating Consilience: Integrating the Sciences and the Humanities* (pp. 3–40). New York: Oxford University Press.

Smail, Daniel Lord. (2007). *On Deep History and the Brain*. Berkeley: University of California Press.

Smith, Huston. (1964). "Do drugs have religious import?" *Journal of Philosophy*, 61(18), 517–530.

Sommer, Jeffrey D. (1999). "The Shanidar IV 'flower burial': A re-evaluation of Neanderthal burial ritual." *Cambridge Archaeological Journal*, 9(1), 127–129.

Sophocles. (1949). *Oedipus Rex* (Dudley Fitts and Robert Fitzgerald, Trans.). New York: Harcourt Brace.

Sowell, E. R., D. A. Trauner, A. Gamst, and T. L. Jernigan. (2002). "Development of cortical and subcortical brain structures in childhood and adolescence: A structural MRI study." *Developmental Medicine & Child Neurology*, 44(1), 4–16.

Sowles, Kara. (2014, October 28). "Alcohol and inclusivity: Planning tech events with non-alcoholic options." *Model View Culture*.

Sparks, Adam, Tyler Burleigh, and Pat Barclay. (2016). "We can see inside: Accurate prediction of Prisoner's Dilemma decisions in announced games following a face-to-face interaction." *Evolution and Human Behavior*, 37(3), 210–216.

Spinka, Marek, Ruth C. Newberry, and Marc Bekoff. (2001). "Mammalian play: Training for the unexpected. " *Quarterly Review of Biology*, 76(2), 141–168.

St. John, Graham (Ed.). (2004). *Rave Culture and Religion*. London: Routledge.

Staal, Frits. (2001). "How a psychoactive substance becomes a ritual: The case of soma." *Social Research*, 68(3), 745–778.

Steele, Claude M., and Robert A. Josephs. (1990). "Alcohol myopia: Its prized and dangerous effects." *American Psychologist*, 45(8), 921–933.

Steinkraus, Keith H. (1994). "Nutritional significance of fermented foods." *Food Research International*, 27(3), 259–267.

Sterckx, Roel. (2006). "Sages, cooks, and flavours in Warring States and Han China." *Monumenta Serica*, 54, 1-47.

Studerus, Erich, Alex Gamma, and Franz X. Vollenweider. (2010). "Psychometric evaluation of the altered states of consciousness rating scale (OAV)." *PLOS ONE*, 5(8), e12412.

Sullivan, Roger J., Edward H. Hagen, and Peter Hammerstein. (2008). "Revealing the paradox of drug reward in human evolution." *Proceedings of the Royal Society B: Biological Sciences*, 275(1640), 1231–1241.

Szaif, Jan. (2019). "Drunkenness as a communal practice: Platonic and peripatetic perspectives." *Frontiers of Philosophy in China*, 14(1), 94–110.

Talin, P., and E. Sanabria. (2017). "Ayahuasca's entwined efficacy: An ethnographic study of ritual healing from 'addiction.'" *International Journal of Drug Policy*, 44, 23–30.

Tarr, B., J. Launay, and R. I. Dunbar. (2016). "Silent disco: Dancing in synchrony leads to elevated pain thresholds and social closeness." *Evolution and Human Behavior*, 37(5), 343–349.

Taylor, B., H. M. Irving, F. Kanteres, R. Room, G. Borges, C. Cherpitel,...J. Rehm. (2010). "The more you drink, the harder you fall: A systematic review and meta-analysis of how acute alcohol consumption and injury or collision risk increase together." *Drug and Alcohol Dependence*, 110(1-2), 108–116.

Taylor, Jenny, Naomi Fulop, and John Green. (1999). "Drink, illicit drugs and unsafe sex in women." *Addiction*, 94(8), 1209–1218.

ten Brinke, Leanne, Stephen Porter, and Alysha Baker. (2012). "Darwin the detective: Observable facial muscle contractions reveal emotional high-stakes lies." *Evolution and Human Behavior*, 33(4), 411–416.

ten Brinke, Leanne, K. D. Vohs, and D. R. Carney. (2016). "Can ordinary people detect deception after all?" *Trends in Cognitive Sciences*, 20(8), 579–588.

Testa, M., C. A. Crane, B. M. Quigley, A. Levitt, and K. E. Leonard. (2014). "Effects of administered alcohol on intimate partner interactions in a conflict resolution paradigm." *Journal of Studies on Alcohol and Drugs*, 75(2), 249–258.

Thompson-Schill, Sharon, Michael Ramscar, and Evangelia Chrysikou. (2009). "Cognition without control: When a little frontal lobe goes a long way." *Current Directions in Psychological Science*, 18(5), 259–263.

Tlusty, B. Ann. (2001). *Bacchus and Civic Order: The Culture of Drink in Early Modern Germany*. Charlottesville: University of Virginia Press.

"To Your Good Stealth: A Beery Club of Euro-Spies That Never Spilt Secrets." (2020, May 30). *The Economist*.

Todorov, Alexander, Manish Pakrashi, and Nikolaas N. Oosterhof. (2009). "Evaluating faces on trustworthiness after minimal time exposure." *Social Cognition*, 27(6), 813–833.

Tognetti, Arnaud, Claire Berticat, Michel Raymond, and Charlotte Faurie. (2013). "Is cooperativeness readable in static facial features? An inter-cultural approach." *Evolution and Human Behavior*, 34(6), 427–432.

Tooby, John, and Leda Cosmides. (2008). "The Evolutionary Psychology of the Emotions and Their Relationship to Internal Regulatory Variables." In Michael Lewis, Jeannette M. Haviland-Jones, and Lisa Feldman Barrett (Eds.), *Handbook of Emotion* (Third Edition, pp. 114–137). New York: Guilford Press.

Toren, Christina. (1988). "Making the present, revealing the past: The mutability and continuity of tradition as process." *Man*, 23, 696.

Tracy, Jessica, and Richard Robbins. (2008). "The automaticity of emotion recognition." *Emotion*, 8(1), 81–95.

Tramacchi, Des. (2004). "Entheogenic Dance Ecstasis: Cross-Cultural Contexts." In Graham St. John (Ed.), *Rave Culture and Religion* (pp. 125–144). London: Routledge.

Turner, Fred. (2009). "Burning Man at Google: A cultural infrastructure for new media production." *New Media and Society,* 11(1-2), 145–166.

Vaitl, Dieter, John Gruzelier, Graham A. Jamieson, Dietrich Lehmann, Ulrich Ott, Gebhard Sammer,…Thomas Weiss. (2005). "Psychobiology of altered states of consciousness." *Psychological Bulletin,* 131(1), 98–127.

Vallee, Bert L. (1998). "Alcohol in the Western world." *Scientific American,* 278(6), 80–85.

Van den Abbeele, J., I. S. Penton-Voak, A. S. Attwood, I. D. Stephen, and M. R. Munafò. (2015). "Increased facial attractiveness following moderate, but not high, alcohol consumption." *Alcohol and Alcoholism,* 50(3), 296–301.

van't Wout, M., and A. G. Sanfey. (2008). "Friend or foe: The effect of implicit trustworthiness judgments in social decision-making." *Cognition,* 108(3), 796–803.

Veit, Lena, and Andreas Nieder. (2013). "Abstract rule neurons in the endbrain support intelligent behaviour in corvid songbirds." *Nature Communications,* 4(1), 2878.

Wadley, Greg. (2016). "How psychoactive drugs shape human culture: A multidisciplinary perspective." *Brain Research Bulletin,* 126(Part 1), 138–151.

Wadley, Greg, and Brian Hayden. (2015). "Pharmacological influences on the Neolithic transition." *Journal of Ethnobiology,* 35(3), 566–584.

Waley, Arthur. (1996). *The Book of Songs: The Ancient Chinese Classic of Poetry.* New York: Grove Press.

Walton, Stuart. (2001). *Out of It: A Cultural History of Intoxication.* London: Penguin.

Wang, Jiajing, Li Liu, Terry Ball, Linjie Yu, Yuanqing Li, and Fulai Xing. (2016). "Revealing a 5,000-year-old beer recipe in China." *Proceedings of the National Academy of Sciences,* 113(23), 6444.

Warrington, Ruby. (2018). *Sober Curious: The Blissful Sleep, Greater Focus, Limitless Presence, and Deep Connection Awaiting Us All on the Other Side of Alcohol.* New York: HarperOne.

Wasson, R. Gordon. (1971). "The Soma of the Rig Veda: What was it?" *Journal of the American Oriental Society,* 91(2), 169–187.

Watson, Burton. (1968). *The Complete Works of Chuang Tzu.* New York: Columbia University Press.

Watson, P. L., O. Luanratana, and W. J. Griffin. (1983). "The ethnopharmacology of pituri." *Journal of Ethnopharmacology,* 8(3), 303–311.

Weil, Andrew. (1972). *The Natural Mind: A New Way of Looking at Drugs and the Higher Consciousness.* Boston: Houghton Mifflin.

Weismantel, Mary. (1988). *Food, Gender, and Poverty in the Ecuadorian Andes.* Philadelphia: University of Pennsylvania Press.

Wettlaufer, Ashley, K. Vallance, C. Chow, T. Stockwell, N. Giesbrecht, N. April,…K. Thompson. (2019). *Strategies to Reduce Alcohol-Related Harms and Costs in Canada: A Review of Federal Policies.* Victoria, BC: Canadian Institute for Substance Use Research, University of Victoria.

Wheal, Jamie, and Steven Kotler. (2017). *Stealing Fire: How Silicon Valley, the Navy SEALs, and Maverick Scientists Are Revolutionizing the Way We Live and Work.* New York: Dey Street Books.

Whitehouse, Harvey. (2004). *Modes of Religiosity: A Cognitive Theory of Religious Transmission.* Walnut Creek, CA; Toronto, ON: AltaMira Press.

Wiessner, P. W. (2014). "Embers of society: Firelight talk among the Ju/'hoansi Bushmen." *Proceedings of the National Academy of Sciences,* 111(39), 14027–14035.

Williams, Alex. (2019, June 15). "The New Sobriety." *The New York Times.*

Williams, Nicholas Morrow. (2013). "The Morality of Drunkenness in Chinese Literature of the Third Century CE." In Isaac Yue and Siufu Tang (Eds.), *Scribes of Gastronomy* (pp. 27–43). Hong Kong: Hong Kong University Press.

Willis, Janine, and Alexander Todorov. (2006). "First impressions: Making up your mind after a 100-ms exposure to a face." *Psychological Science,* 17(7), 592–598.

Willoughby, Laura, Jussi Tolvi, and Dru Jaeger. (2019). *How to Be a Mindful Drinker: Cut Down, Stop for a Bit, or Quit.* London: DK Publishing.

Wilson, Bundy, N. J. Mackintosh, and R. A. Boakes. (1985). "Transfer of relational rules in matching and oddity learning by pigeons and corvids." *Quarterly Journal of Experimental Psychology Section B,* 37(4b), 313–332.

Wilson, Carla. (2019, January 7). "B.C. Scientist Heads Survey into Secret Lives of Pacific Salmon." *Vancouver Sun.*

Wilson, David Sloan. (2007). *Evolution for Everyone: How Darwin's Theory Can Change the Way We Think About Our Lives.* New York: Delacorte Press.

Wilson, Thomas. (2005). "Drinking Cultures: Sites and Practices in the Production and Expression of Identity." In Thomas Wilson (Ed.), *Drinking Cultures: Alcohol and Identity* (pp. 1–25). Oxford: Berg.

Winkelman, Michael. (2002). "Shamanism as neurotheology and evolutionary psychology." *American Behavioral Scientist,* 45, 1875–1887.

Wise, R. A. (2000). "Addiction becomes a brain disease." *Neuron,* 26(1), 27–33.

Wood, R. M., J. K. Rilling, A. G. Sanfey, Z. Bhagwagar, and R. D. Rogers. (2006). "Effects of tryptophan depletion on the performance of an iterated Prisoner's Dilemma game in healthy adults." *Neuropsychopharmacology,* 31(5), 1075–1084.

World Health Organization. (2018). "Global status report on alcohol and health 2018."

Wrangham, Richard. (2009). *Catching Fire: How Cooking Made Us Human.* New York: Basic Books.

Yan, Ge. (2019, November 30). "How to Survive as a Woman at a Chinese Banquet." *The New York Times.*

Yanai, Itai, and Martin Lercher. (2016). *The Society of Genes.* Cambridge, MA: Harvard University Press.

Yong, Ed. (2018, June 21). "A Landmark Study on the Origins of Alcoholism." *The Atlantic.*

Young, Chelsea M., Angelo M. DiBello, Zachary K. Traylor, Michael J. Zvolensky, and Clayton Neighbors. (2015). "A longitudinal examination of the associations between shyness, drinking motives, alcohol use, and alcohol-related problems." *Alcoholism: Clinical and Experimental Research,* 39(9), 1749–1755.

Zabelina, Darya L., and Michael D. Robinson. (2010). "Child's play: Facilitating the originality of creative output by a priming manipulation." *Psychology of Aesthetics, Creativity, and the Arts,* 4(1), 57–65.